# OPERATEURS MAXIMAUX MONOTONES

## ET SEMI-GROUPES DE CONTRACTIONS DANS LES ESPACES DE HILBERT

NORTH-HOLLAND
**MATHEMATICS STUDIES** **5**

**Notas de Matemática (50)**
Editor: Leopoldo Nachbin
*Universidade Federal do Rio de Janeiro*
*and University of Rochester*

# OPERATEURS MAXIMAUX MONOTONES

## ET SEMI-GROUPES DE CONTRACTIONS DANS LES ESPACES DE HILBERT

**H. BRÉZIS**
*Université de Paris VI*

1973

NORTH-HOLLAND PUBLISHING COMPANY - AMSTERDAM • LONDON
AMERICAN ELSEVIER PUBLISHING COMPANY, INC. - NEW YORK

Library of Congress Catalog Card Number: 72 95271

ISBN North-Holland:

Series: 0 7204 2700 2

Volume: 0 7204 2705 3

ISBN American Elsevier: 0 444 10430 5

PUBLISHERS:

NORTH-HOLLAND PUBLISHING COMPANY - AMSTERDAM

NORTH-HOLLAND PUBLISHING COMPANY, LTD. - LONDON

SOLE DISTRIBUTORS FOR THE U.S.A. AND CANADA:

AMERICAN ELSEVIER PUBLISHING COMPANY, INC.

52 VANDERBILT AVENUE

NEW YORK, N.Y. 10017

PRINTED IN THE NETHERLANDS

# TABLE des MATIERES

# INTRODUCTION

On dit qu'une application A définie sur une partie D(A) d'un espace de Hilbert H, à valeurs dans H est monotone si elle vérifie

$$(Ax_1 - Ax_2 , x_1 - x_2) \geq 0 \qquad \forall x_1 , x_2 \in D(A)$$

Plus généralement on considère des opérateurs monotones multivoques, c'est à dire pour tout $x \in H$, $Ax$ désigne une partie (éventuellement vide) de H, tel que l'on ait

$$(y_1 - y_2 , x_1 - x_2) \geq 0 \qquad \forall x_1 , x_2 \in H \ , \ \forall y_1 \in Ax_1, \forall y_2 \in Ax_2$$

Un opérateur monotone A est dit maximal monotone s'il n'existe aucun opérateur monotone prolongeant strictement A (au sens de l'inclusion des graphes).

Au chapitre II on étudie les propriétés géométriques (convexité) et topologiques des opérateurs maximaux monotones. On caractérise les opérateurs maximaux monotones surjectifs et on indique dans quelles conditions la somme de deux opérateurs maximaux monotones est encore un opérateur maximal monotone. Le sous différentiel d'une fonction convexe s.c.i. est un exemple important d'opérateur monotone et nous insistons particulièrement sur cette classe.

Au chapitre III on montre que sous certaines hypothèses l'équation d'évolution $\frac{du}{dt} + Au = f$, ou plus généralement $\frac{du}{dt} + Au \ni f$ , $u(0) = u_o$ ($f$ et $u_o$ sont donnés) admet une solution ; on précise les propriétés de $u$ dans divers cas particuliers. On étudie le comportement de $u(t)$ lorsque $t \to +\infty$ et on prouve la continuité de l'application $\{A, u_o, f\} \mapsto u$. Lorsque $f = 0$, l'application $u_o \mapsto u(t)$ désignée par $S(t)$ détermine un semi-groupe de contractions non linéaires ; c'est par définition le semi-groupe engendré par $-A$.

Au chapitre IV on caractérise les semi-groupes non linéaires engendrés par des opérateurs maximaux monotones ; plus précisément on établit une correspondance bijective entre les semi-groupes de contractions et les opérateurs maximaux monotones. On indique ensuite diverses méthodes itératives qui convergent vers $S(t)$.

Un fascicule d'applications (en préparation) sera consacré à la résolution d'équations aux dérivées partielles non linéaires (en particulier aux problèmes aux limites unilatéraux).

Le lecteur sera peut-etre gêné par la présence des opérateurs multivoques. Ceux-ci jouent un rôle essentiel pour les raisons suivantes :

1°) une théorie cohérente des semi-groupes de contractions non linéaires fait nécessairement intervenir des opérateurs multivoques (cf au chapitre IV la bijection établie entre les semi-groupes de contractions et les opérateurs maximaux monotones).

2°) certains problèmes aux limites non linéaires (en particulier les inéquations variationnelles où interviennent des fonctionnelles convexes non différentiables) peuvent être formulés très commodément en termes d'équations multivoques.

Ces notes sont basées sur un cours de 3ème cycle d'analyse non linéaire fait à Paris en 1970 et 71. Je remercie PH. BENILAN qui a introduit certaines améliorations et quelques résultats nouveaux. Le manuscrit a été tapé en grande partie par Mme DAMPERAT que je remercie.

H. Brézis

## CHAPITRE I - QUELQUES RESULTATS PRELIMINAIRES -

Plan : 1. Théorème du Min-Max

2. Points fixes d'applications contractantes

3. Equations différentielles ordinaires sur des ensembles convexes

### I.1 THEOREME DU MIN-MAX

*Soient* $E$ *et* $F$ *deux espaces vectoriels topologiques sur* $\mathbb{R}$ *et soient* $A \subset E$, $B \subset F$ *deux ensembles convexes et fermés. Soient* $K(x,y)$ *une application de* $A \times B$ *dans* $\mathbb{R}$ *telle que :*

pour tout $y \in B$, $x \mapsto K(x,y)$ est convexe s.c.i.

pour tout $x \in A$, $y \mapsto K(x,y)$ est concave s.c.s.

**THEOREME 1.1** -

*On suppose que* $\dim E < +\infty$, $\dim F < +\infty$ *et que* $A$ *et* $B$ *sont compacts.*

*Alors il existe* $x_o \in A$ *et* $y_o \in B$ *tels que*

(1) $K(x_o,y) \leqslant K(x_o,y_o) \leqslant K(x,y_o) \quad \forall\, x \in A,\ \forall\, y \in B$; *autrement dit*

$[x_o,y_o]$ *est un point selle de* $K$.

*D'autre part, la propriété* (1) *est équivalente à l'égalité:*

(2) $$\underset{x\in A}{\text{Min}}\ \underset{y\in B}{\text{Max}}\ K(x,y) = \underset{y\in B}{\text{Max}}\ \underset{x\in A}{\text{Min}}\ K(x,y).$$

Montrons d'abord que (1) $\Rightarrow$ (2). Il est immédiat que l'on a toujours

$$\underset{y\in B}{\text{Max}}\ \underset{x\in A}{\text{Min}}\ K(x,y) \leqslant \underset{x\in A}{\text{Min}}\ \underset{y\in B}{\text{Max}}\ K(x,y)$$

Si (1) est vérifié, on a

$$K(x_o,y_o) \leqslant \underset{x\in A}{\text{Min}}\ K(x,y_o) \leqslant \underset{y\in B}{\text{Max}}\ \underset{x\in A}{\text{Min}}\ K(x,y)$$

et de même $K(x_o,y_o) \geqslant \underset{y\in B}{\text{Max}}\ K(x_o,y) \geqslant \underset{x\in A}{\text{Min}}\ \underset{y\in B}{\text{Max}}\ K(x,y)$;

d'où l'on déduit (2).

Inversement, soient $x_o \in A$ et $y_o \in B$ tels que

$$\underset{y\in B}{\text{Max}}\ K(x_o,y) = \underset{x\in A}{\text{Min}}\ \underset{y\in B}{\text{Max}}\ K(x,y) = \alpha = \underset{y\in B}{\text{Max}}\ \underset{x\in A}{\text{Min}}\ K(x,y) = \underset{x\in A}{\text{Min}}\ K(x,y_o).$$

Alors $K(x_o,y) \leqslant \alpha \leqslant K(x,y_o) \quad \forall\ x \in A,\ \forall\ y \in B$;

de sorte que $\alpha = K(x_o,y_o)$ et (1) est alors vérifié.

Prouvons maintenant (2); soit $|\ |$ une norme euclidienne sur $E$.

On pose $K_\varepsilon(x,y) = K(x,y) + \varepsilon|x|^2$, $\varepsilon > o$, et $f_\varepsilon(y) = \underset{x\in A}{\text{Min}}\ K_\varepsilon(x,y)$ pour $y \in B$; le minimum est atteint en un point unique que l'on désigne par $E(y)$, i.e. $f_\varepsilon(y) = K_\varepsilon(E(y),y)$. La fonction $f_\varepsilon$ qui est concave s.c.s. atteint son maximum sur $B$ en $y^*$.

Donc $f_\varepsilon(y^*) = \underset{y\in B}{\text{Max}}\ f_\varepsilon(y) = \underset{y\in B}{\text{Max}}\ \underset{x\in A}{\text{Min}}\ K_\varepsilon(x,y) = \underset{x\in A}{\text{Min}}\ K_\varepsilon(x,y^*)$.

Soient $x \in A$, $y \in B$ et $t \in ]0,1[$ ; on a

$$K_\varepsilon(x,(1-t)y^* + ty) \geqslant (1-t)\ K_\varepsilon(x,y^*) + t\ K_\varepsilon(x,y) \geqslant (1-t)f_\varepsilon(y^*) + t\ K_\varepsilon(x,y).$$

Prenant en particulier $x = E((1-t)y^* + ty)$, on obtient

$$f_\varepsilon(y^*) \geqslant f_\varepsilon((1-t)y^* + ty) \geqslant (1-t)\ f_\varepsilon(y^*) + t\ K_\varepsilon(E((1-t)y^* + ty\ ,y)$$

De sorte que

$$(3) \qquad f_\varepsilon(y^*) \geqslant K_\varepsilon(E((1-t)y^* + ty\ ,y) \qquad \forall\ y \in B.$$

Or, pour tout $y_1$, $y_2 \in B$, $\xi_t = E((1-t)y_1 + ty_2)$ converge vers $E(y_1)$ quand $t \to 0$. En effet on a pour tout $x \in A$

$$K_\varepsilon(\xi_t,\ (1-t)y_1 + ty_2) \leqslant K_\varepsilon(x,\ (1-t)y_1 + ty_2),$$

et donc,

$$(1-t)\ K_\varepsilon(\xi_t,y_1) + t\ K_\varepsilon(\xi_t,y_2) \leqslant K_\varepsilon(x,(1-t)y_1 + ty_2).$$

Soit alors $\xi_{t_n} \to \xi$ quand $t_n \to 0$; comme la fonction $x \mapsto K_\varepsilon(x,y_2)$ est bornée inférieurement, on a $K_\varepsilon(\xi,y_1) \leq K_\varepsilon(x,y_1)$, $\forall x \in A$.

Donc $\xi = E(y_1)$.

On déduit de (3) en passant à la limite quand $t \to 0$ que

$f_\varepsilon(y^*) \geq K_\varepsilon(E(y^*),y)$ $\forall y \in B$.

Par ailleurs $f_\varepsilon(y^*) \leq K_\varepsilon(x,y^*)$ $\forall x \in A$.

Il en résulte que

$$K_\varepsilon(x^*,y) \leq K_\varepsilon(x^*,y^*) \leq K_\varepsilon(x,y^*), \quad \forall x \in A, \quad \forall y \in B$$

avec $x^* = E(y^*)$.

Par conséquent $\underset{x\in A}{\text{Min}}\ \underset{y\in B}{\text{Max}}\ K(x,y) \leq \underset{y\in B}{\text{Max}}\ \underset{x\in A}{\text{Min}}\ K(x,y) + \varepsilon C$

avec $C = \underset{x\ A}{\text{Max}}\ |x|^2$ ; ce qui établit (2)

Le théorème 1.1 est encore valable dans les espaces de dimension infinie. A titre indicatif, prouvons le résultat suivant.

PROPOSITION 1.1

On suppose qu'il existe $\hat{y} \in B$ et $\lambda > \underset{A}{\text{Inf}}\ K(x,\hat{y})$ tel que $\{x \in A;\ K(x,\hat{y}) \leq \lambda\}$ soit non vide et compact.

Alors $\underset{x\in A}{\text{Inf}}\ \underset{y\in B}{\text{Sup}}\ K(x,y) = \underset{y\in B}{\text{Sup}}\ \underset{x\in A}{\text{Inf}}\ K(x,y)$.

Raisonnons par l'absurde et supposons qu'il existe $\gamma$ tel que

$\underset{y\in B}{\text{Sup}}\ \underset{x\in A}{\text{Inf}}\ K(x,y) < \gamma < \underset{x\in A}{\text{Inf}}\ \underset{y\in B}{\text{Sup}}\ K(x,y)$.

On pose, pour $x \in A$ et $y \in B$

$A_y = \{x \in A\ ;\ K(x,y) \leq \gamma\}$ , $B_x = \{y \in B\ ;\ K(x,y) \geq \gamma\}$

On a $\bigcap_{y\in B} A_y = \emptyset$ et $\bigcap_{x\in A} B_x = \emptyset$ ; car sinon il existerait par exemple

$\xi \in A$ tel que $\xi \in A_y$, $\forall y \in B$ i.e. $K(\xi,y) \leq \gamma$ , $\forall y \in B$ et alors

$\underset{x\in A}{\text{Inf}}\ \underset{y\in B}{\text{Sup}}\ K(x,y) \leq \gamma$, ce qui est absurde.

Il résulte de l'hypothèse, que pour tout $\gamma \in \mathbb{R}$, l'ensemble

$\{x \in A\ ;\ K(x,\hat{y}) \leq \gamma\}$ est compact (ou vide).

On peut donc trouver $y_1, y_2, \ldots\ldots, y_n \in B$ tels que $\bigcap_{i=1}^{n} A_{y_i} = \emptyset$ et $x_1, x_2, \ldots\ldots, x_m \in A$ tels que $\bigcap_{j=1}^{m} B_{x_{j_n}} \cap \mathrm{conv}(\bigcup_{i=1}^{n} y_i) = \emptyset$.

Posons $A' = \mathrm{conv}(\bigcup_{i=1}^{m} x_i)$, $B' = \mathrm{conv}(\bigcup_{j=1}^{} y_j)$ et appliquons le théorème 1.1 à $A'$ et $B'$. Il existe alors $x_o \in A'$ et $y_o \in B'$ tels que

$$K(x_o,y) \leq K(x_o,y_o) \leq K(x,y_o) \qquad \forall\, x \in A', \qquad \forall\, y \in B'.$$

Soit $i$ tel que $x_o \notin A_{y_i}$ et soit $j$ tel que $y_o \notin B_{x_j}$;

on a

$$\gamma < K(x_o,y_i) \leq K(x_o,y_o) \leq K(x_j,y_o) < \gamma \text{, ce qui est absurde.}$$

REMARQUE 1.1

La proposition 1.1 admet diverses généralisations; en particulier l'hypothèse de convexité (resp. concavité) peut-être remplacée par une hypothèse de quasi-convexité (resp. quasi concavité) i.e.
$\{x \in A \; ; \; K(x,y) \leq \lambda\}$ est convexe $\forall\, \lambda \in \mathbb{R}$, $\forall\, y \in B$ (resp. $\{y \in B \; ; \; K(x,y) \geq \lambda\}$ est convexe $\forall\, \lambda \in \mathbb{R}$, $\forall\, x \in A\}$.
D'autre part, il n'est pas indispensable de munir $F$ d'une topologie et il suffit de supposer que $y \mapsto K(x,y)$ est concave pour tout $x \in A$.

## 1.2 POINTS FIXES D'APPLICATIONS CONTRACTANTES

Soit $E$ un espace de Banach et soit $C$ un sous ensemble fermé de $E$. On dit qu'une application $T$ de $C$ dans $E$ est une contraction si $\| Tx - Ty \| \leq \|x - y\| \quad \forall\, x,y \in C$ et on dit que $T$ est une contraction stricte s'il existe $L < 1$ tel que $\|Tx - Ty\| \leq L\|x - y\| \quad \forall\, x,y \in C$.

Il est bien connu que toute contraction stricte de $C$ dans $C$ admet un point fixe unique. Plus généralement soit $T$ une application de $C$ dans $C$ et supposons qu'il existe un entier $k$ tel que $T^k$ soit une contraction stricte ; alors $T$ admet un point fixe unique (il suffit de remarquer que $Tx = x \Leftrightarrow T^k x = x$).

PROPOSITION 1.2

Soit $C$ un convexe fermé de $E$ et soit $T$ une contraction de $C$ dans $C$.

Alors pour tout $\alpha > 0$, l'image de $C$ par $I + \alpha(I - T)$ contient $C$ et $(I + \alpha(I - T))^{-1}$ est une contraction de $C$ dans $C$.

En effet, soit $y \in C$ ; l'équation $x + \alpha(x - Tx) = y$ s'écrit aussi $x = \frac{y + \alpha Tx}{1 + \alpha}$. Pour $y \in C$ fixé, l'application $x \mapsto \frac{y + \alpha Tx}{1 + \alpha}$ est une contraction stricte de $C$ dans $C$, et admet donc un point fixe. D'autre part si $x_1 + \alpha(x_1 - Tx_1) = y_1$ et si $x_2 + \alpha(x_2 - Tx_2) = y_2$, alors $(1 + \alpha)\, ||x_1 - x_2|| \leq \alpha ||Tx_1 - Tx_2|| + ||y_1 - y_2|| \leq \alpha\, ||x_1 - x_2|| + ||y_1 - y_2||$.

Par suite $||x_1 - x_2|| \leq ||y_1 - y_2||$.

Soit maintenant $C$ un convexe fermé borné de $E$ et soit $T$ une contraction de $C$ dans $C$.

<u>PROBLEME</u> $T$ admet-il un point fixe?

La réponse est en général négative comme le montre l'exemple suivant.
Soit $E = c_o$ l'espace des suites $x = (x_1, x_2, \ldots\ldots, x_n, \ldots)$ qui tendent vers 0, muni de la norme $||x|| = \operatorname{Sup}_i |x_i|$.

Soit $C = \{x \in E;\ ||x|| \leq 1\}$ ; l'application $T$ définie par $Tx = (1, x_1, x_2, \ldots\ldots, x_n, \ldots)$ est une contraction de $C$ dans $C$ et n'admet pas de point fixe dans $C$.

La réponse est néanmoins affirmative lorsque $E$ est uniformément convexe.

<u>THEOREME 1.2</u>

*On suppose que $E$ est uniformément convexe. Soit $C$ un convexe fermé borné non vide de $E$ et soit $T$ une contraction de $C$ dans $C$. Alors $T$ admet un point fixe; de plus l'ensemble des points fixes de $T$ est convexe et fermé.*

Montrons d'abord que l'ensemble des points fixes est convexe. Soient $x_o$ et $x_1$ deux ponts fixes de $T$ et soient $x_t = (1 - t)x_o + tx_1$, avec $t \in ]0,1[$

On a $||Tx_t - x_o|| = ||Tx_t - Tx_o|| \leq ||x_t - x_o|| \leq t\, ||x_o - x_1||$

et $||Tx_t - x_1|| = ||Tx_t - Tx_1|| \leq ||x_t - x_1|| \leq (1 - t)\, ||x_o - x_1||$.

d'où il résulte que $||Tx_t - x_o|| = t\,||x_o - x_1||$ et $||Tx_t - x_1|| = (1 - t)\,||x_o - x_1||$;

Or comme $E$ est strictement convexe, on a $Tx_t = (1 - t)\,x_o + tx_1 = x_t$.

Etablissons maintenant l'existence d'un point fixe. Soit $x_o \in C$ fixé, et soit $x_\varepsilon \in C$ la solution de l'équation $\varepsilon(x_\varepsilon - x_o) + x_\varepsilon - Tx_\varepsilon = 0$; autrement dit $x_\varepsilon = (I + \frac{1}{\varepsilon}(I - T))^{-1} x_o$ qui est bien défini pour $\varepsilon > 0$, d'après la proposition 1.2. Soit alors $\varepsilon_n \to 0$ tel que $x_{\varepsilon_n}$ converge faiblement vers $x$. On achève la démonstration du théorème 1.2. à l'aide de la proposition suivante.

PROPOSITION 1.3

Soit $E$ un espace uniformément convexe et soit $C$ un convexe fermé de $E$. Soit $T$ une contraction de $C$ dans $E$. Soit $x_n$ une suite de $C$ telle que $x_n$ converge faiblement vers $\ell$ et que $x_n - Tx_n$ converge fortement vers $y$ ; alors $\ell - T\ell = y$.

Sans restreindre la généralité on peut supposer que $y = 0$ et que $C$ est borné. Notons d'abord que si $E$ est un espace de Hilbert, la démonstration de la proposition 1.3 est aisée.

En effet soit $P$ la projection de $E$ sur $C$. On a

$$(x_n - Tx_n - u + TPu,\ x_n - u) \geq 0 \qquad \forall\, u \in E$$

car $TP$ est une contraction. Passant à la limite quand $n \to +\infty$, on obtient

$$(-u + TPu,\ \ell - u) \geq 0 \qquad \forall\, u \in E$$

Prenant en particulier $u = \ell_t = \ell + tv$ avec $v \in E$ et $t > 0$, on a

$$(-\ell_t + TP\ell_t\ ,\ v) \leq 0$$

Faisant tendre $t$ vers $0$, il vient

$$(-\ell + T\ell\ ,\ v) \leq 0 \qquad \forall\, v \in E,$$

soit $\ell - T\ell = 0$.

Pour établir la proposition 1.3 dans le cas général on utilisera le lemme suivant

LEMME 1.1

Soit $E$ un espace uniformément convexe et soit $C$ un convexe fermé

borné de E. Soit T une contraction de C dans E.
Alors, pour tout $\varepsilon > 0$ il existe $\delta(\varepsilon)$ 0 tel que si $x_0$, $x_1 \in C$ vérifient

$||Tx_0 - x_0|| < \delta(\varepsilon)$ et $||Tx_1 - x_1|| < \delta(\varepsilon)$, on a $||Tx_t - x_t|| < \varepsilon$ pour tout $t \in [0,1]$, avec $x_t = (1-t)x_0 + tx_1$.

En effet, E étant uniformément convexe, on sait que pour tout $\alpha > 0$ et tout $\beta \in ]0,\frac{1}{2}[$, il existe $\gamma > 0$ tel que si $||u|| \leq 1$, $||v|| \leq 1$ et $||u - v|| \geq \alpha$, alors $||\lambda u + (1-\lambda)v|| \leq 1 - \gamma$, $\forall \lambda \in ]\beta, 1-\beta[$

Posons

$$u = \left[t(1 + \frac{3\delta}{\varepsilon})\ ||x_1 - x_0||\right]^{-1} (Tx_t - x_0)$$

$$v = \left[(1-t)(1 + \frac{3\delta}{\varepsilon})\ ||x_1 - x_0||\right]^{-1} (x_1 - Tx_t).$$

Alors

$$||u|| \leq \left[t(1 + \frac{3\delta}{\varepsilon})\ ||x_1 - x_0||\right]^{-1} (\ ||Tx_t - Tx_0|| + ||Tx_0 - x_0||)$$

$$\leq \left[t(1 + \frac{3\delta}{\varepsilon})\ ||x_1 - x_0||\right]^{-1} (t||x_1 - x_0|| + \delta) < 1$$

pourvu que $t||x_1 - x_0|| \geq \varepsilon/3$ ; et de même $||v|| \leq 1$

pourvu que $(1-t)\ ||x_1 - x_0|| > \varepsilon/3$.

D'autre part $||tu + (1-t)v|| = (1 + \frac{3\delta}{\varepsilon})^{-1}$.

Soit M le diamètre de C ; on pose $\alpha = \varepsilon/M$, $\beta = \varepsilon/3M$

et on choisit ensuite $\delta$, avec $0 < \delta < \varepsilon/3$, assez petit pour que $(1 + \frac{3\delta}{\varepsilon})^{-1} > 1-\gamma$.

Dès que $t > \frac{\varepsilon}{3||x_1 - x_0||}$ et $(1-t) > \frac{\varepsilon}{3||x_1 - x_0||}$, on a $||u - v|| \leq \alpha$ ;

Car sinon l'inégalité $||u - v|| > \alpha$ impliquerait que $||\lambda u + (1-\lambda)v|| \leq_1 1-\gamma$ pour tout $\lambda \in ]\beta, 1-\beta[$, et donc en particulier $||tu + (1-t)v|| = (1 + \frac{3\delta}{\varepsilon}) \leq 1-\gamma$,

ce qui est absurde.

Il en résulte que si $t > \frac{\varepsilon}{3||x_1 - x_0||}$ et si $(1-t) > \frac{\varepsilon}{3||x_1 - x_2||}$, on a

$$||Tx_t - x_t|| = ||(1-t)(Tx_t - x_0) - t(x_1 - Tx_t)|| =$$

$$= t(1-t)(1 + \frac{3\delta}{\varepsilon})\ ||x_1 - x_0||\ ||u - v|| \leq \frac{1}{4}(1 + \frac{3\delta}{\varepsilon})M.\ \frac{\varepsilon}{M} < \varepsilon.$$

Il nous reste à envisager les cas $t \leqslant \frac{\varepsilon}{3||x_1 - x_0||}$ et $1-t \leqslant \frac{\varepsilon}{3||x_1 - x_0||}$.

Si $t \leqslant \frac{\varepsilon}{3||x_1 - x_0||}$, on a

$$||Tx_t-x_t|| \leqslant ||Tx_t-Tx_0|| + ||Tx_0-x_0|| + ||x_0-x_t|| \leqslant 2\,||x_t-x_0|| + \delta$$

$$\leqslant 2t\,||x_1-x_0|| + \delta \leqslant \varepsilon\ .$$

Il en est de même si $1 - t \leqslant \frac{\varepsilon}{3||x_1 - x_0||}$.

## DEMONSTRATION DE LA PROPOSITION 1.3

Soit $\varepsilon_n = ||x_n - Tx_n||$ ; après extraction d'une sous-suite, on peut se ramener au cas où $\varepsilon_n < \delta(\varepsilon_{n-1}) < \varepsilon_{n-1}$($\delta(\varepsilon)$ est défini au lemme 1.1). Alors $||Tx - x|| \leqslant \varepsilon_{n-1}$ pour tout $x \in \overline{\text{conv}\,(\bigcup_{j\geqslant n} x_j)}$. En effet il résulte directement du lemme 1.1 que si une suite $\xi_0,\xi_1,\ldots,\xi_k$ de points de C vérifie

$||T\xi_0-\xi_0|| < \delta(\varepsilon)$ , $||T\xi_1-\xi_1|| < \delta^2(\varepsilon),\ldots,$ $||T\xi_{k-1}-\xi_{k-1}|| < \delta^k(\varepsilon)$ et $||T\xi_k-\xi_k|| < \delta^k(\varepsilon)$ (où l'on désigne par $\delta^j$ la fonction $\delta$ itérée $j$ fois), alors $||T\xi - \xi|| < \varepsilon$ pour tout $\xi \in$ conv $(\bigcup_{j=0}^{k} \xi_j)$.

Comme la suite $x_n$ converge faiblement vers $\ell$, on a $\ell \in \overline{\text{conv}\,(\bigcup_{j\geqslant n} x_j)}$ pour tout n. D'où il résulte que $||T\ell - \ell|| \leqslant \varepsilon_{n-1}$ pour tout n et donc $T\ell=\ell$.

A partir du théorème 1.2, on peut établir l'existence d'un point fixe commun à une famille de contractions. Par ailleurs le théorème 1.2 s'étend à des convexes non bornés.

## THEOREME 1.3

*Soit* E *un espace de Banach uniformément convexe et soit* C *un convexe fermé de* E. *Soit* $\mathcal{F}$ *une famille de contractions de* C *dans* C *telle que pour tout* $T \in \mathcal{F}$ *et tout* $T' \in \mathcal{F}$ *, on a* $TT' \in \mathcal{F}$ *et* $TT' = T'T$.
*On suppose qu'il existe* $\hat{x} \in C$ *tel que l'ensemble* $\{T\hat{x}\ ;\ T \in \mathcal{F}\}$ *soit borné.*

*Alors il existe* $x_0 \in C$ *tel que* $Tx_0 = x_0$ *pour tout* $T \in \mathcal{F}$.

*En particulier si* $T$ *est une contraction de* $C$ *dans* $C$*, alors* $T$ *admet un point fixe si et seulement si il existe* $\hat{x} \in C$ *tel que* $\{T^n\hat{x}\}_{n \geq 0}$ *soit borné.*

En effet posons $R = ||\hat{x}|| + \text{Sup}\,\{||T\hat{x}|| \;;\; T \in \mathcal{F}\}$.

On désigne par $C_T$ l'ensemble convexe

$C_T = \{x \in C, \quad ||x - TT'\hat{x}|| \leq R \text{ pour tout } T' \in \mathcal{F}\}$

On pose $\hat{C} = \bigcup_{T \in \mathcal{F}} C_T$ ; il est clair que $\hat{x} \in C_T$ pour tout $T \in \mathcal{F}$, et donc en particulier $\hat{C}$ n'est pas vide.

Nous allons montrer successivement que $\hat{C}$ est convexe et que $T(\hat{C}) \subset \hat{C}$ pour tout $T \in \mathcal{F}$. Soient $x_1, x_2 \in \hat{C}$ ; on a donc $x_1 \in C_{T_1}$ et $x_2 \in C_{T_2}$. Alors $x_1 \in C_{TT_1}$ pour tout $T \in \mathcal{F}$, et en particulier $x_1 \in C_{T_2T_1}$ ; de même $x_2 \in C_{T_1T_2} = C_{T_2T_1}$.

Par conséquent $\dfrac{x_1 + x_2}{2} \in C_{T_1T_2} \subset \hat{C}$.

Soit maintenant $x \in \hat{C}$ ; alors $x \in C_T$ et donc $Tx \in C_{T^2} \subset \hat{C}$.

En considérant la fermeture de $\hat{C}$ (qui est borné), on est ramené à établir le théorème dans le cas où $C$ est borné.

Soit $F_T = \{x \in C \;;\; Tx = x\}$; on sait que $F_T$ est un convexe fermé non vide $C$ et on désire prouver que $\bigcap_{T \in \mathcal{F}} F_T \neq \emptyset$.

Raisonnons par l'absurde et supposons que $\bigcap_{T \in \mathcal{F}} F_T = \emptyset$.

Comme $C$ est faiblement compact et que $F_T$ est faiblement fermé, il existe $T_1, T_2, \ldots, T_n$ tels que $\bigcap_{i=1}^{n} F_{T_i} = \emptyset$. On aboutit aisément à une contradiction en raisonnant par récurrence sur $n$ et en applicant le théorème 1.2 au convexe $\bigcap_{i=1}^{n-1} F_{T_i}$ (supposé non vide), qui est invariant par $T_n$.

## I.3 EQUATIONS DIFFERENTIELLES ORDINAIRES SUR DES ENSEMBLES CONVEXES.

Soit $E$ un espace de Banach et soit $C$ un convexe fermé de $E$. Soit, pour presque tout $t \in ]0,T[$ une application $J(t)$ de $C$ dans $C$ vérifiant

(4) $||J(t)x - J(t)y|| \leq L \; ||x - y|| \qquad \forall\, x,y \in C$

où $L$ est indépendant de $t$,

(5) pour tout $x \in C$, l'application $t \mapsto J(t)x$ est intégrable.

### THEOREME I.4

*On fait les hypothèses (4) et (5). Alors pour tout* $u_0 \in C$, *il existe une fonction* $u(t)$ *unique telle que*

(6) $u$ *est absolument continue sur* $[0,T]$, *dérivable p.p. sur* $]0,T[$
$u(t) \in C$ pour tout $t \in [0,T]$

(7) $\frac{du}{dt}(t) + u(t) - J(t)u(t) = 0 \qquad$ p.p. sur $]0,T[$

(8) $u(0) = u_0$

En effet posons $v(t) = e^t u(t)$; l'équation (7) s'écrit alors

$\frac{dv}{dt}(t) = e^t \frac{du}{dt}(t) + e^t u(t) = e^t J(t)\, e^{-t} v(t)$.

D'où l'on déduit que

$$v(t) = u_0 + \int_0^t e^s J(s) e^{-s} v(s)ds$$

Par conséquent les propriétés (6) - (8) sont équivalentes à

$$u(t) = e^{-t} u_0 + \int_0^t e^{s-t} J(s)u(s)ds$$

Avant d'appliquer un théorème de point fixe, précisons le cadre fonctionnel. L'espace $\mathcal{E} = C(0,T\,;E)$ est muni de la norme usuelle $||u|| = \sup_{[0,T]} ||u(t)||$;

on considère le convexe fermé

$\mathcal{C} = \{u \in \mathcal{E} \;;\; u(t) \in C \quad \forall t \in [0,T]\}$

On définit l'application $\mathcal{T}$ de $\mathcal{C}$ dans $\mathcal{C}$ par

$$\mathcal{T}u(t) = e^{-t} u_0 + \int_0^t e^{s-t} J(s)u(s)ds$$

Il est aisé de vérifier que pour tout $u \in \mathcal{C}$ la fonction $s \mapsto J(s)u(s)$ est intégrable; d'autre part $\mathcal{T}u(t) \in C$ pour tout $t \in [0,T]$ car

$$\frac{\int_0^t e^{s-t} J(s)u(s)ds}{\int_0^t e^{s-t} ds} \in C, \text{ et donc } \int_0^t e^{s-t} J(s)u(s)ds \in (1 - e^{-t})\, C$$

Montrons que $\mathcal{T}^k$ est une contraction stricte de $\mathcal{C}$ dans $\mathcal{C}$ dès que $k$ est assez grand. En effet, on a

$$||\mathcal{T}u_1(t) - \mathcal{T}u_2(t)|| \leq L \int_0^t e^{s-t}\, ||u_1(s) - u_2(s)||\, ds \leq Lt\, ||u_1 - u_2||_{\mathcal{E}}$$

Il en résulte que

$$||\mathcal{T}^2u_1(t) - \mathcal{T}^2u_2(t)|| \leq L \int_0^t e^{s-t}\, ||\mathcal{T}u_1(s) - \mathcal{T}u_2(s)||\, ds$$

$$\leq L^2\, ||u_1 - u_2||_{\mathcal{E}} \int_0^t sds = \frac{L^2t^2}{2}\, ||u_1 - u_2||_{\mathcal{E}}$$

Par récurrence on obtient

$$||\mathcal{T}^k u_1(t) - \mathcal{T}^k u_2(t)|| \leq \frac{L^k t^k}{k!}\, ||u_1 - u_2||_{\mathcal{E}} \leq \frac{(LT)^k}{k!}\, ||u_1 - u_2||_{\mathcal{E}}$$

On en déduit que $\mathcal{T}$ admet un point fixe dans $\mathcal{C}$.

<u>REMARQUE 1.2</u> L'existence d'une solution (globale) du problème (7) - (8) demeurant dans $C$ peut être "motivée" géométriquement de la manière suivante. En tout point du "bord" de $C$, le champ de vecteurs $J(t)u - u$ pointe dans la direction de $C$ et "ramène" donc dans $C$ la trajectoire $u(t)$ lorsque celle-ci "tend" à en sortir.

<u>COROLLAIRE 1.1</u>

**On fait les hypothèses (4) et (5). Alors pour tout $u_0 \in C$ et tout $\lambda > 0$, il existe une fonction $u(t)$ unique vérifiant (6), (8) et (9)**

$$\frac{du}{dt}(t) + \frac{u(t) - J(t)u(t)}{\lambda} = 0 \qquad \text{p.p. sur } ]0,T[$$

**De plus on a**

$$u(t) = e^{-\frac{t}{\lambda}}\, u_0 + \frac{1}{\lambda} \int_0^t e^{\frac{s-t}{\lambda}} J(s)u(s)ds. \tag{10}$$

En effet il suffit de faire le changement de fonction $v(t) = u(\lambda t)$ pour se ramener à la forme (7).

REMARQUE 1.3 Divers problèmes (linéaires ou non linéaires) du type

$\frac{du}{dt} + Au = 0$ sont approximés (approximation Yosida, méthode de pénalisation etc...

par des équations de la forme $\frac{du_\lambda}{dt} + A_\lambda u_\lambda = 0$ où $A_\lambda = \frac{1}{\lambda}(I - J_\lambda)$ et $J_\lambda$ est

en général une contraction ($\lambda$ est destiné à tendre vers 0).

Exemple 1.3.1 Soit $C$ un convexe fermé de $E$ et soit $J$ une application lipschitzienne de $C$ dans $C$. Soit $f(t) \in L^1(0,T;E)$ tel que $f(t) \in C$ p.p. sur $]0,T[$. Alors, pour tout $u_0 \in C$ et tout $\lambda > 0$, l'équation

$\frac{du}{dt} + u + \frac{1}{\lambda}(u - Ju) = f$ p.p. sur $]0,T[$, $u(0) = u_0$ admet une solution.

En effet, elle s'écrit $\frac{du}{dt}(t) + \frac{1}{\mu}(u(t) - \tilde{J}(t)u(t)) = 0$

avec $\mu = \frac{\lambda}{1+\lambda}$ et $\tilde{J}(t)u = \frac{Ju + \lambda f(t)}{1 + \lambda}$ ; il est clair que $\tilde{J}(t)$ vérifie les hypothèses (4) et (5).

Exemple 1.3.2 Soit $C$ un cône convexe fermé de sommet 0 et soit $J$ une application lipschitzienne de $C$ dans $C$.

Soit $f(t) \in L^1(0,T; E)$ tel que $f(t) \in C$ p.p. sur $]0,T[$.

Alors pour tout $u_0 \in C$ et tout $\lambda > 0$, l'équation $\frac{du}{dt} + \frac{1}{\lambda}(u - Ju) = f$ p.p. sur $]0,T[$, $u(0) = u_0$ admet une solution.

En effet, elle s'écrit

$\frac{du}{dt}(t) + \frac{1}{\lambda}(u(t) - \tilde{J}(t)u(t)) = 0$ avec $\tilde{J}(t)u = Ju + f$ et $\tilde{J}(t)$ vérifie les hypothèses (4) et (5) puisque $C$ est un cône convexe.

## COMPARAISON DE DEUX SOLUTIONS

### THEOREME 1.5

*On fait les hypothèses* (4) *et* (5).
*Soient* $\lambda > 0$, $f$ *et* $\hat{f} \in L^1(0,T;E)$ ; *soient* $u$ *et* $\hat{u}$ *des solutions respectives des équations.*

$$\frac{du}{dt}(t) + \frac{1}{\lambda}(u(t) - J(t)u(t)) = f(t) \qquad \text{p.p.} \quad \text{sur } ]0,T[$$

$$\frac{d\hat{u}}{dt}(t) + \frac{1}{\lambda}(\hat{u}(t) - J(t)\hat{u}(t)) = \hat{f}(t) \qquad \text{p.p.} \quad \text{sur } ]0,T[$$

Alors

$$(11) \quad ||u(t) - \hat{u}(t)|| \leq e^{\frac{(L-1)t}{\lambda}} ||u(0) - \hat{u}(0)|| + \int_0^t e^{\frac{(L-1)(t-s)}{\lambda}} ||f(s) - \hat{f}(s)||ds$$

En effet d'après (10), on a

$$u(t) = e^{\frac{-t}{\lambda}} u(0) + \frac{1}{\lambda} \int_0^t e^{\frac{s-t}{\lambda}} \left[J(s)u(s) + \lambda f(s)\right] ds$$

$$\hat{u}(t) = e^{\frac{-t}{\lambda}} \hat{u}(0) + \frac{1}{\lambda} \int_0^t e^{\frac{s-t}{\lambda}} \left[J(s)\hat{u}(s) + \lambda\hat{f}(s)\right] ds.$$

Par soustraction, il vient pour tout $t \in [0,T]$

$$||u(t) - \hat{u}(t)|| \leq e^{\frac{-t}{\lambda}} ||u(0) - \hat{u}(0)|| + \frac{L}{\lambda} \int_0^t e^{\frac{s-t}{\lambda}} ||u(s) - \hat{u}(s)||ds$$

$$+ \int_0^t e^{\frac{s-t}{\lambda}} ||f(s) - \hat{f}(s)|| ds$$

Posant $\phi(t) = e^{t/\lambda}||u(t) - \hat{u}(t)||$, on a

$$\phi(t) \leq \phi(0) + \frac{L}{\lambda} \int_0^t \phi(s)ds + \int_0^t e^{s/\lambda}||f(s) - \hat{f}(s)||ds = H(t)$$

Par conséquent

$$H'(t) = \frac{L}{\lambda}\phi(t) + e^{\frac{t}{\lambda}} ||f(t) - \hat{f}(t)|| \leq \frac{L}{\lambda} H(t) + e^{\frac{t}{\lambda}} ||f(t) - \hat{f}(t)|| .$$

D'où l'on déduit que

$$H(t) \leqslant e^{\frac{L}{\lambda}t} \phi(0) + e^{\frac{L}{\lambda}t} \int_0^t e^{\frac{-L}{\lambda}s} e^{\frac{s}{\lambda}} ||f(s) - \hat{f}(s)||ds$$

et l'estimation (11) en résulte.

SOLUTIONS PERIODIQUES

L'estimation (11) permet d'établir l'existence de solutions périodiques

COROLLAIRE 1.2 On suppose que $J(t)$ satisfait aux hypothèses (4) et (5) avec $L < 1$

Alors il existe une fonction $u(t)$ unique vérifiant (6), (9) et $u(0) = u(T)$.

En effet, on considère l'application $\mathcal{T}$ de $C$ qui à $\xi \in C$ fait correspondre $\mathcal{T}\xi = u_\xi(T)$ où $u_\xi$ est la solution de l'équation

$$\frac{du_\xi(t)}{dt} + \frac{1}{\lambda}(u_\xi(t) - J(t)u_\xi(t)) = 0 \quad \text{p.p. sur } ]0,+\infty[ \;,\; u_\xi(0) = \xi$$

L'application $\mathcal{T}$ qui vérifie

$$|| \mathcal{T}\xi - \mathcal{T}\hat{\xi}|| \leqslant e^{\frac{(L-1)T}{\lambda}} || \xi - \hat{\xi} ||$$

est une contractionstricte et admet donc un point fixe unique $\xi_0$. La fonction $u_{\xi_0}(t)$ est l'unique solution du problème.

COROLLAIRE 1.3 On suppose que $E$ est uniformément convexe et que $J(t)$ satisfait aux hypothèses (4) et (5) avec $L \leqslant 1$.

D'autre part on définit $J(t)$ p.p. sur $]0, +\infty[$ par $J(t + T) = J(t)$; on suppose qu'il existe $\xi \in C$ tel que la solution $u_\xi(t)$ de l'équation

$$\frac{du_\xi}{dt}(t) + \frac{1}{\lambda}(u_\xi(t) - J(t)u_\xi(t)) = 0 \quad \text{p.p. sur } ]0,+\infty[ \;,\; u_\xi(0) = \xi$$

vérifie $\sup_{t \in [0,+\infty[} ||u_\xi(t)|| < +\infty$

Alors il existe une fonction $u(t)$ (non nécessairement unique) vérifiant (6),(9) et $u(0) = u(T)$.

En effet $\mathcal{T}\xi = u_\xi(T)$ est une contraction de $C$ dans $C$ et d'autre part $\mathcal{T}^k\xi = u_\xi(kT)$ demeure borné quand $k \to +\infty$. Il résulte du théorème 1.3 que $\mathcal{T}$ admet un point fixe.

Estimation sur $\left\| \frac{du}{dt} \right\|$

THEOREME 1.6 *Soit* $J$ *une application de* $C$ *dans* $E$ *vérifiant*

$$\|Jx - Jy\| \leq L \|x - y\| \qquad \forall x, y \in C$$

*Soit* $\lambda > 0$ *et soit* $f$ *une fonction absolument continue de* $[0,T]$ *dans* $E$ *dérivable* p.p. *Soit* $u(t)$ *une solution ( de classe* $C^1$ *) de l'équation*

$$\frac{du}{dt}(t) + \frac{1}{\lambda}(u(t) - Ju(t)) = f(t)$$

*Alors pour tout* $t \in [0,T]$ *on a*

$$(12) \quad \left\|\frac{du}{dt}(t)\right\| \leq e^{\frac{(L-1)t}{\lambda}} \left\|\frac{du}{dt}(0)\right\| + \int_0^t e^{\frac{(L-1)(t-s)}{\lambda}} \left\|\frac{df}{dt}(s)\right\| ds =$$

$$= e^{\frac{(L-1)t}{\lambda}} \left\|f(0) - \frac{1}{\lambda}(u(0) - Ju(0))\right\| + \int_0^t e^{\frac{(L-1)(t-s)}{\lambda}} \left\|\frac{df}{dt}(s)\right\| ds$$

*En particulier si* $f \equiv 0$ *et si* $L = 1$, *la fonction* $t \mapsto \left\|\frac{du}{dt}(t)\right\|$ *est décroissante ; lorsque* $L < 1$, *la fonction* $t \mapsto \left\|\frac{du}{dt}(t)\right\|$ *décroît exponentiellement vers* $0$ *et* $u(t)$ *tend vers le point fixe de* $J$ *quand* $t \to +\infty$.

Soit $h > 0$ ; posons pour $t \in [0,T-h]$

$$\nabla_h u(t) = \frac{u(t+h)-u(t)}{h}$$

Appliquant le théorème 1.5 aux fonctions $u(t)$ et $u(t+h)$, on obtient pour $t \in [0,T-h]$,

$$\|u(t+h)-u(t)\| \leq e^{\frac{(L-1)t}{\lambda}} \|u(h)-u(0)\| + \int_0^t e^{\frac{(L-1)(t-s)}{\lambda}} \|f(s+h)-f(s)\| ds$$

et donc

$$\|\nabla_h u(t)\| \leq e^{\frac{(L-1)t}{\lambda}} \left\| \frac{u(h)-u(0)}{h}\right\| + \int_0^t e^{\frac{(L-1)(t-s)}{\lambda}} \left\|\frac{f(s+h)-f(s)}{h}\right\| ds$$

Passant à la limite quand $h \to 0$ (utiliser l'appendice) on en déduit (12).

Si $f \equiv 0$ et si $L = 1$, on a $\|\frac{du}{dt}(t)\| \leq \|\frac{du}{dt}(0)\|$ pour $t \geq 0$;

comme l'instant $t = 0$ ne joue aucun rôle privilégié, il en résulte que

la fonction $t \mapsto \|\frac{du}{dt}(t)\|$ est décroissante.

D'autre part si $L < 1$, on a $\|\frac{du}{dt}(t)\| \leq e^{\frac{-|L-1|t}{\lambda}} \|\frac{du}{dt}(0)\|$;

donc $u(t)$ converge quand $t \to +\infty$, soit $\ell = \lim_{t \to +\infty} u(t)$

Passant à la limite dans l'équation $\frac{du}{dt} + \frac{1}{\lambda}(u - Ju) = 0$ on a $\ell = J\ell$.

ESTIMATION DE CHERNOFF GENERALISEE

THEOREME 1.7 *Soit* $J$ *une application de* $C$ *dans* $C$ *vérifiant*

$$\|Jx - Jy\| \leq L \ \|x - y\| \qquad \forall x, y \in C \text{ avec } L \geq 1.$$

*Soit* $\lambda > 0$ *et soit* $u(t)$ *la solution de l'équation*

$$\frac{du}{dt} + \frac{1}{\lambda}(u - Ju) = 0 \quad \text{sur } [0, +\infty[ \quad u(0) = u_0 .$$

*Alors on a, pour tout* $t \in [0, +\infty[$ *et tout entier* $n$ ,

$$(13) \quad \|u(t)-J^n u_0\| \leq L^n e^{\frac{(L-1)t}{\lambda}} \|u_0 - Ju_0\| \left[(n - \frac{tL}{\lambda})^2 + \frac{tL}{\lambda}\right]^{1/2}$$

*En particulier si* $L = 1$ *et si* $\lambda = 1$ , *on a*

$$\|u(t)-J^n u_0\| \leq \left[(n-t)^2 + t\right]^{1/2} \|u_0 - Ju_0\|$$

*et donc*

$$\|u(n)-J^n u_0\| \leq \sqrt{n} \ \|u_0 - Ju_0\|$$

Sans restreindre la généralité, on peut supposer que $\lambda = 1$. Posons $\phi_n(t) = \|u(t)-J^n u_0\| \ \|u_0 - Ju_0\|^{-1}$ (si $u_0 = Ju_0$ , on a $u(t) \equiv u_0$ et le théorème est démontré).

Etablissons une relation de récurrence entre $\phi_{n-1}$ et $\phi_n$.

Comme $u(t) = e^{-t} u_o + \int_0^t e^{s-t} Ju(s)ds$, on a

$$||u(t)-J^n u_o|| \leqslant e^{-t} ||u_o - J^n u_o|| + \int_0^t e^{s-t} ||Ju(s)-J^n u_o|| ds$$

$$\leqslant e^{-t} ||u_o - J^n u_o|| + L \int_0^t e^{s-t} ||u(s)-J^{n-1} u_o|| ds$$

Donc

$$\phi_n(t) \leqslant e^{-t} ||u_o - J^n u_o|| \quad ||u_o - Ju_o||^{-1} + L \int_0^t e^{s-t} \phi_{n-1}(s)ds;$$

or

$$||u_o - J^n u_o|| \leqslant \sum_{i=1}^n ||J^{i-1} u_o - J^i u_o|| \leqslant ( \sum_{i=1}^n L^i) \quad ||u_o - Ju_o||$$

$$\leqslant n L^n \quad ||u_o - Ju_o|| \qquad \text{(puisque } L \geqslant 1)$$

Par suite

$$\phi_n(t) \leqslant n L^n e^{-t} + L \int_0^t e^{s-t} \phi_{n-1}(s)ds$$

D'autre part

$$\phi_o(t) = ||u(t)-u(0)|| \quad ||u_o - Ju_o||^{-1} \leqslant t e^{(L-1)t}$$

(utiliser (12)).

On conclut à l'aide du lemme suivant

LEMME 1.2

Soit $\phi_n(t)$ une suite de fonctions localement intégrables sur $]0, +\infty[$ vérifiant

$$\phi_n(t) \leqslant n L^n e^{-t} + L \int_0^t e^{s-t} \phi_{n-1}(s)ds$$

et $\phi_o(t) \leqslant t e^{(L-1)t}$

Alors

(14) $\quad \phi_n(t) \leq L^n e^{(L-1)t} \left[(n-tL)^2 + tL\right]^{1/2}$

Prouvons le lemme 1.2 par récurrence. On a d'abord

$$\phi_0(t) \leq t\, e^{(L-1)t} \leq e^{(L-1)t} \left[t^2L^2 + tL\right]^{1/2}$$

Admettons (14) jusqu'à l'ordre $n-1$; on a alors d'après l'hypothèse

$$\phi_n(t) \leq n\, L^n e^{-t} + L^n \int_0^t e^{s-t}\, e^{(L-1)s} \left[(n-1-sL)^2 + sL\right]^{1/2} ds$$

Il reste donc à montrer que

$$n\, L^n e^{-t} + L^n \int_0^t e^{s-t}\, e^{(L-1)s} \left[(n-1-sL)^2 + sL\right]^{1/2} ds$$
$$\leq L^n e^{(L-1)t} \left[(n-tL)^2 + tL\right]^{1/2},$$

autrement dit

$$n + \int_0^t e^{Ls} \left[(n-1-sL)^2 + sL\right]^{1/2} ds \leq e^{Lt} \left[(n-tL)^2 + tL\right]^{1/2}$$

Comme les deux membres coïncident pour $t = 0$, il suffit de vérifier cette inégalité sur les dérivées:

$$e^{Lt} \left[(n-1-tL)^2 + tL\right]^{1/2} \leq L\, e^{Lt} \left[(n-tL)^2 + tL\right]^{1/2} +$$
$$e^{Lt} \left[(n-tL)^2 + tL\right]^{-1/2} L \left(\tfrac{1}{2} - n + tL\right)$$

Le membre de droite est positif puisque

$$\left[(n-tL)^2 + tL\right]^{-1/2} \left[(n-tL)^2 + tL + \tfrac{1}{2} - n + tL\right] =$$
$$\left[(n-tL)^2 + tL\right]^{-1/2} \left[(n-1-tL)^2 + n - \tfrac{1}{2}\right]$$

Enfin on conclut à l'aide de l'inégalité suivante

$$\left[(n-1-tL)^2 + tL\right]^{1/2} \leq \left[(n-tL)^2 + tL\right]^{1/2} + \left[(n-tL)^2 + tL\right]^{-1/2} \left(\tfrac{1}{2} - n + tL\right)$$

qui est obtenue en élevant les deux membres au carré.

# CHAPITRE II - OPERATEURS MAXIMAUX MONOTONES

Plan :



## Notations

H désigne un espace de Hilbert sur $\mathbb{R}$ muni du produit scalaire ( , ) et de la norme $| \ |$.

$H_w$ est l'espace H muni de la topologie faible et $x_n \rightharpoonup x$ exprime que la suite $x_n$ converge faiblement vers x.

[ , ] désigne le couple, élément de H × H.

Etant donné $D \subset H$, $\overline{D}$ désigne la fermeture de D dans H, Int D désigne l'intérieur de D dans H, conv D désigne l'enveloppe convexe de D.

Si C est un convexe fermé de H, $\text{Proj}_C x$ désigne la projection de x sur C et $C^\circ$ désigne la projection de 0 sur C.

## 1. NOTION D'OPERATEUR MONOTONE

La théorie des équations d'évolution non linéaires nous amène à étendre la notion d'opérateur. Un opérateur (multivoque) sera une application de H dans $\mathcal{P}(H)$, ensemble des parties de H. Le domaine de A est l'ensemble $D(A) = \{x \in H ; Ax \neq \emptyset\}$ et l'image de A est l'ensemble $R(A) = \bigcup_{x \in H} Ax$. Si pour tout $x \in H$, l'ensemble Ax contient au plus un élément on dira que A est univoque. Nous justifierons ultérieurement l'intérêt des opérateurs multivoques.

Soient A et B des opérateurs de H, et soient $\lambda \in \mathbb{R}$, $\mu \in \mathbb{R}$ ; alors $\lambda A + \mu B$ est l'opérateur $x \in H \mapsto \lambda Ax + \mu Bx = \{\lambda u + \mu v ; u \in Ax, v \in Bx\}$, avec $D(\lambda A + \mu B) = D(A) \cap D(B)$.

Nous identifierons A avec son graphe dans H x H, i.e. $\{[x,y] ; y \in Ax\}$.

L'opérateur $A^{-1}$ est l'opérateur dont le graphe est symétrique de celui de A i.e. $y \in A^{-1}x \Longleftrightarrow x \in Ay$ ; on a évidemment $D(A^{-1}) = R(A)$.

L'ensemble des opérateurs est ordonné par l'inclusion des graphes : $A \subset B \Longleftrightarrow$ pour tout $x \in H$, $Ax \subset Bx$.

DEFINITION 2.1.

Un opérateur A de H est dit monotone si $\forall x_1, x_2 \in D(A)$, $(Ax_1 - Ax_2, x_1 - x_2) \geqslant 0$, ou plus précisément $\forall y_1 \in Ax_1$, $\forall y_2 \in Ax_2$, $(y_1 - y_2, x_1 - x_2) \geqslant 0$.

EXEMPLE 2.1.1.

Soit f une application croissante de $\mathbb{R}$ dans $\mathbb{R}$ ; l'opérateur $\tilde{f} : x \in \mathbb{R} \mapsto [f(x-), f(x+)] \cap \mathbb{R}$ est monotone dans $\mathbb{R}$. Tout opérateur monotone de $\mathbb{R}$ est inclus dans un opérateur de ce type.

Exemple 2.1.2.

Soit A un opérateur monotone de H; les opérateurs suivants construits à partir de A sont monotones : $A^{-1}$, $\lambda A$ pour $\lambda \geqslant 0$, $\overline{A}$ fermeture de A dans $H \times H_w$, $\tilde{A}x = \overline{\text{conv}\, Ax}$.

Soit J une contraction de $D \subset H$ dans H; alors l'opérateur I-J est monotone.

Etant donné un convexe fermé C de H, l'opérateur $x \mapsto \text{Proj}_C x$ est monotone.

Si A et B sont monotones, alors A+B est monotone.

Exemple 2.1.3.

Soit $(S, \mathcal{B}, \mu)$ un espace mesuré positif ; étant donné un opérateur A de H, on peut définir $\mathcal{A}$ sur $\mathcal{H} = L^2(S ; H)$ par $v \in \mathcal{A}u \Leftrightarrow v(t) \in Au(t)$ $\mu$ p.p. sur S. Si A est monotone, il en est de même de $\mathcal{A}$.

Exemple 2.1.4.

Soit $\varphi$ une fonction convexe propre sur H, c'est à dire une application de H dans $]-\infty, +\infty]$, telle que $\varphi \not\equiv +\infty$ et
$\varphi(tx + (1-t)y) \leq t\,\varphi(x) + (1-t)\,\varphi(y) \quad \forall x, y \in H$ et $\forall t \in ]0,1[$.
L'ensemble $D(\varphi) = \{x \in H ; \varphi(x) < +\infty\}$ est convexe. Le sous différentiel $\partial\varphi$ de $\varphi$, défini par $y \in \partial\varphi(x) \Leftrightarrow \forall \xi \in H, \varphi(\xi) \geq \varphi(x) + (y, \xi - x)$, est monotone dans H. En effet, si $y_1 \in \partial\varphi(x_1)$ et $y_2 \in \partial\varphi(x_2)$, on a en particulier $\varphi(x_2) \geq \varphi(x_1) + (y_1, x_2 - x_1)$ et $\varphi(x_1) \geq \varphi(x_2) + (y_2, x_1 - x_2)$ ; d'où par addition $(y_1 - y_2, x_1 - x_2) \geq 0$.

La notion d'opérateur monotone dans un espace de Hilbert apparait comme cas particulier de celle d'opérateur monotone d'un espace vectoriel dans son dual (dans notre cas H est identifié à son dual). Soit X un espace vectoriel topologique de dual X'. Une application A de X dans $\mathcal{P}(X')$ est dite monotone si $\forall x_1, x_2 \in D(A)$, $\langle Ax_1 - Ax_2, x_1 - x_2 \rangle \geq 0$, $\langle , \rangle$ désignant le produit scalaire dans la dualité entre X et X'.

La notion d'opérateur monotone dans un espace de Hilbert apparait aussi comme un cas particulier de celle d'opérateur accrétif dans un espace de Banach telle qu'elle est définie par T.Kato. X étant un espace de Banach de norme $\|\ \|$, on dit qu'une application A de X dans $\mathcal{P}(X)$ est accrétive si $\forall x_1, x_2 \in D(A)$ et $\forall \lambda > 0$, $\|x_1 - x_2\| \leq \|(x_1 - x_2) + \lambda(Ax_1 - Ax_2)\|$.

On a en effet la

PROPOSITION 2.1.

**Soit A un opérateur de H. A est monotone si et seulement si** $\forall x_1, x_2 \in D(A)$ et $\forall \lambda > 0$, $|x_1 - x_2| \leq |(x_1 - x_2) + \lambda(Ax_1 - Ax_2)|$

**ou plus précisément**

$\forall x_1, x_2 \in D(A)$, $\forall y_1 \in Ax_1$, $y_2 \in Ax_2$, $\forall \lambda > 0$, $|x_1 - x_2| \leq |(x_1 - x_2) + \lambda(y_1 - y_2)|$

En effet, on a

$$|(x_1 - x_2) + \lambda(y_1 - y_2)|^2 = |x_1 - x_2|^2 + 2\lambda(y_1 - y_2, x_1 - x_2) + \lambda^2 |y_1 - y_2|^2$$

La condition est donc nécessaire. Elle est aussi suffisante, car on a alors $2\lambda(y_1-y_2, x_1-x_2) + \lambda^2|y_1-y_2|^2 \geqslant 0$. On divise par $\lambda$ et on obtient le résultat en faisant tendre $\lambda$ vers 0.

La conditon d'accrétivité exprime que pour tout $\lambda>0$, l'opérateur $(I+\lambda A)^{-1}$ est une contraction de $R(I+\lambda A)$ dans H. Autrement dit, pour tout $y \in H$, l'équation $x + \lambda Ax \ni y$ admet au plus une solution et si $x_1, x_2$ sont les solutions correspondant à $y_1, y_2$ on a $|x_1-x_2| \leqslant |y_1-y_2|$. Les opérateurs que nous allons considérer maintenant sont ceux pour lesquels l'équation $x + \lambda Ax \ni y$ admet exactement une solution x pour tout $y \in H$ et tout $\lambda > 0$.

## 2 - NOTION D'OPERATEUR MAXIMAL MONOTONE

L'ensemble des opérateurs monotones de H est inductif pour l'inclusion des graphes, ce qui justifie la définition suivante :

DEFINITION 2.2.

Un opérateur de H est dit maximal monotone s'il est maximal dans l'ensemble des opérateurs monotones.

Insistons sur le fait que A est maximal dans l'ensemble des graphes monotones. Un opérateur qui est seulement maximal dans l'ensemble des opérateurs univoques monotones n'est pas nécessairement maximal monotone au sens de la définition 2.2.

Explicitons cette définition ; A est maximal monotone si et seulement si A est monotone et pour tout $[x,y] \in H\times H$ tel que $(y-A\xi, x-\xi) \geqslant 0 \quad \forall\xi \in D(A)$ (ou plus précisément $(y-\eta, x-\xi) \geqslant 0 \quad \forall[\xi,\eta] \in A$), alors $y \in Ax$.

La caractérisation suivante est fondamentale dans l'étude des opérateurs maximaux monotones.

PROPOSITION 2.2.

Soit A un opérateur de H. Il y a équivalence entre les trois propriétés suivantes :

i) A est maximal monotone
ii) A est monotone et $R(I+A)=H$
iii) Pour tout $\lambda>0$, $(I+\lambda A)^{-1}$ est une contraction définie sur H tout entier.

L'implication (iii) $\Rightarrow$ (ii) est une conséquence immédiate de la proposition 2.1. Pour l'implication (ii) $\Rightarrow$(i), il suffit de remarquer que si $A \subset B$ avec B monotone et si $y \in Bx$, il existe, par hypothèse $x' \in D(A)$ tel que $x + y \in x' + Ax'$ ; d'où $x + y \in x + Bx$ et $x+y \in x' + Bx'$ et donc $x = x'$, $y \in Ax$. Pour prouver l'implication (i) $\Rightarrow$(iii) on utilise le théorème suivant :

THEOREME 2.1.

*Soient* C *un convexe fermé de* H *et* A *un opérateur monotone de* H. *Alors, pour tout* $y \in H$, *il existe* $x \in C$ *tel que*

$$(\eta + x, \xi - x) \geqslant (y, \xi - x) \qquad \forall[\xi,\eta] \in A$$

Avant de démontrer ce théorème, tirons en la conséquence suivante. Soit $\mathcal{F}$ la famille des opérateurs monotones dont le domaine est contenu dans C et soit A un élément maximal de $\mathcal{F}$ ; alors $R(I+A) = H$. En effet, soit $y \in H$ ; il existe $x \in C$ tel que pour tout $[\xi,\eta] \in A$ $(\eta - (y - x), \xi - x) \geqslant 0$, et donc $y-x \in Ax$. En prenant $C = H$ et en remarquant que si A est maximal monotone, il en est de même de $\lambda A$ pour tout $\lambda > 0$, on a démontré l'implication (i) $\Rightarrow$(iii) de la proposition 2.2.

En appliquant le lemme de Zorn, on a prouvé le

COROLLAIRE 2.1

Soit A un opérateur monotone. Il existe un prolongement $\tilde{A}$ maximal monotone de A dont le domaine est contenu dans $\overline{\text{conv}}\, D(A)$.

DEMONSTRATION DU THEOREME 2.1

On peut toujours se ramener au cas où $y = 0$. Pour tout $[\xi,\eta] \in A$ on pose $C[\xi,\eta] = \{x \in C \; ; \; (\eta + x, \xi - x) \geqslant 0\}$ ; $C[\xi,\eta]$ est un convexe fermé borné de H. Il faut montrer que $\bigcap_{\xi \in C, [\xi,\eta] \in A} C[\xi,\eta] = \emptyset$.

Mais $C[\xi,\eta]$ étant faiblement compact, il suffit de montrer que pour toute famille finie $\xi_i \in C, [\xi_i,\eta_i] \in A$, $i = 1,2,\ldots n$, on a $\bigcap_{i=1}^{i=n} C[\xi_i,\eta_i] \neq \emptyset$. Soit alors K le convexe de $\mathbb{R}^n$ défini par $K = \{\lambda \in \mathbb{R}^n \; ; \; \lambda_i \geqslant 0$ et $\sum_{i=1}^{n} \lambda_i = 1\}$ et soit $f : K \times K \to \mathbb{R}$ défini par $f(\lambda,\mu) = \sum_{i=1}^{n} \mu_i (x(\lambda) + \eta_i, x(\lambda) - \xi_i)$ où $x(\lambda) = \sum_{j=1}^{n} \lambda_j \, \xi_j$.
La fonction f est continue, convexe en $\lambda$, linéaire en $\mu$. D'après le théorème du min-max (théorème 1.1.) il existe $\lambda^\circ \in K$ tel que pour tout $\mu \in K$,
$f(\lambda^\circ,\mu) \leqslant \underset{\lambda \in K}{\text{Max}} \, f(\lambda,\lambda)$.

Or $f(\lambda,\lambda) = \sum_{i,j=1}^{n} \lambda_i \lambda_j (\eta_i, \xi_j - \xi_i) = \frac{1}{2} \sum_{i,j=1}^{n} \lambda_i \lambda_j (\eta_i - \eta_j, \xi_j - \xi_i) \leqslant 0$.

Donc pour tout $\mu \in K$ on a $\sum_{i=1}^{n} \mu_i (x(\lambda^\circ) + \eta_i, x(\lambda^\circ) - \xi_i) \leqslant 0$, c'est à dire $x(\lambda^\circ) \in \bigcap_{i=1}^{n} C[\xi_i,\eta_i]$.

## 3 - EXEMPLES D'OPERATEURS MAXIMAUX MONOTONES

Exemple 2.3.1.

Les opérateurs maximaux monotones de $\mathbb{R}$ sont les opérateurs f considérés à l'exemple 2.1.1. Nous étudierons cet exemple plus en détail au § II.8.

Exemple 2.3.2.

Soit A un opérateur maximal monotone de H ; les opérateurs $A^{-1}$ et $\lambda A$ pour $\lambda > 0$ sont maximaux monotones.

Par contre A et B peuvent être maximaux monotones sans qu'il en soit ainsi de A + B car on peut avoir $D(A) \cap D(B) = \emptyset$. Des critères pour que A + B soit maximal monotone sont donnés au §II.6.

Exemple 2.3.3.

Dans l'exemple 2.1.3., si A est maximal monotone et si $\mu(S) < +\infty$, alors $\mathcal{A}$ est maximal monotone. En effet, étant donné $v \in \mathcal{H}$, il existe, $\mu$-p.p. sur S, $u(t) \in H$ unique tel que $v(t) \in u(t) + Au(t)$. Comme $(I+A)^{-1}$ est une contraction et $\mu(S) < +\infty$, on a $u \in \mathcal{H}$ et donc $v \in u + \mathcal{A}u$. Remarquons que si $\mu(S) = +\infty$ et si de plus $0 \in A0$ alors $\mathcal{A}$ est maximal monotone (sinon $D(\mathcal{A})$ peut être vide). Notons enfin que le prolongement à $\mathcal{H}$ de $(I+\lambda A)^{-1}$ est $(I+\lambda\mathcal{A})^{-1}$

Exemple 2.3.4.

Soit $\varphi$ une fonction convexe propre sur H. Si $\varphi$ est semi-continue inférieurement, (s.c.i) alors $\partial\varphi$ est maximal monotone.

En effet, soit $y \in H$ ; la fonction $x \mapsto \varphi(x) + \frac{1}{2}|x-y|^2$ est convexe s.c.i. et tend vers $+\infty$ lorsque $|x| \to +\infty$ (noter que grâce au théorème de Hahn-Banach $\varphi$ est minoré par une fonction affine). Elle atteint donc son minimum en $x_0 \in H$. On conclut à l'aide du lemme suivant que $y \in x_0 + \partial\varphi(x_0)$.

LEMME 2.1.

Soit $\varphi$ une fonction convexe propre sur H et $\alpha \geqslant 0$. La fonction convexe $x \mapsto \varphi(x) + \frac{\alpha}{2}|x-y|^2$ atteint son minimum en $x_0$ si et seulement si $\alpha(y-x_0) \in \partial\varphi(x_0)$

En effet si $\alpha(y-x_0) \in \partial\varphi(x_0)$, on a $\varphi(x_0) < +\infty$ et

$$\varphi(\xi)-\varphi(x_0) \geqslant \alpha(y-x_0,\xi-x_0) \geqslant \frac{\alpha}{2}\left[|x_0-y|^2-|\xi-y|^2\right] \qquad \forall\xi \in H.$$

Inversement, en prenant $\xi = (1-t)x_0+t\eta$ avec $t \in ]0,1[$, on a

$$t\left[\varphi(\eta)-\varphi(x_0)\right] \geqslant \varphi(\xi)-\varphi(x_0) \geqslant \frac{\alpha}{2}\left[|x_0-y|^2-|(1-t)x_0+t\eta-y|^2\right]$$

D'où en divisant par t et en faisant tendre t vers 0, on a

$$\varphi(\eta)-\varphi(x_0) \geqslant \alpha(y-x_0,\eta-x_0).$$

Nous reviendrons sur cet exemple au §II.7.

Exemple 2.3.5.

Soit $A$ un opérateur linéaire, univoque (non borné), monotone dans $H$. On a la caractérisation suivante :

PROPOSITION 2.3.

$A$ est maximal monotone si et seulement si $D(A)$ est dense dans $H$ et $A$ est maximal dans l'ensemble des opérateurs univoques linéaires monotones.

La condition est nécessaire car si $x$ est orthogonal à $D(A)$ on a pour tout $\xi \in D(A)$, $(A\xi - x, \xi) \geq 0$ et donc $x = A0 = 0$. Montrons qu'elle est suffisante ; soit $[x,y] \in H \times H$ tel que $(A\xi - y, \xi - x) \geq 0$ pour tout $\xi \in D(A)$. Alors $x \in D(A)$ car sinon l'opérateur $\tilde{A} : \xi + \lambda x \mapsto A\xi + \lambda y$, défini sur l'espace engendré par $D(A)$ et $x$, serait un prolongement linéaire monotone strict de $A$. On a alors pour tout $t > 0$ et tout $\xi \in D(A)$, $(A(x+t\xi)-y, (x+t\xi)-x) \geq 0$, soit $(Ax-y, \xi) \geq -t(A\xi, \xi)$ ; faisant tendre $t$ vers 0 et utilisant le fait que $D(A)$ est dense dans $H$, on obtient $Ax = y$.

Exemple 2.3.6.

Avec la même méthode on obtient le résultat suivant :

PROPOSITION 2.4.

Soit $A$ une application monotone univoque de $D(A) = H$ dans $H$. On suppose que $A$ est hémicontinu, c'est à dire pour tout $x \in H$ et tout $\xi \in H$, $A((1-t)x+t\xi) \to Ax$ lorsque $t \to 0$; alors $A$ est maximal monotone.

En effet soit $[x,y] \in H \times H$ tel que $(Ax'-y, x'-x) \geq 0$ pour tout $x' \in H$. Alors, pour tout $\xi \in H$ et $t \in ]0,1[$, $(A((1-t)x+t\xi)-y, \xi-x) \geq 0$. Faisant tendre $t$ vers 0, on obtient $(Ax-y, \xi-x) \geq 0$ pour tout $\xi \in H$ et donc $Ax=y$

Exemple 2.3.7.

Soit $V$ un espace de Banach reflexif de dual $V'$ tel que $V \subset H \subset V'$ avec injections continues et denses. Soit $A : V \to V'$ un opérateur univoque partout défini sur $V$, hémicontinu et coercif i.e. $\lim_{||u|| \to +\infty} \frac{\langle Au, u \rangle}{||u||} = +\infty$ où $|| \ ||$ désigne la norme de $V$ et $\langle \cdot, \ \rangle$ le produit scalaire dans la dualité entre $V$ et $V'$. Alors l'opérateur $A_H$, restriction de $A$ à $H$, défini par $D(A_H) = \{x \in V \ ; \ Ax \in H\}$ et $A_H = A$ est maximal monotone dans $H$.

Il est en effet immédiat que $A_H$ est monotone ; d'autre part, d'après un théorème de G. MINTY [3] ou F. BROWDER [2], l'équation $x + Ax = y$ admet une solution $x \in V$ pour tout $y \in V'$ ; en particulier si $y \in H$, on a $x + A_H x = y$.

## 4 - PROPRIETES ELEMENTAIRES DES OPERATEURS MAXIMAUX MONOTONES

Dans ce paragraphe A est un opérateur maximal monotone. On désigne par $J_\lambda = (I+\lambda A)^{-1}$ la <u>résolvante</u> de A qui, pour tout $\lambda > 0$ est une contraction de H dans H. Il est immédiat que $J_\lambda$ vérifie
$J_\lambda x = J_\mu(\frac{\mu}{\lambda} x + (1 - \frac{\mu}{\lambda}) J_\lambda x) \quad \forall x \in H, \forall \lambda, \mu > 0.$

La fermeture de A dans $H \times H_w$ étant monotone (exemple 2.1.2) A est fermé dans $H \times H_w$ et aussi (puisque $A^{-1}$ est maximal monotone) dans $H_w \times H$. Plus précisément on a la

**PROPOSITION 2.5.**

**Soit $[x_n, y_n] \in A$ tel que $x_n \rightharpoonup x$, $y_n \rightharpoonup y$ et $\limsup (y_n, x_n) \leq (y,x)$. Alors $[x,y] \in A$ et $(y_n, x_n) \to (y,x)$.**

En effet, on a $(\eta - y_n, \xi - x_n) \geq 0$ pour $[\xi,\eta] \in A$. En passant à la limite supérieure, il vient $(\eta - y, \xi - x) \geq 0$ pour $[\xi,\eta] \in A$, donc $[x,y] \in A$. On a alors $(y-y_n, x-x_n) \geq 0$ et donc $\liminf (y_n, x_n) \geq (y,x)$.

**THEOREME 2.2.**

*$\overline{D(A)}$ est convexe, et pour tout $x \in H$ on a $\lim_{\lambda\to 0} J_\lambda x = \mathrm{Proj}_{\overline{D(A)}} x$.*

Soit $x \in H$ et posons $x_\lambda = J_\lambda x$, $C = \overline{\mathrm{conv}\, D(A)}$. On a $\frac{x-x_\lambda}{\lambda} \in Ax_\lambda$. Pour tout $[\xi,\eta] \in A$ on obtient $(\frac{x-x_\lambda}{\lambda} - \eta, x_\lambda - \xi) \geq 0$ ; d'où en particulier $|x_\lambda|^2 \leq (x, x_\lambda - \xi) + (x_\lambda, \xi) - \lambda(\eta, x_\lambda - \xi)$. On déduit de cette inégalité que $x_\lambda$ est borné quand $\lambda \to 0$. Soit $\lambda_n \to 0$ tel que $x_{\lambda_n} \rightharpoonup x_o$ avec $x_o \in C$. Il vient $|x_o|^2 \leq (x, x_o - \xi) + (x_o, \xi)$ pour tout $\xi \in D(A)$ et donc aussi pour tout $\xi \in C$. On a alors $(x - x_o, \xi - x_o) \leq 0$ pour tout $\xi \in C$ et par conséquent $x_o = \mathrm{Proj}_C\, x$. La limite étant indépendante de la suite extraite $\lambda_n \to 0$ telle que $x_{\lambda_n}$ converge dans $H_w$, on a $\lim_{\lambda\to 0} x_\lambda = \mathrm{Proj}_C x$ dans $H_w$.

D'autre part $\limsup_{\lambda\to 0} |x_\lambda|^2 \leq (x, x_o - \xi) + (x_o, \xi)$ pour tout $\xi \in D(A)$ et donc aussi pour tout $\xi \in C$. Prenant en particulier $\xi = x_o$, on a $\limsup_{\lambda\to 0} |x_\lambda|^2 \leq |x_o|^2$, ceci montre que $x_\lambda \to \mathrm{Proj}_C x$. Enfin $x_\lambda \in D(A)$, et comme pour tout $x \in C$, $x_\lambda \to x$ on a $\overline{D(A)} = C$.

Nous avons vu à l'exemple 2.1.2. que l'opérateur $x \mapsto \overline{\mathrm{conv}(Ax)}$ est encore monotone si A est monotone. Donc pour tout $x \in D(A)$, $Ax$ est un convexe fermé lorsque A est maximal monotone. Nous poserons $A^\circ x = \mathrm{Proj}_{Ax} 0$, c'est à dire <u>$A^\circ x$ est l'élément de $Ax$ ayant une norme minimale</u>. D'autre part on désigne par $A_\lambda = \frac{I - J_\lambda}{\lambda}$ l'<u>approximation Yosida</u> de A. Il est important de distinguer l'opérateur <u>univoque</u> $A_\lambda$ de H et l'opérateur multivoque $AJ_\lambda$ ; on a seulement l'inclusion évidente $A_\lambda x \in AJ_\lambda x$ pour tout $x \in H$. Si de plus A est linéaire et univoque, on a $A_\lambda = AJ_\lambda$ sur H et $J_\lambda A = A_\lambda$ sur $D(A)$ ; en particulier pour tout $x \in D(A)$, $A_\lambda x \to Ax$ quand $\lambda \to 0$. Cet argument ne s'étend pas aux opérateurs non linéaires, mais on a toutefois la

<u>PROPOSITION 2.6.</u>

(i) $A_\lambda$ est maximal monotone et lipschitzien de rapport $\frac{1}{\lambda}$

(ii) $(A_\lambda)_\mu = A_{\lambda+\mu}$ pour tout $\lambda, \mu > 0$.

(iii) Pour tout $x \in D(A)$, on a $|A_\lambda x| \uparrow |A^\circ x|$ et $A_\lambda x \to A^\circ x$ quand $\lambda \downarrow 0$ avec
$|A_\lambda x - A^\circ x|^2 \leq |A^\circ x|^2 - |A_\lambda x|^2$

(iv) Pour $x \notin D(A)$ , $|A_\lambda x| \uparrow +\infty$ quand $\lambda \downarrow 0$.

Des inégalités $|A_\lambda x_1 - A_\lambda x_2|\, |x_1 - x_2| \geq (A_\lambda x_1 - A_\lambda x_2, x_1 - x_2)$
$= (A_\lambda x_1 - A_\lambda x_2, \lambda A_\lambda x_1 - \lambda A_\lambda x_2) + (A_\lambda x_1 - A_\lambda x_2, J_\lambda x_1 - J_\lambda x_2) \geq \lambda |A_\lambda x_1 - A_\lambda x_2|^2$,
on déduit que $A_\lambda$ est monotone et lipschitzien de rapport $\frac{1}{\lambda}$ . D'après la proposition 2.4, $A_\lambda$ est maximal monotone. La vérification de (ii) est immédiate en remarquant que $[x, y] \in A_\lambda \iff [x - \lambda y, y] \in A$.

Etant donné $x \in D(A)$, on a $(A^\circ x - A_\lambda x, x - J_\lambda x) \geq 0$ ; d'où $|A_\lambda x|^2 \leq (A^\circ x, A_\lambda x)$ et par suite $|A_\lambda x| \leq |A^\circ x|$.

Substituant $A_\mu$ à A dans les inégalités précédentes et utilisant (ii), on a pour tout $x \in H$

$|A_{\lambda+\mu} x|^2 \leq (A_\lambda x, A_{\lambda+\mu} x)$ et $|A_{\lambda+\mu} x| \leq |A_\lambda x| \qquad \forall \lambda, \mu > 0$

On en déduit que $|A_{\lambda+\mu}x - A_\lambda x|^2 \leq |A_\lambda x|^2 - |A_{\lambda+\mu}x|^2$.
Donc si $|A_\lambda x|$ est borné quand $\lambda \to 0$, $A_\lambda x$ est de Cauchy et par suite $A_\lambda x \to y$ quand $\lambda \to 0$ ; mais $x - J_\lambda x = \lambda A_\lambda x$ et donc $J_\lambda x \to x$. Il en résulte que $x \in D(A)$ et $[x,y] \in A$ ; mais alors $|y| \leq |A^\circ x|$ implique $y = A^\circ x$.

DEFINITION 2.3.

On appelle <u>section principale</u> de A tout opérateur univoque $A' \subset A$ avec $D(A) = D(A')$ et tel que pour tout $[x,y] \in \overline{D(A)} \times H$, l'inégalité $(A'\xi-y, \xi-x) \geq 0 \quad \forall \xi \in D(A)$ implique $y \in Ax$.

PROPOSITION 2.7.

**L'opérateur $A^\circ$ est une section principale de A.**

Considérons $M = \{[x,y] \in \overline{D(A)}\times H \; ; \; (A^\circ\xi-y,\xi-x) \geq 0 \quad \forall \xi \in D(A)\}$
Comme $A \subset M$, il suffit de montrer que M est monotone. Soient $[x_1,y_1] \in M$, $[x_2,y_2] \in M$ et posons $x = \frac{x_1+x_2}{2} \in \overline{D(A)}$. On a pour tout $\xi \in D(A)$
$(y_1-A^\circ\xi, \frac{x_1-x_2}{2} + x - \xi) \geq 0$ et $(y_2-A\xi, \frac{x_1-x_2}{2} + x - \xi) \geq 0$ ;

d'où par addition :
$\frac{1}{2}(y_1-y_2,x_1-x_2) \geq (y_1+y_2,x-\xi) + 2(A^\circ\xi,x-\xi)$.
Prenons $\xi = J_\lambda x$ ; on a $2(A^\circ J_\lambda x,x-J_\lambda x) = 2\lambda(A^\circ J_\lambda x,A_\lambda x) \geq 0$ puisque $A_\lambda x \in AJ_\lambda x$.
Donc $\frac{1}{2}(y_1-y_2,x_1-x_2) \geq (y_1+y_2,x-J_\lambda x)$ ; passant à la limite quand $\lambda \to 0$, on obtient $(y_1-y_2,x_1-x_2) \geq 0$ puisque $x \in \overline{D(A)}$.

COROLLAIRE 2.2

**Soient A et B deux opérateurs maximaux monotones. Si $D(A) = D(B)$ et $A^\circ = B^\circ$, alors $A = B$. De même si $D(A) \subset D(B) \subset \overline{D(A)}$ et si $A^\circ \subset B$, alors $A = B$.**

La notion de section principale est aussi utile dans l'étude des questions de convergence.

PROPOSITION 2.8

**Soient $A^n$ et A des opérateurs maximaux monotones tels que $D(A) \subset D(A^n) \subset \overline{D(A)}$ pour tout $n = 1,2,\ldots$ On suppose qu'il existe une section principale A' de A telle que $\forall x \in D(A) \; \exists \, y_n \in A^n x$ vérifiant $y_n \to A'x$. Alors, pour tout $x \in \overline{D(A)}$, $(I+\lambda A^n)^{-1}x \to (I+\lambda A)^{-1}x$ uniformément pour $\lambda$ borné.**

Soient $x \in \overline{D(A)}$ et $\lambda > 0$ ; posons $u_n = (I+\lambda A^n)^{-1}x$. Pour tout $\xi \in D(A)$, il existe $\eta_n \in A^n\xi$ tel que $\eta_n \to A'\xi$. Appliquant la monotonie de $A^n$ on a

$$\left(\frac{x - u_n}{\lambda} - \eta_n, u_n - \xi\right) \geqslant 0$$

On en déduit que $|u_n|$ est borné ; soit $u_{n_k} \rightharpoonup u$. A la limite on a $(\frac{x-u}{\lambda} - A'\xi, u-\xi) \geqslant 0$, et donc, puisque $A'$ est une section principale de A $u = (I+\lambda A)^{-1}x$.
Prenant alors $\xi = (I+\lambda A)^{-1}x$, on a $\limsup_{n\to+\infty} |u_n|^2 \leqslant (u,\xi) = |u|^2$, et par suite $u_n \to u$.
Pour établir la convergence uniforme en $\lambda$, on se ramène d'abord aisément au cas où $x \in D(A)$. Posant $J_\lambda^n x = (I+\lambda A^n)^{-1}x$ on a

$$|J_\lambda^n x - J_\mu^n x| = |J_\mu^n(\frac{\mu}{\lambda}x + (1-\frac{\mu}{\lambda})J_\lambda^n x) - J_\mu^n x| \leqslant |1-\frac{\mu}{\lambda}|\ |J_\lambda^n x - x| \leqslant |\lambda-\mu||(A^n)^\circ x| \cdot$$

$(A^n)^\circ x$ étant borné quand $n \to +\infty$, on en déduit que pour tout compact K de $\mathbb{R}$, $J_\lambda^n x \to J_\lambda x$ uniformément en $\lambda \in K$.

## 5 - SURJECTIVITE DES OPERATEURS MAXIMAUX MONOTONES

A étant un opérateur maximal monotone, on peut trouver facilement des conditions suffisantes pour que A soit surjectif i.e. $R(A) = H$. Par exemple s'il existe $c > 0$ tel que $(Ax_1 - Ax_2, x_1 - x_2) \geqslant c|x_1 - x_2|^2$, $\forall x_1, x_2$ ; car alors $A - cI$ est maximal monotone. Ou encore si $D(A)$ est borné alors A est surjectif ; en effet, d'après le théorème 1.2 , il existe $x \in D(A)$ tel que $J_1 x = x$ et donc $0 \in Ax$. On voit de même que tout $y \in H$ appartient à $R(A)$ en remplaçant A par $A-y$. En fait ces exemples sont des cas particuliers de la condition nécessaire et suffisante suivante : pour tout $y_0 \in H$, il existe un voisinage $\mathcal{U}$ de $y_0$ tel que $\{x \in D(A) ; Ax \cap \mathcal{U} \neq \emptyset\}$ soit borné (ou vide). Utilisant la terminologie des équations aux dérivées partielles on peut dire qu'une "majoration à priori" des solutions éventuelles de l'équation $y \in Ax$ pour $y \in \mathcal{U}$ implique la surjectivité.

DEFINITION 2.4.

On dit qu'un opérateur B de H est <u>borné au voisinage de</u> $x_0$ s'il existe un voisinage $\mathcal{U}$ de $x_0$ tel que $\bigcup_{x\in\mathcal{U}} Bx$ soit borné.

On dit que B est localement borné si B est borné au voisinage de tous les points de $\overline{D(B)}$.
On dit que B est borné si pour tout borné $\mathcal{U}$ de H alors $\bigcup_{x\in\mathcal{U}} Bx$ est borné dans H.

THEOREME 2.3

*Soit A un opérateur maximal monotone de H. Alors A est surjectif si et seulement si $A^{-1}$ est localement borné.*

Indiquons tout de suite quelques corollaires de la condition suffisante.

COROLLAIRE 2.2.

Soit A maximal monotone avec D(A) borné, alors A est surjectif.

COROLLAIRE 2.3

Soit A maximal monotone vérifiant $\lim_{\substack{x\in D(A)\\ |x|\to+\infty}} |A^{\circ}x| = +\infty$ (i.e. $A^{-1}$ est borné) alors A est surjectif.

COROLLAIRE 2.4.

Soit A un opérateur maximal monotone coercif, i.e. il existe $x_o \in H$ tel que $\lim_{\substack{x\in D(A)\\ |x|\to+\infty}} \frac{(A^{\circ}x, x-x_o)}{|x|} = +\infty$, alors A est surjectif.

DEMONSTRATION DU THEOREME 2.3

$A^{-1}$ localement borné $\Rightarrow$ R(A) ouvert et fermé.

R(A) est fermé, plus généralement on a le

LEMME 2.2.

Soit B un opérateur maximal monotone tel que $B^{\circ}$ soit borné au voisinage de $x_o \in \overline{D(B)}$, alors $x_o \in D(B)$.

En effet, soit $x_n \in D(B)$ tel que $x_n \to x_o$. D'après l'hypothèse $B^{\circ}x_n$ est borné et il existe une suite extraite telle que $B^{\circ}x_{n_k} \rightharpoonup y$ ; par conséquent $y \in Bx_o$ (proposition 2.5).

R(A) est ouvert Soient $[x_o, y_o] \in A$ et $\rho > 0$ tels que $A^{-1}$ soit borné sur $\{y ; |y - y_o| < \rho\}$ ; montrons que si y est tel que $|y - y_o| < \rho$ alors $y \in R(A)$. Pour tout $\varepsilon > 0$ il existe $x_\varepsilon \in D(A)$ tel que $(y + \varepsilon x_o) \in Ax_\varepsilon + \varepsilon x_\varepsilon$ ;

posons $z_\varepsilon = y + \varepsilon(x_0 - x_\varepsilon)$. Appliquant la monotonie de A en $x_0$ et $x_\varepsilon$ on obtient $(y_0 - z_\varepsilon, x_0 - x_\varepsilon) \geqslant 0$. Par suite $(y_0 - z_\varepsilon, z_\varepsilon - y) \geqslant 0$ et donc $|z_\varepsilon - y_0| \leqslant |y - y_0| < \rho$ . Puisque $x_\varepsilon \in A^{-1} z_\varepsilon$, $\{x_\varepsilon\}$ est borné et par conséquent $z_\varepsilon \to y$ quand $\varepsilon \to 0$. Il en résulte que $y \in \overline{R(A)} = R(A)$.

L'implication $R(A) = H \Rightarrow A^{-1}$ est localement borné est un cas particulier de la proposition suivante

PROPOSITION 2.9.

Soit B maximal monotone tel que $\text{Int}(\text{conv } \overline{D(B)}) \neq \emptyset$. Alors Int D(B) est convexe, $\text{Int } D(B) = \text{Int } \overline{D(B)} \neq \emptyset$ et B est borné au voisinage de tout point intérieur à D(B).

On utilisera dans la démonstration le lemme suivant :

LEMME 2.3.

Soit $D_n$ une suite croissante de parties de H et $D = \bigcup_n D_n$. On suppose que Int conv $D \neq \emptyset$, alors $\text{Int conv } D = \bigcup_n \text{Int } \overline{\text{conv } D_n}$.

DEMONSTRATION DU LEMME 2.3.

Posons $\Omega = \text{Int conv } D$. La suite $D_n$ étant croissante, on a $\text{conv } D = \bigcup_n \text{conv } D_n$ et donc $\Omega \subset \bigcup_n \overline{\text{conv } D_n} \subset \overline{\Omega}$. D'après le théorème de Baire (appliqué à l'espace de Baire $\Omega$ et à la suite de fermés $\Omega \cap \overline{\text{conv } D_n}$), il existe $n_0$ tel que $\text{Int } \overline{\text{conv } D_{n_0}} \neq \emptyset$. Donc pour tout $n \geqslant n_0$, $\overline{\text{conv } D_n} = \overline{\text{Int } \overline{\text{conv } D_n}}$. On en déduit que $\overline{\Omega} = \overline{\bigcup_n \text{Int } \overline{\text{conv } D_n}}$. Mais $\bigcup_n \text{Int } \overline{\text{conv } D_n}$ est ouvert et convexe ; par conséquent $\Omega = \bigcup_n \text{Int } \overline{\text{conv } D_n}$.

DEMONSTRATION DE LA PROPOSITION 2.9

Posons :

$$B_n = \{[x,y] \in B \; ; \; |x| \leqslant n \quad \text{et} \quad |y| \leqslant n \}.$$

On a $D(B) = \bigcup_n D(B_n)$ et donc, par application du lemme 2.3,

$$\text{Int conv } D(B) = \bigcup_n \text{Int } \overline{\text{conv } D(B_n)}.$$

Montrons que B est borné au voisinage de tout point de $\text{Int } \overline{\text{conv } D(B_n)}$. En effet, soient $x_0$ et $\rho > 0$ tels que $\{x ; |x - x_0| < \rho\} \subset \overline{\text{conv } D(B_n)}$. Montrons que B est borné sur $\{x ; |x - x_0| < \rho/2\}$ ; soit en effet $[x,y] \in B$ tel que $|x - x_0| < \rho/2$. Pour tout $[\xi,\eta] \in B_n$, on a $(\eta - y, \xi - x) \geqslant 0$ et donc $(y, \xi - x) \leqslant 2n^2$ ; d'où pour tout $\xi \in \overline{\text{conv } D(B_n)}$, $(y, \xi - x) \leqslant 2n^2$. Il en résulte que $(y, \xi - x) \leqslant 2n^2$ pour tout $\xi$ tel que $|\xi - x| < \rho/2$. Donc $|y| \leqslant \frac{4n^2}{\rho}$

On déduit alors du lemme 2.2. que Int conv $D(B) \subset \overline{D(B)}$ et par suite $\text{Int } D(B) = \text{Int conv } D(B) = \text{Int } \overline{D(B)}$ ; B est alors localement borné sur Int D(B).

COROLLAIRE 2.5.

Soit B un opérateur monotone univoque avec $D(B) = H$. Les propriétés suivantes sont équivalentes :

(i) B est maximal monotone.
(ii) B est demi fermé (i.e. le graphe de B est fermé dans $H \times H_w$)
(iii) B est demi continu (i.e. B est continu de H dans $H_w$).
(iv) B est hemicontinu.

On sait (Proposition 2.5) que (i) $\Rightarrow$ (ii). Comme (iii) $\Rightarrow$ (iv) et (iv) $\Rightarrow$ (i) sont évidents, il reste à montrer que (ii) $\Rightarrow$ (iii). Il résulte de la proposition 2.9 (appliquée à un prolongement maximal monotone de B) que B est localement borné ; étant demi fermé et univoque, B est demi continu.

Notons enfin qu'il résulte de la proposition 2.9. que si B est maximal monotone, alors B est borné sur tout compact $K \subset \text{Int } D(B)$ ; en particulier si $D(B) = H$ et si $\dim H < +\infty$, alors B est borné (i.e. l'image par B de tout borné est un borné). Cette propriété n'est pas valable en dimension infinie comme le montre l'exemple suivant dû à Rockafellar : soit $H = l^2 = \{a = (a_1, a_2, \ldots a_n, \ldots) ; \sum |a_n|^2 < +\infty\}$ ; On pose $(Ba)_n = |a_n|^{n-1} a_n$. Il est immédiat que B est maximal monotone univoque avec $D(B) = H$ ; B est borné sur la boule $\{a ; |a| \leqslant 1\}$ et n'est pas borné sur la boule $\{a ; |a| \leqslant r\}$ dès que $r > 1$.

REMARQUE 2.1.

Supposons $\dim H < +\infty$ et soit B maximal monotone. Alors D(B) est "presque convexe", i.e. $\overline{D(B)}$ est convexe et D(B) contient l'intérieur relatif de $\overline{D(B)}$. En effet on peut toujours supposer que $0 \in B0$ et considérer l'espace $H_0$ engendré par D(B). Posant $B_0 = B \cap (H_0 \times H_0)$, on a $D(B) = D(B_0)$ et $B_0$ est maximal monotone dans $H_0$ avec $\text{Int conv } D(B_0) \neq \emptyset$

D'autre part, il est aisé de montrer directement (sans utiliser la proposition 2.9) que B est borné sur tout compact contenu dans $\text{Int } \overline{D(B)}$, d'où il résulte que $\text{Int } D(B) = \text{Int } \overline{D(B)}$. En effet raisonnons par l'absurde et supposons qu'il existe $x_n \in D(B)$ tel que $x_n \to x$ avec $x \in \text{Int } \overline{D(B)}$ et $y_n \in Bx_n$ avec $|y_n| \to +\infty$. Après extraction d'une sous-suite, on peut supposer que $\frac{y_n}{|y_n|} \to z$ avec $|z| = 1$. Il existe $t > 0$ tel que $x + tz \in \overline{D(B)}$. Pour tout $n$ et tout $\lambda > 0$, on a

$$\left(\frac{y_n}{|y_n|} - \frac{B_\lambda(x+tz)}{|y_n|}, x_n - J_\lambda^B(x+tz)\right) \geqslant 0.$$ D'où en faisant $n \to +\infty$, puis $\lambda \to 0$, on obtient $(z, -tz) \geqslant 0$ ; ce qui est absurde.

## 6 - SOMME D'OPERATEURS MAXIMAUX MONOTONES.

Etant donnés A et B maximaux monotones, l'opérateur $A + B$ est monotone mais, en général, il n'est pas maximal monotone (puisque son domaine peut être vide). Il y a un cas simple où $A + B$ est encore maximal monotone :

LEMME 2.4.

Soient A un opérateur maximal monotone et B un opérateur monotone lipschitzien de H dans H. Alors $A + B$ est maximal monotone.

La propriété "A est maximal monotone" étant invariante par homothétie de rapport $\lambda > 0$, on peut toujours supposer que la constante de lipschitz de B est $< 1$. Soit $y \in H$ ; l'équation $x + Ax + Bx \ni y$ est équivalente à $x = (I + \lambda A)^{-1}(y-Bx)$. Or l'application $x \mapsto (I + \lambda A)^{-1}(y-Bx)$ est une contraction stricte et admet donc un point fixe.

Dans la suite A et B désignent des opérateurs maximaux monotones, de résolvantes $J_\lambda^A$ et $J_\lambda^B$, d'approximations Yosida $A_\lambda$ et $B_\lambda$. On se propose d'établir quelques conditions suffisantes, pour que $A + B$ soit maximal monotone. Etant donné $y \in H$, on cherche donc à résoudre l'équation $y \in x + Ax + Bx$. La méthode consiste à aproximer cette équation par l'équation $y \in x_\lambda + Ax_\lambda + B_\lambda x_\lambda$ ($x_\lambda$ existe d'après le lemme 2.4). Nous commençons par un résultat général.

THEOREME 2.4.

*Avec les notations précédentes,* $y \in R(I+A+B)$ *si et seulement si* $B_\lambda x_\lambda$ *est borné lorsque* $\lambda \to 0$. *Dans ce cas* $x_\lambda \to x$ *solution de* $y \in x + Ax+Bx$ *et* $B_\lambda x_\lambda \to \eta$ *où* $\eta$ *est l'élément de norme minimale du convexe fermé* $Bx \cap (y-x-Ax)$
*De plus on a l'estimation* $|x_\lambda - x| \leqslant \sqrt{\lambda |\eta| \, |B_\lambda x_\lambda - \eta|} = o(\sqrt{\lambda})$.

REMARQUE 2.2.

A et B ne jouent pas un rôle symétrique. Dans les applications il est important de choisir l'opérateur que l'on régularise de manière à obtenir une estimation sur $B_\lambda x_\lambda$ le plus simplement possible. Notons aussi que si $y \in x + Ax + Bx$ ; mais par contre $y-x$ peut s'écrire en général de multiples façons comme somme $\xi + \eta$ avec $\xi \in Ax$ , $\eta \in Bx$.

DEMONSTRATION DU THEOREME 2.4.

Supposons d'abord que $y \in R(I+A+B)$. Posons $y \in x + Ax + Bx$, $\eta$ élément de norme minimale du convexe fermé $Bx \cap (y-x-Ax)$, $\xi = y-x-\eta \in Ax$, $\xi_\lambda = y - x_\lambda - B_\lambda x_\lambda$.

On a $|x_\lambda - x|^2 + (\xi_\lambda - \xi, x_\lambda - x) + (B_\lambda x_\lambda - \eta, x_\lambda - x) = 0$.
En écrivant $x_\lambda - x = (x_\lambda - J_\lambda^B x_\lambda) + (J_\lambda^B x_\lambda - x)$ et en utilisant la monotonie de A et B, on obtient $(B_\lambda x_\lambda - \eta, x_\lambda - J_\lambda^B x_\lambda) \leqslant 0$. Donc $(B_\lambda x_\lambda - \eta, \lambda B_\lambda x_\lambda) \leqslant 0$ et par suite $|B_\lambda x_\lambda| \leqslant |\eta|$. Soit $\lambda_n \to 0$ tel que $B_{\lambda_n} x_{\lambda_n} \rightharpoonup \eta_1$.

Comme $|x_\lambda - x|^2 \leqslant -(B_\lambda x_\lambda - \eta , \lambda B_\lambda x_\lambda) \leqslant \lambda |\eta|^2$ , on en déduit que $x_\lambda \to x$ et $J_\lambda^B x_\lambda \to x$ puisque $|x_\lambda - J_\lambda^B x_\lambda| \leqslant \lambda |\eta|$. Enfin $\xi_{\lambda_n} \rightharpoonup y - x - \eta_1 = \xi_1$ avec $\eta_1 \in Bx$ , $\xi_1 \in Ax$ (car A et B sont fermés dans $H \times H_w$). L'inégalité $|\eta_1| \leqslant |\eta|$ et la relation $\eta_1 \in Bx \cap (y-x-Ax)$ impliquent que $\eta = \eta_1$. L'unicité de la limite montre que $B_\lambda x_\lambda \rightharpoonup \eta$ quand $\lambda \to 0$ et compte tenu de l'estimation $|B_\lambda x_\lambda| \leqslant |\eta|$ , on conclut que $B_\lambda x_\lambda \to \eta$.

Montrons maintenant que la condition est suffisante.
Posons $\xi_\lambda = y - x_\lambda - B_\lambda x_\lambda$ ; on a

$$|x_\lambda - x_\mu|^2 + (\xi_\lambda - \xi_\mu, x_\lambda - x_\mu) + (B_\lambda x_\lambda - B_\mu x_\mu, x_\lambda - x_\mu) = 0$$

En utilisant la monotonie de A et B ainsi que la relation
$x_\lambda - x_\mu = (\lambda B_\lambda x_\lambda - \mu B_\mu x_\mu) + (J_\lambda^B x_\lambda - J_\mu^B x_\mu)$ , il vient

$$|x_\lambda - x_\mu|^2 \leqslant |B_\lambda x_\lambda - B_\mu x_\mu| \, |\lambda B_\lambda x_\lambda - \mu B_\mu x_\mu|.$$

Par suite $x_\lambda$ est une suite de Cauchy ; soit $x_\lambda \to x$ quand $\lambda \to 0$. $B_\lambda x_\lambda$ et, par suite, $\xi_\lambda$ étant bornés il existe $\lambda_n \to 0$ tel que $B_{\lambda_n} x_{\lambda_n} \rightharpoonup \eta_0$ , $\xi_{\lambda_n} \rightharpoonup \xi_0$ avec $\xi_0 \in Ax$ et $y = x + \xi_0 + \eta_0$. Comme $J_\lambda^B x_\lambda \to x$, on a $\eta_0 \in Bx$ et donc $y \in R(I + A + B)$.

Nous en déduisons divers corollaires.

COROLLAIRE 2.6.

Soient A et B deux opérateurs maximaux monotones tels que B soit dominé par A, c'est à dire $D(A) \subset D(B)$, et il existe $k < 1$ et une fonction continue $\omega : \mathbb{R} \to \mathbb{R}$ tels que $|B^\circ x| \leqslant k|A^\circ x| + \omega(|x|)$ pour tout $x \in D(A)$.

Alors A + B est maximal monotone.

COROLLAIRE 2.7.

Soient A et B deux opérateurs maximaux monotones. Si $(\text{Int } D(A)) \cap D(B) \neq \emptyset$ , alors A + B est maximal monotone, et $\overline{D(A) \cap D(B)} = \overline{D(A)} \cap \overline{D(B)}$.

On utilisera dans la démonstration le lemme suivant :

LEMME 2.5.

Soient A et B maximaux monotones avec $D(A) \cap D(B) \neq \emptyset$. Alors pour tout $y \in H$, $\{x_\lambda\}$ solution de $y \in x_\lambda + Ax_\lambda + B_\lambda x_\lambda$ demeure borné.

En effet soit $x_o \in D(A) \cap D(B)$ et soit $y_\lambda \in x_o + Ax_o + B_\lambda x_o$. Par monotonie de A et $B_\lambda$ on a $|x_\lambda - x_o|^2 \leqslant (y - y_\lambda, x_\lambda - x_o)$, et donc $|x_\lambda - x_o| \leqslant |y_\lambda - y|$ qui est borné puisque $|B_\lambda x_o| \leqslant |B^\circ x_o|$

DEMONSTRATION DU COROLLAIRE 2.6.

On a $|A^\circ x_\lambda| \leqslant |y| + |x_\lambda| + |B_\lambda x_\lambda| \leqslant |y| + |x_\lambda| + |B^\circ x_\lambda|$

$$\leqslant |y| + |x_\lambda| + k|A^\circ x_\lambda| + \omega(|x_\lambda|).$$

Par suite

$$|A^\circ x_\lambda| \leqslant \frac{|y| + |x_\lambda| + \omega(|x_\lambda|)}{1 - k} \leqslant C \quad \text{(d'après le lemme 2.5) et}$$

donc $|B_\lambda x_\lambda| \leqslant |B^\circ x_\lambda| \leqslant k|A^\circ x_\lambda| + \omega(|x_\lambda|)$ est borné.

DEMONSTRATION DU COROLLAIRE 2.7.

Par translations on peut se ramener au cas où $0 \in (\text{Int } D(A)) \cap D(B)$ et $0 \in B\,0$. D'après la proposition 2.9, il existe $\rho > 0$ et M tels que la boule $\{\xi \ ; \ |\xi| \leqslant \rho\}$ soit contenue dans D(A) et que $|\eta| \leqslant M$ pour tout $[\xi, \eta] \in A$ avec $|\xi| \leqslant \rho$. Soient $[u, v] \in A$ , $[\xi, \eta] \in A$ avec $|\xi| \leqslant \rho$ . On a $(v - \eta, u - \xi) \geqslant 0$ ; d'où $(v, \xi) \leqslant (v, u) + M(|u| + \rho)$ et par suite $\rho|v| \leqslant (v, u) + M(|u| + \rho)$. Prenant $u = x_\lambda$ et $v = y - B_\lambda x_\lambda - x_\lambda \in Ax_\lambda$ , on a $\rho|y - B_\lambda x_\lambda - x_\lambda| \leqslant (y - B_\lambda x_\lambda - x_\lambda, x_\lambda) + M(|x_\lambda| + \rho)$

Or $(B_\lambda x_\lambda, x_\lambda) \geqslant 0$ (par monotonie de $B_\lambda$ en $x_\lambda$ et 0) ; et donc

$\rho|B_\lambda x_\lambda| \leqslant \rho|y| + \rho|x_\lambda| + |y-x_\lambda|\ |x_\lambda| + M(|x_\lambda| + \rho)$.

Par conséquent $|B_\lambda x_\lambda|$ est borné.

Soit $x \in \overline{D(A)} \cap \overline{D(B)}$ ; $\varepsilon > 0$ étant donné, il existe $x' \in \operatorname{Int} D(A)$ tel que $|x'-x| \leqslant \varepsilon$ (cf proposition 2.9). Alors $J_\lambda^B x' \in D(A) \cap D(B)$ pour $\lambda$ assez petit. D'autre part $|J_\lambda^B x' - x| \leqslant |J_\lambda^B x' - J_\lambda^B x| + |J_\lambda^B x - x| \leqslant |x'-x| + |J_\lambda^B x - x| \leqslant 2\varepsilon$

dès que $\lambda$ est assez petit. Donc $x \in \overline{D(A) \cap D(B)}$.

En particulier A + B est maximal monotone si A est monotone hémicontinu défini sur H et si B est maximal monotone.

Indiquons enfin un cas où A + B est maximal monotone bien que l'un des deux opérateurs ne le soit pas.

PROPOSITION 2.10

Soit A un opérateur maximal monotone. Soient D(B) un convexe de H et B un opérateur monotone hémi continu (univoque)de D(B) dans H. On suppose que $D(A) \subset D(B)$ et il existe $k < 1$ et une fonction continue $\omega$ tels que $|Bx| \leqslant k|A^\circ x| + \omega(|x|)$ pour tout $x \in D(A)$.
Alors A + B est maximal monotone.

Etant donné un convexe C, on désigne par $I_C$ la fonction indicatrice de C. i.e.

$$I_C(x) = \begin{cases} 0 & \text{si } x \in C \\ +\infty & \text{si } x \notin C \end{cases}$$

Soit $\tilde{B}$ un prolongement maximal monotone de B. $\tilde{B}$ est dominé par B et donc (corollaire 2.7) $A + \tilde{B}$ est maximal monotone. Posons $C = \overline{D(B)}$ et montrons que, pour tout $x \in D(B)$, $\tilde{B}x \subset Bx + \partial I_C(x)$ (cf exemple 2.1.4. pour la définition de $\partial I_C$). En effet, soit $x \in D(B)$ et $z \in \tilde{B}x$ ; on a $(By-z, y-x) \geqslant 0$ $\forall y \in D(B)$ ; en particulier pour $y = y_t = (1-t)x + tu$ avec $t \in ]0,1[$ et $u \in D(B)$, on obtient $(By_t-z, u-x) \geqslant 0$. D'où, à la limite quand $t \to 0$, $(Bx-z, u-x) \geqslant 0$ $\forall u \in D(B)$ et donc $\forall u \in C$. Par suite $z-Bx \in \partial I_C(x)$. On a alors établi que $A + \tilde{B} \subset A + B + \partial I_C$ ; or $A + \partial I_C = A$ puisque $A + \partial I_C$ est un prolongement monotone de A. Par conséquent $A + \tilde{B} = A + B$.

## 7 - OPERATEURS CYCLIQUEMENT MONOTONES

DEFINITION 2.5.

On dit qu'un opérateur A de H est cycliquement monotone si pour toute suite cyclique $x_0, x_1, \dots, x_n = x_0$ de D(A) et toute suite $y_i \in Ax_i$ $i = 1,2,\dots,n$ on a $\sum_{i=1}^{n} (x_i - x_{i-1}, y_i) \geq 0$.

Il est clair que tout opérateur cycliquement monotone est monotone mais l'inverse est évidemment faux. Soit $\varphi$ une fonction convexe propre de H dans $]-\infty, +\infty]$ ,alors le sous-différentiel de $\partial\varphi$ de $\varphi$(cf exemple 2.3.4.) est cycliquement monotone. En effet soient $x_0, x_1, \dots, x_n = x_0$ et $y_i \in \partial\varphi(x_i)$, $i = 1,2,\dots n$ ; $\varphi$ étant propre, on a $\varphi(x_i) < +\infty$ et $\varphi(x_{i-1}) - \varphi(x_i) \geq (y_i, x_{i-1} - x_i)$, $i = 1,2 \dots, n$. Par addition on obtient $\sum_{i=1}^{n} (y_i, x_{i-1} - x_i) \leq 0$.

En fait tout opérateur cycliquement monotone admet un prolongement de la forme $\partial\varphi$ :

THEOREME 2.5.

*Soit A un opérateur monotone. Alors A est cycliquement monotone si et seulement si il existe une fonction convexe propre s.c.i.* $\varphi$ *de H dans* $]-\infty, +\infty]$ *telle que* $A \subset \partial\varphi$.

Si D(A) est vide, le résultat est trivial. Soit donc $[x_0, y_0] \in A$, et pour tout $x \in H$ posons :

$$\varphi(x) = \operatorname{Sup}\{(x - x_n, y_n) + (x_n - x_{n-1}, y_{n-1}) + \dots + (x_1 - x_0, y_0)\} ,$$

le Sup étant pris sur l'ensemble des suites finies $[x_1, y_1]$ , $[x_2, y_2]$ , ... $[x_n, y_n] \in A$ ; $\varphi$ étant une enveloppe supérieure de fonctions affines continues est convexe s.c.i. Comme A est cycliquement monotone, $\varphi(x_0) \leq 0$ (par suite $\varphi(x_0) = 0$) et donc $\varphi$ est propre. Soit $[x, y] \in A$ ; pour montrer que $[x, y] \in \partial\varphi$ il suffit de vérifier que pour toute suite finie $[x_1, y_1]$ , $[x_2, y_2]$, ... $[x_n, y_n] \in A$ et pour tout $\xi \in H$, on a $(x - x_n, y_n) + (x_n - x_{n-1}, y_{n-1}) + \dots + (x_1 - x_0, y_0) \leq \varphi(\xi) - (\xi - x, y)$.
Or ceci est exact, par définition même de $\varphi$.

Utilisant le résultat de l'exemple 2.3.4., nous avons la caractérisation suivante :

COROLLAIRE 2.8.

Soit A un opérateur maximal monotone tel que $A^\circ$ soit cycliquement monotone. Alors A est cycliquement montone.

En effet, il existe une fonction $\varphi$ convexe s.c.i. propre sur H telle que $A^\circ \subset \partial\varphi$. On a $A^\circ \subset A^\circ + \partial I_{\overline{D(A)}} \subset \partial\varphi + \partial I_{\overline{D(A)}} \subset \partial(\varphi + I_{\overline{D(A)}}) = \partial\Psi$ où $\Psi$ est une fonction convexe s.c.i. propre, et $D(\partial\Psi) \subset \overline{D(A)}$. On déduit alors du corollaire 2.2. que $A = \partial\Psi$.

Soit $\varphi$ une fonction convexe s.c.i. propre sur H. Posons $A = \partial\varphi$ ; alors la régularisée Yosida $A_\lambda$ de A est aussi cycliquement monotone. En effet :

$$\sum_{i=1}^{n} (A_\lambda x_i, x_i - x_{i-1}) = \sum_{i=1}^{n} (A_\lambda x_i, x_i - J_\lambda x_i + J_\lambda x_i - J_\lambda x_{i-1} + J_\lambda x_{i-1} - x_{i-1})$$

$$\geq \lambda \sum_{i=1}^{n} (A_\lambda x_i, A_\lambda x_i - A_\lambda x_{i-1}) \geq 0$$

La proposition suivante précise la fonction $\varphi_\lambda$ telle que $A_\lambda = \partial\varphi_\lambda$

PROPOSITION 2.11

Soit $\varphi$ une fonction convexe s.c.i. propre. Posant $A = \partial\varphi$ , on a $D(A) \subset D(\varphi) \subset \overline{D(\varphi)} = \overline{D(A)}$.

Soit $\varphi_\lambda(x) = \underset{y \in H}{\mathrm{Min}} \{ \frac{1}{2\lambda}|y-x|^2 + \varphi(y)\}$, défini pour tout $x \in H$ et $\lambda > 0$.

Alors $\varphi_\lambda(x) = \frac{\lambda}{2} |A_\lambda x|^2 + \varphi(J_\lambda x)$ pour tout $x \in H$ ;

$\varphi_\lambda$ est une fonction convexe, différentiable-Fréchet et $\partial\varphi_\lambda = A_\lambda$.

De plus $\varphi_\lambda(x) \uparrow \varphi(x)$ quand $\lambda \downarrow 0$ pour tout $x \in H$.

On sait déjà (cf lemme 2.1) que la fonction $y \mapsto \frac{1}{2\lambda}|y-x|^2 + \varphi(y)$ atteint son minimum en $J_\lambda x$. Soient $x, y \in H$ ; on a $\varphi(J_\lambda y) - \varphi(J_\lambda x) \geq (A_\lambda x, J_\lambda y - J_\lambda x)$ puisque $A_\lambda x \in \partial\varphi(J_\lambda x)$. Donc

$\varphi_\lambda(y) - \varphi_\lambda(x) \geq \frac{\lambda}{2}\left[|A_\lambda y|^2 - |A_\lambda x|^2 + 2(A_\lambda x - A_\lambda y, A_\lambda x)\right] + (A_\lambda x, y-x)$ , soit

$\varphi_\lambda(y) - \varphi_\lambda(x) - (A_\lambda x, y-x) \geq \frac{\lambda}{2} |A_\lambda y - A_\lambda x|^2 \geq 0.$

En permutant x et y on obtient :

$\varphi_\lambda(y) - \varphi_\lambda(x) - (A_\lambda x, y-x) \leq (A_\lambda y - A_\lambda x, y-x) \leq \frac{1}{\lambda} |y-x|^2$ ; donc

$|\varphi_\lambda(y) - \varphi_\lambda(x) - (A_\lambda x, y-x)| \leq \frac{1}{\lambda} |y-x|^2$ et par conséquent $\varphi_\lambda$ est différentiable-Fréchet de différentielle $A_\lambda$.

La fonction $t \to \frac{d}{dt}\varphi_\lambda(tx + (1-t)y) = (A_\lambda(tx + (1-t)y, x-y)$ est croissante en t, grâce à la monotonie de $A_\lambda$. Il en résulte que $\varphi_\lambda$ est convexe.
Par construction $\varphi_\lambda$ croit lorsque $\lambda$ décroit et $\varphi_\lambda(x) \leqslant \varphi(x)$. D'autre part $\varphi_\lambda(x) \geqslant \varphi(J_\lambda x)$ ; donc si $x \in \overline{D(A)}$, on a $\varphi(x) \leqslant \liminf_{\lambda\to 0} \varphi(J_\lambda x) \leqslant \liminf_{\lambda\to 0} \varphi_\lambda(x)$ $\leqslant \limsup_{\lambda\to 0} \varphi_\lambda(x) \leqslant \varphi(x)$, puisque $\varphi$ est s.c.i. et $J_\lambda x \to x$. Si $x \notin \overline{D(A)}$, on a $\lambda|A_\lambda x|^2 = |A_\lambda x|\ |x-J_\lambda x| \to +\infty$ puisque $|A_\lambda x| \to +\infty$ et $|x-J_\lambda x| \geqslant \text{dist}(x,\overline{D(A)})$ ; donc $\varphi_\lambda(x) \to +\infty$ et $\varphi(x) = +\infty$. Il en résulte par ailleurs que $D(\varphi) \subset \overline{D(A)}$ et par suite $\overline{D(\varphi)} = \overline{D(A)}$.

COROLLAIRE 2.10

Soient $\varphi$ et $\Psi$ des fonctions convexes s.c.i. propres. Si $\partial\varphi = \partial\Psi$, alors il existe une constante C telle que $\varphi = \Psi + C$

En effet, avec les notations précédentes, $\partial\varphi_\lambda = \partial\Psi_\lambda$ ; d'où puisque $\varphi_\lambda$ et $\Psi_\lambda$ sont différentiables-Fréchet, $\varphi_\lambda - \Psi_\lambda = C_\lambda$. Soit $x \in D(\partial\varphi) = D(\partial\Psi)$ ; on a $C_\lambda = \varphi_\lambda(x) - \Psi_\lambda(x) \to \varphi(x) - \Psi(x) = C$. Alors pour tout $y \in H$, $\varphi_\lambda(y) = \Psi_\lambda(y) + C_\lambda$ implique à la limite $\varphi(y) = \Psi(y) + C$.

PROPOSITION 2.12

Soit $\varphi$ une fonction convexe s.c.i. propre. Alors $\text{Int}\ D(\varphi) = \text{Int}\ D(\partial\varphi)$ et $\varphi$ est continue en $x \in D(\varphi)$ si et seulement si $x \in \text{Int}\ D(\varphi)$.

Supposons que $x \in \text{Int}\ D(\varphi)$ et montrons que $\varphi$ est continue en x. Puisque $\varphi$ est s.c.i.; il suffit de montrer que pour $\varepsilon > 0$ fixé, $\{\xi \in H\ ;\ \varphi(x+\xi) \leqslant \varphi(x) + \varepsilon\}$ est un voisinage de 0. Considérons $C = \{\xi \in H\ ;\ \varphi(x+\xi) \leqslant \varphi(x) + \varepsilon$ et $\varphi(x-\xi) \leqslant \varphi(x) + \varepsilon\}$. C est un convexe fermé, symétrique et absorbant puisque $t \mapsto \varphi(x+t\xi)$ est convexe, finie et donc continue au voisinage de 0. D'après le théorème de Baire, C est un voisinage de 0, et à fortiori $\{\xi \in H\ ;\ \varphi(x+\xi) \leqslant \varphi(x) + \varepsilon\}$.
Si $\varphi$ est continue en $x \in D(\varphi)$, il est clair que $x \in \text{Int}\ D(\varphi)$.
Soit alors U un voisinage ouvert convexe de x contenu dans $D(\varphi)$. D'après ce qui précède, $\varphi$ est continue sur U et donc $\{(\xi,t) \in H \times \mathbb{R}\ ;\ \xi \in U\ ,\varphi(\xi) < t\}$ est un ouvert convexe de $H \times \mathbb{R}$. En séparant cet ouvert convexe du point $(x,\varphi(x))$ par le théorème de Hahn Banach, on voit que $x \in D(\partial\varphi)$. Donc $\text{Int}\ D(\varphi) \subset D(\partial\varphi)$ ; ce qui achève la démonstration.

COROLLAIRE 2.11

Soient $\varphi$ et $\Psi$ des fonctions convexes s.c.i. propres sur H. Si $D(\varphi) \cap \text{Int } D(\Psi) \neq \emptyset$, alors $\partial(\varphi+\Psi) = \partial\varphi+\partial\Psi$

Dans le cas général si $D(\varphi) \cap D(\Psi) \neq \emptyset$, $\varphi+\Psi$ est une fonction convexe s.c.i. propre et il est aisé de vérifier que $\partial\varphi+\partial\Psi \subset \partial(\varphi+\Psi)$. Il y a égalité si $\partial\varphi+ \partial\Psi$ est maximal monotone. C'est le cas ici, puisque d'après la proposition 2.12, $D(\partial\varphi) \cap \text{Int } D(\partial\Psi) \neq \emptyset$ ; on peut donc appliquer le corollaire 2.7.

Il est intéressant de noter que $(\partial\varphi)^{-1}$ est le sous différentiel de la fonction convexe conjuguée de $\varphi$ définie sur H par

$$\varphi^*(x) = \sup_{y \in H} \{(x,y) - \varphi(y)\}$$

En effet, il est clair que $\varphi^*$ est une fonction convexe s.c.i. propre (car $\varphi$ est minorée par une fonction affine continue). Il suffit alors de montrer que $(\partial\varphi)^{-1} \subset \partial\varphi^*$. Soit $x \in (\partial\varphi)^{-1}(y)$ ; on a $y \in \partial\varphi(x)$ et donc

$$\varphi(v) - \varphi(x) \geq (y, v-x) \qquad \text{pour tout } v \in H$$

Par suite $\varphi^*(y) = (y,x) - \varphi(x)$ ; d'où pour tout $w \in H$,

$\varphi^*(w) - \varphi^*(y) \geq (w,x) - \varphi(x) - (y,x) + \varphi(x) \geq (x, w-y)$.

Par conséquent $x \in \partial\varphi^*(y)$.

On vérifie aussi aisément que $\varphi^{**}=\varphi$; pour une étude détaillée de la théorie des fonctions convexes conjuguées, on pourra consulter MOREAU [2] [3] et ROCKAFELLAR [6]

La surjectivité de $\partial\varphi$ est étroitement liée aux propriétés de $\varphi$. Notons d'abord la caractérisation suivante :

PROPOSITION 2.13

Soit $\varphi$ une fonction convexe s.c.i. propre. Alors $\partial\varphi$ est surjectif si et seulement si

$$\lim_{|y|\to+\infty} \{\varphi(y) - (x,y)\} = +\infty \qquad \text{pour tout } x \in H.$$

La condition est évidemment suffisante, car alors $\inf_{y \in H} \{\varphi(y)-(x,y)\}$ est atteint en un point $y_o \in H$, et pour tout $y \in H$, $\varphi(y) - (x,y) \geq \varphi(y_o)-(x,y_o)$ ; d'où $x \in \partial\varphi(y_o)$. Inversement supposons que $\partial\varphi$ soit surjectif et qu'il existe une suite $y_n \in H$ avec $|y_n| \to +\infty$ et $\varphi(y_n) - (x,y_n)$ majoré. Il existe alors $z \in H$ tel que $(z,y_n)$ ne soit pas majoré et il existe $\xi \in D(\partial\varphi)$ tel que $x + z \in \partial\varphi(\xi)$. On aurait alors

$\varphi(y_n) \geq \varphi(\xi) + (x+z,\ y_n-\xi)$ et donc $(z,y_n)$ serait majoré, ce qui est absurde.

Il est surprenant de noter que la coercivité de $\partial\varphi$ est une condition nécessaire et suffisante pour que $(\partial\varphi)^{-1}$ soit borné.

PROPOSITION 2.14

Soit $\varphi$ une fonction convexe s.c.i. propre et soit $A = \partial\varphi$. Les propriétés suivantes sont équivalentes

(i) $\displaystyle\lim_{\substack{|x|\to+\infty \\ x\in D(\varphi)}} \frac{\varphi(x)}{|x|} = +\infty$

(ii) pour tout $x_0 \in D(\varphi)$ $\displaystyle\lim_{\substack{|x|\to+\infty \\ [x,y]\in A}} \frac{(y,x-x_0)}{|x|} = +\infty$

(iii) il existe $x_0 \in H$ tel que $\displaystyle\lim_{\substack{|x|\to+\infty \\ x\in D(A)}} \frac{(A^\circ x,x-x_0)}{|x|} = +\infty$

(iv) $\displaystyle\lim_{\substack{|x|\to+\infty \\ x\in D(A)}} |A^\circ x| = +\infty$

(v) $A^{-1}$ est un opérateur borné

(vi) il existe un opérateur B partout défini, univoque et borné tel que $B \subset A^{-1}$.

Compte tenu de l'inégalité $\varphi(x)\leq\varphi(x_0)+(y,x-x_0)$, on a (i) $\Rightarrow$ (ii). Il est clair que (ii) $\Rightarrow$ (iii), et (iii) $\Rightarrow$ (iv) puisque

$$\frac{(A^\circ x,x-x_0)}{|x|} \leq |A^\circ x|\left(1+\frac{|x_0|}{|x|}\right).$$

Enfin (iv) $\Rightarrow$ (v) est immédiat, et (v) $\Rightarrow$ (vi) résulte du théorème 2.3. Montrons que (vi) $\Rightarrow$ (i) ; après addition à $\varphi$ d'une fonction affine, on peut se ramener au cas où $\varphi \geq 0$ sur H. Pour tout M, l'ensemble $\{x \in D(\varphi)\ ;\ \varphi(x) \leq M\ |x|\}$ est borné par 2C où $C = \sup_{|y|=2M} |By|$. En effet, on a

$$\frac{(x,y)}{|y|} \leqslant \frac{\varphi(x)}{2M} + |By| \leqslant \frac{|x|}{2} + C \text{ , et par conséquent } |x| \leqslant \frac{|x|}{2} + C \text{ ,}$$

soit $|x| \leqslant 2C$.

REMARQUE 2.3.

Lorsque $\dim H < +\infty$ , A surjectif $\Leftrightarrow A^{-1}$ est un opérateur borné $\Leftrightarrow \lim\limits_{\substack{|x|\to+\infty \\ x\in D(\varphi)}} \frac{\varphi(x)}{|x|} = +\infty \Leftrightarrow D(\varphi^*) = H$.

Cette propriété n'est plus valable en dimension infinie. En effet, considérons sur $H = l^2 = \{a=(a_1,a_2,\ldots a_n\ldots);\ \Sigma|a_n|^2 <+\infty\}$ la fonction $\varphi(a) = \sum\limits_{n=1}^{\infty} \frac{1}{n+1} |a_n|^{n+1}$ , est convexe, continue, et $A = \partial\varphi$ , défini par $(Aa)_n = |a_n|^{n-1} a_n$ est localement borné et n'est pas borné. Donc $B = A^{-1} = \partial\varphi^*$ est surjectif mais $B^{-1}$ n'est pas borné et donc $\frac{\varphi^*(x)}{|x|}$ ne tend pas vers $+\infty$ lorsque $|x| \to +\infty$

## 3 - EXEMPLES D'OPERATEURS CYCLIQUEMENT MONOTONES

EXEMPLE 2.8.1. Graphes monotones dans $R^2$

Tout opérateur monotone de $\mathbb{R}$ - nous dirons plutot graphe monotone dans $\mathbb{R}^2$ - est cycliquement monotone. En effet, soit $\beta$ un graphe monotone dans $\mathbb{R}^2$ et soit $x_0, x_1, \ldots x_n = x_0$ une suite cyclique de $D(\beta)$. On peut supposer que $x_0 < x_1 < \ldots < x_{n-1}$, et soit $y_i \in \beta(x_i)$, $i = 1,2,\ldots,n$ ; d'où $y_n \leqslant y_1 \leqslant y_2 < \ldots \leqslant y_{n-1}$ et par suite $\sum\limits_{i=1}^{n} (x_i-x_{i-1})y_i = \sum\limits_{i=1}^{n} (x_i-x_{i-1})(y_i-y_n) \geqslant 0$.

Supposons maintenant que $\beta$ soit un opérateur maximal monotone de $\mathbb{R}$ ; il existe donc une fonction j convexe s.c.i. propre sur $\mathbb{R}$ telle que $\beta = \partial j$. On a alors $]a,b[ \subset D(\beta) \subset D(j) \subset [a,b]$ avec $-\infty \leqslant a \leqslant b \leqslant +\infty$ . L'application $x \in D(\beta) \mapsto \beta^\circ(x) \in \mathbb{R}$ est croissante, et, pour tout $x \in ]a,b[$ , $\beta x = [\beta^\circ(x-), \beta^\circ(x+)]$ ; si $a \in D(\beta)$ (resp $b \in D(\beta)$) alors $\beta a = ]-\infty,\beta^\circ(a+)]$ (resp. $\beta b = [\beta^\circ(b-), +\infty[$). Enfin, soit $x_0 \in D(\beta)$, alors $j(x) = j(x_0) + \int_{x_0}^{x} \beta^\circ(s)\,ds$ pour tout $x \in [a,b]$ et $j(x) = +\infty$ pour $x \notin [a,b]$ (il suffit de vérifier que $\beta \subset \partial j$).

Les figures ci-après représentent les graphes de $\beta$, $\beta_\lambda$, $j$, $j_\lambda$ relatifs à divers exemples.

figure 1

$$\beta(r) = \begin{cases} \mathbb{R} & r = 0 \\ \emptyset & r \neq 0 \end{cases} \qquad j(r) = \begin{cases} 0 & r = 0 \\ +\infty & r \neq 0 \end{cases}$$

$$\beta_\lambda(r) = \frac{r}{\lambda} \qquad j_\lambda(r) = \frac{r^2}{2\lambda}$$

figure 2

$$\beta(r) = kr \quad (k \geqslant 0) \qquad j(r) = \frac{kr^2}{2}$$

$$\beta_\lambda(r) = \frac{kr}{1+\lambda} \qquad j_\lambda(r) = \frac{kr^2}{2(1+\lambda)}$$

figure 3

$$\beta(r) = \begin{cases} \emptyset & |r| > 1 \\ ]-\infty, 0] & r = -1 \\ 0 & |r| < 1 \\ [0, +\infty[ & r = +1 \end{cases} \qquad j(r) = \begin{cases} 0 & |r| < 1 \\ +\infty & |r| > 1 \end{cases}$$

$$\beta_\lambda(r) = \begin{cases} \frac{r+1}{\lambda} & r \leqslant -1 \\ 0 & |r| < 1 \\ \frac{r-1}{\lambda} & r \geqslant 1 \end{cases} \qquad j_\lambda(r) = \begin{cases} \frac{(r+1)^2}{2\lambda} & r \leqslant -1 \\ 0 & |r| < 1 \\ \frac{(r-1)^2}{2\lambda} & r \geqslant 1 \end{cases}$$

figure 4

$$\beta(r) = \begin{cases} -1 & r < 0 \\ [-1, +1] & r = 0 \\ +1 & r > 0 \end{cases} \qquad j(r) = |r|$$

$$\beta_\lambda(r) = \begin{cases} -1 & r \leqslant -\lambda \\ \frac{r}{\lambda} & |r| < \lambda \\ +1 & r \geqslant \lambda \end{cases} \qquad j_\lambda(r) = \begin{cases} -r-\frac{\lambda}{2} & r \leqslant -\lambda \\ \frac{r^2}{2\lambda} & |r| < \lambda \\ r - \frac{\lambda}{2} & r \geqslant \lambda \end{cases}$$

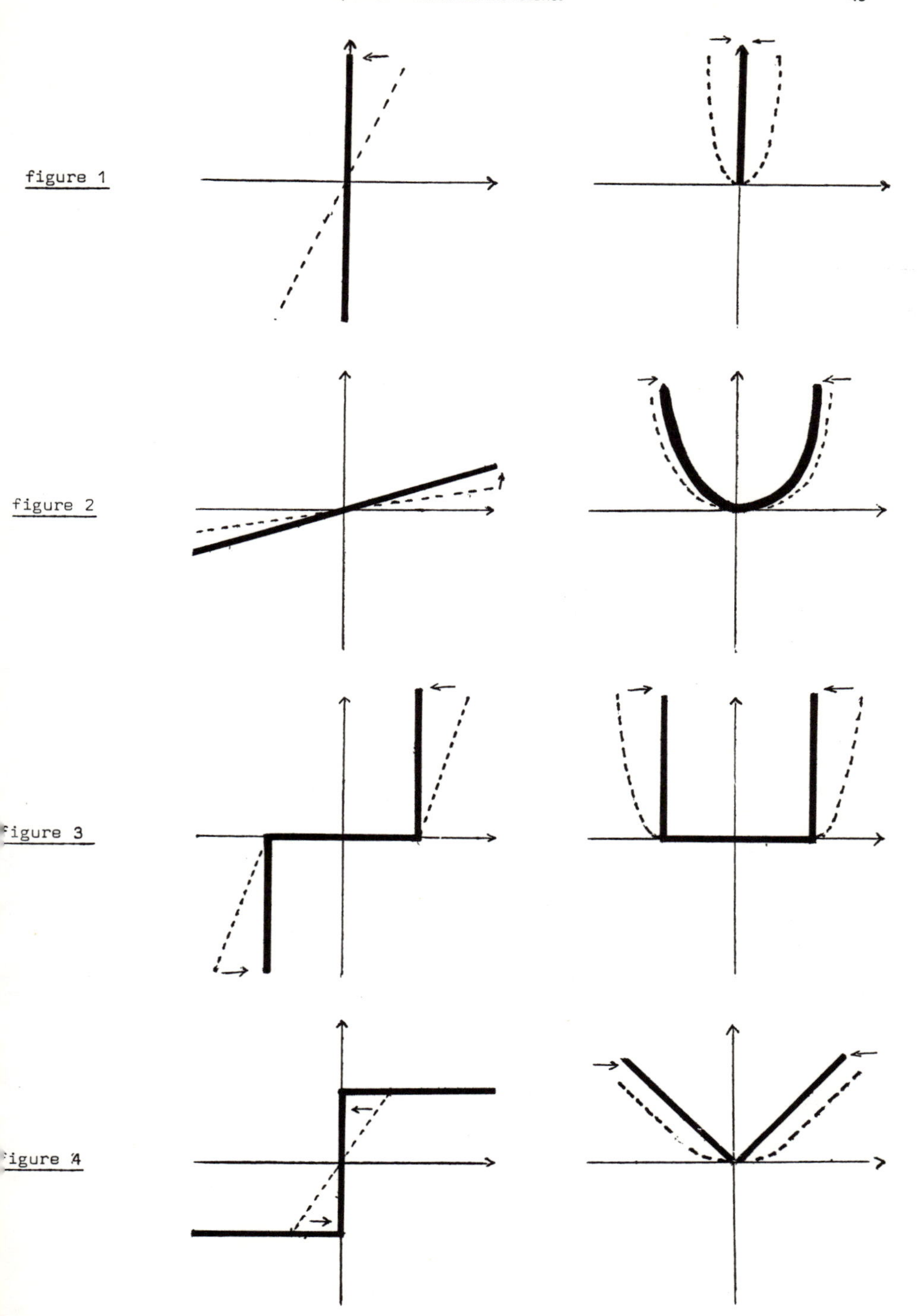
figure 1
figure 2
figure 3
figure 4

EXEMPLE 2.8.2. Sous différentiel de la fonction indicatrice d'un convexe fermé

Soit C un convexe fermé non vide de H. On appelle fonction indicatrice $I_C$ de C la fonction convexe s.c.i. propre définie par

$$I_C(x) = \begin{cases} 0 & \text{si } x \in C \\ +\infty & \text{si } x \notin C \end{cases}$$

Alors $\partial I_C(x) = \{z \in H \; ; \; (z,y-x) \leq 0 \quad \forall y \in C\}$ ; $\partial I_C(x)$ est un cône convexe fermé de sommet 0 que l'on peut préciser géométriquement :

$$\begin{cases} \text{si } x \notin C, \; \partial I_C(x) = \emptyset \\ \text{si } x \in \text{Int } C, \; \partial I_C(x) = \{0\} \\ \text{si } x \in \text{Frontière } C, \; \partial I_C(x) \text{ est le cône normal extérieur à } C. \end{cases}$$

On peut noter que $\partial I_C(x)$ est le cône polaire du cône projetant $\Pi_C(x) = \bigcup_{\lambda>0} \lambda\,(C-x)$

En effet, il est immédiat que si $z \in \partial I_C(x)$, alors $(z,u) \leq 0$ pour tout $u \in \Pi_C(x)$ et donc $\partial I_C(x) \subset [\Pi_C(x)]^{\perp}$ ; inversement si $z \in [\Pi_C(x)]^{\perp}$, on a $(z,u) \leq 0$ pour tout $u \in \Pi_C(x)$ et en particulier $(z,y-x) \leq 0$ pour tout $y \in C$.

La résolvante $(I + \lambda\partial I_C)^{-1}$ de $\partial I_C$ est la projection sur C car $y = (I + \lambda\partial I_C)^{-1}x \Leftrightarrow x-y \in \lambda\, \partial I_C(y) \Leftrightarrow (x-y,z-y) \leq 0$ pour tout $z \in C \Leftrightarrow y = \text{Proj}_C x$.

L'approximation Yosida $(\partial I_C)_\lambda x = \frac{1}{\lambda}(x-\text{Proj}_C x)$ est le sous-différentiel de la fonction $(I_C)_\lambda(x) = \frac{1}{2\lambda}|x-\text{Proj}_C x|^2$.

On notera le lien entre la méthode de pénalisation (cf Lions [2] chap. 3.5) et l'approximation Yosida qui consiste à approcher la solution u de l'inéquation variationnelle.

$u \in C$ , $(Au, v-u) \geq (f,v-u) \quad \forall v \in C$

i.e. $Au + \partial I_C(u) \ni f$

par l'équation $Au_\lambda + \frac{1}{\lambda}(u_\lambda - \text{Proj}_C u_\lambda) = f$ , i.e. $Au_\lambda + (\partial I_C)_\lambda u_\lambda = f$.

EXEMPLE 2.8.3. Opérateurs linéaires cycliquement monotones.

Soit A un opérateur linéaire non borné (univoque) maximal monotone, de domaine D(A) dense dans H.

PROPOSITION 2.15

A est cycliquement monotone si et seulement si $A^* = A$.

Dans ce cas $A = \partial\varphi$ avec

$$\varphi(x) = \begin{cases} \frac{1}{2}|A^{1/2}x|^2 & \text{si} \quad x \in D(A^{1/2}) \\ +\infty & \text{ailleurs} \end{cases}$$

Supposons d'abord que $A^* = A$ ; il est clair que $\varphi$ est convexe s.c.i. propre (on utilise le fait que le graphe de $A^{1/2}$ est fermé). Montrons que $A \subset \partial\varphi$ ; il suffit de vérifier que pour tout $u \in D(A)$ et tout $v \in D(A^{1/2})$, on a

$$\frac{1}{2}|A^{1/2}v|^2 - \frac{1}{2}|A^{1/2}u|^2 \geq (Au, v-u)$$

Ceci est immédiat puisque

$$\frac{1}{2}|A^{1/2}v|^2 + \frac{1}{2}|A^{1/2}u|^2 \geq (Au,v) = (A^{1/2}u, A^{1/2}v).$$

Inversement si A est cycliquement monotone, il existe une fonction $\Psi$ convexe s.c.i. propre sur H telle que $A = \partial\Psi$ ; comme $0 = A0$, on peut toujours supposer que $\Psi(0) = 0$. $A_\lambda$ est la différentielle-Fréchet de $\Psi_\lambda$ et par suite

$\frac{d}{dt}\Psi_\lambda(tu) = (A_\lambda(tu),u) = t(A_\lambda u,u)$. Donc

$\Psi_\lambda(u) = \Psi_\lambda(u) - \Psi_\lambda(0) = \int_0^1 (A_\lambda u,u)t\,dt = \frac{1}{2}(A_\lambda u,u)$

Par différentiation, on obtient $\partial\Psi_\lambda = A_\lambda = \frac{1}{2}(A_\lambda + A_\lambda^*)$.

Il en résulte que $A_\lambda = A_\lambda^*$ ; d'où l'on déduit que $A = A^*$

EXEMPLE 2.8.3. Prolongement à $L^2(S ; H)$

Soit $(S,\mathcal{B},\mu)$ un espace mesuré positif avec $\mu(S) < +\infty$ et soit $\mathcal{H} = L^2(S ; H)$

PROPOSITION 2.16

Soit $\varphi$ une fonction convexe s.c.i. propre sur H et soit $A = \partial\varphi$. Pour $u \in \mathcal{H}$, on pose

$$\Phi(u) = \begin{cases} \int_S \varphi(u(s))d\mu(s) & \text{si} \quad \varphi(u) \in L^1(s) \\ +\infty & \text{ailleurs} \end{cases}$$

Alors $\Phi$ est convexe s.c.i. propre et $\partial\Phi$ coincide avec l'opérateur $\mathcal{A}$, prolongement de A à $\mathcal{H}$ (défini à l'Exemple 2.1.3.). De plus $\Phi_\lambda(u) = \int_S \varphi_\lambda(u(s))\,d\mu(s)$.

Il est clair que $\Phi$ est convexe et propre ($D(\Phi)$ contient les fonctions constantes à valeur dans $D(\varphi)$). Montrons que $\Phi$ est s.c.i. soit $\lambda \in \mathbb{R}$ et soit $u_n \in D(\Phi)$ une suite telle que $u_n \to u$ dans $\mathcal{H}$ et $\Phi(u_n) \leq \lambda$. On peut toujours supposer que $u_n \to u$ $\mu$-p.p. sur S. Soient $x_0 \in D(\partial\varphi)$ et $y_0 \in \partial\varphi(x_0)$ ; la fonction $\tilde{\varphi}(x) = \varphi(x) - \varphi(x_0) - (y_0, x-x_0)$ est s.c.i. et $\tilde{\varphi} \geq 0$ sur H. On a donc $\liminf \tilde{\varphi}(u_n) \geq \tilde{\varphi}(u)$ $\mu$-p.p. sur S.

D'autre part, la fonction $\tilde{\varphi}(u)$ est mesurable ; il suffit pour cela (cf Bourbaki [1] chap. IV §5 Prop. 8) de montrer que pour tout $\alpha$ l'ensemble $\{x \in S ; \tilde{\varphi}(u(x)) > \alpha\}$ est mesurable ; or l'ensemble $U = \{z \in H ; \tilde{\varphi}(z) > \alpha\}$ est ouvert et donc l'ensemble $\{x \in S ; u(x) \in U\}$ est mesurable (cf Bourbaki [1] chap. IV §5 Prop. 7)

Il résulte alors du lemme de Fatou que

$$\int_S \tilde{\varphi}(u(s))d\mu(s) \leq \int_S \liminf \tilde{\varphi}(u_n(s))d\mu(s) \leq \liminf \int_S \tilde{\varphi}(u_n(s))d\mu(s) \leq \lambda \ ;$$

On en déduit que $\Phi(u) \leq \lambda$.

Montrons que $\mathcal{A} \subset \partial\Phi$ (d'où $\mathcal{A} = \partial\Phi$). Si $v \in \mathcal{A}u$, on a $v(s) \in Au(s)$ $\mu$-p.p. ; donc pour tout $w \in D(\Phi)$ on a $\mu$-p.p.

$$\varphi(w(s)) - \varphi(u(s)) \geq (v(s), w(s)-u(s)).$$

Il en résulte que $\varphi(u) \in L^1(S)$, et par intégration on obtient

$$\Phi(w) - \Phi(u) \geq \int_S (v(s), w(s)-u(s))d\mu(s).$$

Donc $v \in \partial\Phi(u)$. Enfin

$$\Phi_\lambda(u) = \frac{\lambda}{2}|\mathcal{A}_\lambda u|^2 + \Phi((I+\lambda\mathcal{A})^{-1}u) = \frac{\lambda}{2}\int_S |A_\lambda u(s)|^2\, d\mu(s) + \int_S \varphi(J_\lambda u(s))d\mu(s)$$

$$= \int_S \varphi_\lambda(u(s))d\mu(s).$$

## 9 - PERTURBATIONS CYCLIQUEMENT MONOTONES

Le critère suivant est très utile dans les applications

PROPOSITION 2.17

Soit A un opérateur maximal monotone de H et soit $\varphi$ une fonction convexe s.c.i. propre. On suppose qu'il existe une constante C telle que

$\varphi((I+\lambda A)^{-1}x) \leq \varphi(x) + C\lambda$ pour tout $x \in H$ et tout $\lambda > 0$.

Alors $A + \partial\varphi$ est maximal monotone et on a

$|A^\circ x| \leq |(A+\partial\varphi)^\circ x| + \sqrt{C}$ pour tout $x \in D(A) \cap D(\partial\varphi)$

De plus $\overline{D(A+\partial\varphi)} = \overline{D(A) \cap D(\partial\varphi)} = \overline{D(A)} \cap \overline{D(\varphi)}$.

En effet, soit $y \in H$ et soit $x_\lambda$ la solution de l'équation $y \in x_\lambda + \partial\varphi(x_\lambda) + A_\lambda x_\lambda$. On a alors

$\varphi(\xi) - \varphi(x_\lambda) \geq (y - A_\lambda x_\lambda - x_\lambda , \xi - x_\lambda)$ , pour tout $\xi \in H$.

Reportant dans cette inéquation $\xi = (I+\lambda A)^{-1} x_\lambda$ on a

$C\lambda \geq (y - A_\lambda x_\lambda - x_\lambda , -\lambda A_\lambda x_\lambda)$ de sorte que

$|A_\lambda x_\lambda|^2 \leq |y - x_\lambda| \, |A_\lambda x_\lambda| + C$ et $|A_\lambda x_\lambda| \leq |y - x_\lambda| + \sqrt{C}$.

D'autre part, fixant $\xi_0 \in D(A) \cap D(\varphi)$, on a

$\varphi(\xi_0) - \varphi(x_\lambda) \geq (y - A_\lambda x_\lambda - x_\lambda , \xi_0 - x_\lambda)$ ;

Il en résulte que $|x_\lambda|$, et par suite $|A_\lambda x_\lambda|$ sont bornés. On conclut à l'aide du théorème 2.4. que $A + \partial\varphi$ est maximal monotone.

Pour $x \in D(\partial\varphi)$ et $z \in \partial\varphi(x)$ on a

$\varphi((I+\lambda A)^{-1}x) - \varphi(x) \geq (z, (I+\lambda A)^{-1}x - x)$ et donc $\lambda C \geq (z, -\lambda A_\lambda x)$.

Par conséquent si $x \in D(A) \cap D(\partial\varphi)$, on a $(A^\circ x, z) \geq -C$ pour tout $z \in \partial\varphi(x)$.

Soit alors $f = (A+\partial\varphi)^\circ x$ ; $f = u+v$ avec $u \in Ax$ et $v \in \partial\varphi(x)$.

On a $(A^\circ x, f) = (A^\circ x, u) + (A^\circ x, v) \geq |A^\circ x|^2 - C$ ; d'où l'on déduit que $|A^\circ x| \leq |f| + \sqrt{C}$.

Enfin il est clair que $\overline{D(A) \cap D(\partial\varphi)} \subset \overline{D(A)} \cap \overline{D(\varphi)}$.

Montrons d'abord que $\overline{D(A)} \cap \overline{D(\varphi)} \subset \overline{D(A) \cap D(\varphi)}$ ; en effet soit $x \in \overline{D(A)} \cap \overline{D(\varphi)}$ et soit $u_\varepsilon \in D(\varphi)$ tel que $u_\varepsilon \to x$ quand $\varepsilon \to 0$.

Alors $x_\varepsilon = (I+\varepsilon A)^{-1} u_\varepsilon$ appartient à $D(A) \cap D(\varphi)$ et vérifie

$|x_\varepsilon - x| \leq |x_\varepsilon - (I+\varepsilon A)^{-1}x| + |(I+\varepsilon A)^{-1}x - x| \leq |u_\varepsilon - x| + |(I+\varepsilon A)^{-1}x - x|$ ;

donc $x_\varepsilon \to x$ quand $\varepsilon \to 0$.

D'autre part, on a $D(A) \cap D(\varphi) \subset \overline{D(A) \cap D(\partial\varphi)}$ ; en effet, soit $x \in D(A) \cap D(\varphi)$ et soit $x_\varepsilon$ la solution de l'équation

$$x_\varepsilon + \varepsilon(Ax_\varepsilon + \partial\varphi(x_\varepsilon)) \ni x$$

($x_\varepsilon$ existe puisque $A + \partial\varphi$ est maximal monotone). On a

$\varphi(x) - \varphi(x_\varepsilon) \geq (\frac{x - x_\varepsilon}{\varepsilon} - y_\varepsilon , x - x_\varepsilon) \geq \frac{1}{\varepsilon} |x - x_\varepsilon|^2 - (A^\circ x, x - x_\varepsilon)$

où $y_\varepsilon \in Ax_\varepsilon$. Il en résulte que $x_\varepsilon \to x$ quand $\varepsilon \to 0$.

L'hypothèse faite à la proposition 2.17 est commode car elle est préservée par addition

PROPOSITION 2.18

Soit $\varphi$ une fonction convexe s.c.i. propre et soient $A^1$ et $A^2$ deux opérateurs maximaux monotones tels que $A^1 + A^2$ soit maximal monotone. On suppose que

$\varphi(J_\lambda^1 x) \leq \varphi(x) + C_1\lambda$ et $\varphi(J_\lambda^2 x) \leq \varphi(x) + C_2\lambda$ ;

alors $\varphi(J_\lambda x) \leq \varphi(x) + (C_1+C_2)\lambda$ pour tout $x \in H$ et tout $\lambda > 0$ où

$J_\lambda^1 = (I+\lambda A^1)^{-1}$ , $J_\lambda^2 = (I + \lambda A^2)^{-1}$ , $J_\lambda = (I+\lambda(A^1+A^2))^{-1}$

En particulier $A^1 + A^2 + \partial\varphi$ est maximal monotone.

Soit $\mu > 0$ , et soit $x_\mu$ la solution de l'équation $x \in x_\mu + \lambda A^1 x_\mu + \lambda A^2_\mu x_\mu$ . On sait d'après le théorème 2.4., que $x_\mu \to J_\lambda x$ quand $\mu \to 0$.

On a $\mu x \in \mu x_\mu + \mu\lambda A^1 x_\mu + \lambda(x_\mu - J^2_\mu x_\mu)$ c'est à dire

$$\frac{\mu x + \lambda J^2_\mu x_\mu}{\lambda+\mu} \in x_\mu + \frac{\mu\lambda}{\lambda+\mu} A^1 x_\mu \quad ; \quad \text{ou encore}$$

$$x_\mu = J^1_{\frac{\mu\lambda}{\lambda+\mu}} \left(\frac{\mu x + \lambda J^2_\mu x_\mu}{\lambda+\mu}\right)$$

Pour tout $x$ fixé, l'application $z \mapsto J^1_{\frac{\mu\lambda}{\lambda+\mu}} \left(\frac{\mu x + \lambda J^2_\mu z}{\lambda + \mu}\right)$

transforme le convexe fermé

$$K = \{\xi \in H \; ; \; \varphi(\xi) \leq \varphi(x) + \lambda(C_1 + C_2)\}$$

en lui même et est une contraction stricte. Donc son point fixe $x_\mu$ appartient à K. Il en résulte que $\varphi(x_\mu) \leq \varphi(x) + \lambda(C_1+C_2)$. Passant à la limite quand $\mu \to 0$, on obtient $\varphi(J_\lambda x) \leq \varphi(x) + \lambda(C_1+C_2)$.

Dans le cas particulier où $\varphi = I_C$ est la fonction indicatrice d'un convexe fermé C, alors l'hypothèse faite à la proposition 2.17 s'écrit $(I+\lambda A)^{-1} C \subset C$ pour tout $\lambda > 0$. Nous reviendrons sur cette propriété au § IV.4 en liaison avec l'étude du semi groupe engendré par -A.

PROPOSITION 2.19

Soit A un opérateur monotone fermé (i.e. le graphe de A est fermé dans HxH) vérifiant

$$R(I + \lambda A) \supset \overline{\text{conv } D(A)} \qquad \text{pour tout } \lambda > 0$$

Alors $\overline{D(A)}$ est convexe et $A + \partial I_{\overline{D(A)}}$ est l'unique prolongement maximal monotone de A ayant son domaine contenu dans $\overline{D(A)}$.

De plus pour tout $x \in D(A)$, on a

$$(A + \partial I_{\overline{D(A)}})^{\circ} x = (\overline{\text{conv}}\ Ax)^{\circ} \in Ax$$

Soit $\tilde{A}$ un prolongement maximal de A ayant son domaine contenu dans $C = \overline{\text{conv } D(A)}$ (cf corollaire 2.1). On a $A+\partial I_C \subset \tilde{A}+\partial I_C = \tilde{A}$. L'hypothèse faite implique que pour tout $x \in C$, $[J_\lambda^{\tilde{A}} x , \tilde{A}_\lambda x] \in A$.

Soit $y \in H$ et soit $x_\lambda \in C$ la solution de l'équation $x_\lambda + \tilde{A}_\lambda x_\lambda + \partial I_C(x_\lambda) \ni y$. D'après le théorème 2.4 on sait que $x_\lambda \to x = (I+\tilde{A})^{-1} y$ et $\tilde{A}_\lambda x_\lambda \to \eta$ avec $x + \eta + \partial I_C(x) \ni y$. Puisque $J_\lambda^{\tilde{A}} x_\lambda \to x$, on a $[x,\eta] \in A$ et donc $x + Ax + \partial I_C(x) \ni y$. On a bien montré que $A + \partial I_C$ est maximal monotone et par suite $A + \partial I_C = \tilde{A}$. Enfin $D(A) = D(\tilde{A})$ et par conséquent $\overline{D(A)}$ est convexe.

Soit $x \in D(A)$ ; on a $J_\lambda^{\tilde{A}} x = J_\lambda^{A} x \to x$ quand $\lambda \to 0$. De plus $\tilde{A}_\lambda x = A_\lambda x \to \tilde{A}^{\circ} x$ et comme A est fermé $\tilde{A}^{\circ} x \in Ax$.

# CHAPITRE III - EQUATIONS D'EVOLUTION ASSOCIEES AUX OPERATEURS MONOTONES

Plan :

1. Résolution de l'équation $\frac{du}{dt} + Au \ni 0$, $u(0) = u_o$ .
2. Résolution de l'équation $\frac{du}{dt} + Au \ni f$, $u(0) = u_o$ ; notion de solution faible.
3. Cas où $A = \partial\varphi$.
4. Cas où Int $D(A) \neq \emptyset$ .
5. Comportement asymptotique .
6. Solutions périodiques .
7. Propriétés de convergence.
8. Diverses généralisations .

## 1 - RESOLUTION DE L'EQUATION $\frac{du}{dt} + Au \ni 0$, $u(0) = u_0$

Soit H un espace de Hilbert et soit A un opérateur maximal monotone de H. Comme précédemment, on désigne par $J_\lambda = (I+\lambda A)^{-1}$ la résolvante de A et par $A_\lambda = \frac{1}{\lambda}(I-J_\lambda)$ l'approximation Yosida de A.

THEOREME 3.1

*Pour tout* $u_0 \in D(A)$, *il existe une fonction* $u(t)$ *de* $[0,+\infty[$ *dans* H, *unique, telle que*

(1) $u(t) \in D(A)$ *pour tout* $t > 0$

(2) $u(t)$ *est lipschitzienne sur* $[0,+\infty[$, *i.e.* $\frac{du}{dt} \in L^\infty(0,+\infty;H)$ *(au sens des distributions) et*

$$\left\|\frac{du}{dt}\right\|_{L^\infty(0,+\infty;\, H)} \leq |A^\circ u_0|$$

(3) $\frac{du}{dt}(t) + Au(t) \ni 0$ (i.e. $-\frac{du}{dt}(t) \in Au(t)$) p.p. *sur* $]0,+\infty[$

(4) $u(0) = u_0$

*De plus* u *vérifie les propriétés suivantes*

(5) u *admet en* <u>tout</u> $t \in [0,+\infty[$ *une dérivée à droite et*
$\frac{d^+u}{dt}(t) + A^\circ u(t) = 0$ *pour tout* $t \in [0,+\infty[$

(6) *la fonction* $t \mapsto A^\circ u(t)$ *est continue à droite et la fonction* $t \mapsto |A^\circ u(t)|$ *est décroissante.*

(7) *si* u *et* $\hat{u}$ *désignent deux solutions de (1), (2), (3), on a* $|u(t) - \hat{u}(t)| \leq |u(0) - \hat{u}(0)|$ *pour tout* $t \in [0,+\infty[$

REMARQUE 3.1.

Le théorème 3.1 est bien connu lorsque A est linéaire (théorème de Hille-Yosida). On sait que la solution u(t) est alors de classe $C^1$ sur $[0,+\infty[$. Il n'en est pas de même dans le cas non linéaire Considérons par exemple sur $H = \mathbb{R}$ l'opérateur

$$Ar = \begin{cases} +1 & \text{si} \quad r > 0 \\ [0,+1] & \text{si} \quad r = 0 \\ 0 & \text{si} \quad r < 0 \end{cases}$$

Alors la solution correspondante $u(t)$ du problème (1), (2), et (3) est définie par :

$$u(t) = \begin{cases} (u_o - t)^+ & \text{si } u_o \geqslant 0 \\ u_o & \text{si } u_o < 0 \end{cases}$$

REMARQUE 3.2.

La propriété (5) est assez surprenante et montre que la section $A^\circ$ de $A$ joue un rôle fondamental. Parmi tous les choix offerts (on a une équation multivoque $-\frac{du}{dt} \in Au$), le système "tend" à minimiser sa vitesse ; l'équation (3) régit des phénomènes paresseux !

Pour tout $t > 0$, l'application $u_o \mapsto u(t)$ est une contraction de $D(A)$ dans $D(A)$ ; on désigne par $S(t)$ son prolongement (par continuité) à $\overline{D(A)}$. On vérifie aisément que $S(t)$ définit un semi groupe continu de contractions sur $\overline{D(A)}$, c'est à dire

(8) $S(t_1+t_2) = S(t_1)\, S(t_2) \quad \forall t_1, t_2 \in [0,+\infty[$ et $S(0) = I$

(9) $\lim_{t\to 0} |S(t)u_o - u_o| = 0$ pour tout $u_o \in \overline{D(A)}$

(10) $|S(t)u_o - S(t)\hat{u}_o| \leqslant |u_o - \hat{u}_o| \quad \forall u_o, \hat{u}_o \in \overline{D(A)},\ \forall t \in [0,+\infty[$

On dit que $S(t)$ est le semi groupe engendré par $-A$.

DEMONSTRATION DU THEOREME 3.1.

Commençons par établir (7), d'où l'on déduit aussi l'unicité de la solution. Il résulte de la monotonie de $A$ que

$$\left(-\frac{du}{dt}(t) + \frac{d\hat{u}}{dt}(t)\ ,\ u(t) - \hat{u}(t)\right) \geqslant 0 \qquad \text{p.p. sur } ]0,+\infty[,$$

c'est à dire

$$\frac{1}{2}\ \frac{d}{dt}\ |u(t) - \hat{u}(t)|^2 \leqslant 0 \qquad \text{p.p. sur } ]0,+\infty[\ .$$

Donc la fonction $t \mapsto |u(t) - \hat{u}(t)|^2$ est décroissante.

EXISTENCE

Comme dans le cas linéaire, on considère l'équation approchée

(11) $\frac{du_\lambda}{dt} + A_\lambda u_\lambda = 0 \quad$ sur $[0,+\infty[\ ,\quad u_\lambda(0) = u_o$,

qui admet une solution de classe $C^1$ (car $A_\lambda$ est lipschitzien). On a d'après le théorème 1.6

$$|A_\lambda u_\lambda(t)| = |\frac{du_\lambda}{dt}(t)| \leqslant |\frac{du_\lambda}{dt}(0)| = |A_\lambda u_\lambda(0)| = |A_\lambda u_o| \leqslant |A^\circ u_o|$$

Montrons que $u_\lambda$ est de Cauchy dans $C([0,T]; H)$ quand $\lambda \to 0$.
En effet, on a pour $\lambda,\mu > 0$

$$\frac{du_\lambda}{dt} - \frac{du_\mu}{dt} + A_\lambda u_\lambda - A_\mu u_\mu = 0$$

et en multipliant par $u_\lambda - u_\mu$, il vient

$$\frac{1}{2}\frac{d}{dt}|u_\lambda - u_\mu|^2 + (A_\lambda u_\lambda - A_\mu u_\mu, u_\lambda - u_\mu) = 0.$$

On écrit

$$u_\lambda - u_\mu = (u_\lambda - J_\lambda u_\lambda) + (J_\lambda u_\lambda - J_\mu u_\mu) + (J_\mu u_\mu - u_\mu) = \lambda A_\lambda u_\lambda + J_\lambda u_\lambda - J_\mu u_\mu - \mu A_\mu u_\mu;$$

appliquant la monotonie de A en $J_\lambda u_\lambda$ et $J_\mu u_\mu$, on obtient

$$\begin{aligned}(A_\lambda u_\lambda - A_\mu u_\mu, u_\lambda - u_\mu) &\geqslant (A_\lambda u_\lambda - A_\mu u_\mu, \lambda A_\lambda u_\lambda - \mu A_\mu u_\mu)\\ &\geqslant \lambda|A_\lambda u_\lambda|^2 + \mu|A_\mu u_\mu|^2 - (\lambda+\mu)|A_\lambda u_\lambda|\,|A_\mu u_\mu|\\ &\geqslant -\frac{\lambda}{4}|A_\mu u_\mu|^2 - \frac{\mu}{4}|A_\lambda u_\lambda|^2\\ &\geqslant -\frac{1}{4}(\lambda+\mu)\,|A^\circ u_o|^2\end{aligned}$$

Par conséquent $\frac{d}{dt}|u_\lambda - u_\mu|^2 \leqslant \frac{1}{2}(\lambda+\mu)\,|A^\circ u_o|^2$

et $|u_\lambda(t) - u_\mu(t)| \leqslant \frac{1}{\sqrt{2}}\sqrt{(\lambda+\mu)t}\,|A^\circ u_o|$.

Quand $\lambda$ tend vers 0, $u_\lambda$ converge uniformément vers u sur $[0,T]$ pour tout $T < +\infty$ avec l'estimation

$$(12)\qquad |u_\lambda(t) - u(t)| \leqslant \frac{1}{\sqrt{2}}\sqrt{\lambda t}\,|A^\circ u_o|$$

De même $J_\lambda u_\lambda$ converge uniformément vers u sur $[0,T]$ car
$|J_\lambda u_\lambda(t) - u_\lambda(t)| \leqslant \lambda|A_\lambda u_\lambda(t)| \leqslant \lambda|A^\circ u_o|$.

On déduit de l'estimation $|A_\lambda u_\lambda(t)| \leqslant |A^\circ u_o|$ et de la proposition 2.5 que $u(t) \in D(A)$ pour tout $t > 0$ avec $|A^\circ u(t)| \leqslant |A^\circ u_o|$.
Soit $\lambda_n \to 0$ tel que $\frac{du_{\lambda_n}}{dt}$ converge faiblement vers v dans $L^\infty(0,T;H)$ (et donc en particulier dans $L^2(0,T;H)$) ; on a alors (cf appendice) $\frac{du}{dt} = v$ avec $\|\frac{du}{dt}\|_{L^\infty(0,T;H)} \leqslant |A^\circ u_o|$.

Appliquant la proposition 2.5 à l'opérateur $\mathcal{A}$ (prolongement de A à $L^2(0,T;H)$; cf. exemples 2.1.3 et 2.3.3.), on obtient $v + \mathcal{A}u \ni 0$ p.p. sur $]0,T[$.
Soit $t_0 \in [0,+\infty[$; la fonction $t \mapsto u(t+t_0)$ est solution du problème (1), (2) et (3) avec $u(t_0)$ comme donnée initiale. On a donc $|A^\circ u(t+t_0)| \leq |A^\circ u(t_0)|$ pour $t > 0$ et la fonction $t \mapsto |A^\circ u(t)|$ est décroissante.
Il reste à établir la continuité à droite de la fonction $t \mapsto A^\circ u(t)$ ainsi que (5) ; on peut toujours se ramener au cas où $t = 0$.
Soit $t_n \to 0$ tel que $A^\circ u(t_n) \rightharpoonup \xi$ ; on a $\xi \in Au_0$ et $|\xi| \leq |A^\circ u_0|$. Par conséquent $\xi = A^\circ u_0$ et $A^\circ u(t) \rightharpoonup A^\circ u_0$ quand $t \to 0$. Comme de plus $|A^\circ u(t)| \leq |A^\circ u_0|$, on a $A^\circ u(t) \to A^\circ u_0$ quand $t \to 0$.
Soit $E = \{t \in ]0,+\infty[$ ; u est dérivable en t et $-\frac{du}{dt}(t) \in Au(t)\}$ ; on sait que le complémentaire de E est négligeable. Appliquant (2) en $t_0$ (au lieu de 0) on a
$|u(t_0+h)-u(t_0)| \leq h|A^\circ u(t_0)|$ pour tout $t_0 > 0$ et tout $h > 0$. Donc si $t_0 \in E$, on a $|\frac{du}{dt}(t_0)| \leq |A^\circ u(t_0)|$ et par suite $\frac{du}{dt}(t_0) + A^\circ u(t_0) = 0$. Intégrant cette égalité sur $]0,t[ \cap E$, on obtient $\frac{u(t)-u(0)}{t} + \frac{1}{t}\int_0^t A^\circ u(s)ds = 0$.
Il en résulte que u est dérivable à droite en $t = 0$ et que $\frac{d^+u}{dt}(0) + A^\circ u_0 = 0$.

REMARQUE 3.3

On fait les hypothèses du théorème 3.1., et soit $t_0 > 0$. Il est aisé de vérifier que $A^\circ u(t)$ est continu en $t_0$ si et seulement si $|A^\circ u(t)|$ est continu en $t_0$ ; dans ce cas u est dérivable en $t_0$. D'autre part si A est univoque, la fonction $t \mapsto Au(t)$ est continue de $[0,+\infty[$ dans H faible et u est faiblement dérivable sur $]0,+\infty[$

Les semi-groupes engendrés par certaines classes d'opérateurs maximaux monotones ont un effet régularisant sur la donnée initiale i.e. $S(t)u_0 \in D(A)$ pour tout $u_0 \in \overline{D(A)}$ et tout $t > 0$. Commençons par examiner le cas où A est le sous différentiel d'une fonction convexe.

THEOREME 3.2.

*Soit* $\varphi$ *une fonction convexe s.c.i. propre en* H, *soit* $A = \partial\varphi$ *et soit* $S(t)$ *le semi groupe engendré par* $-A$ *sur* $\overline{D(A)}$.
*Alors* $S(t)u_0 \in D(A)$ *pour tout* $u_0 \in \overline{D(A)}$ *et tout* $t > 0$; *de plus on a*

(13) $|A^\circ S(t)u_0| \leq |A^\circ v| + \frac{1}{t}|u_0 - v| \qquad \forall u_0 \in \overline{D(A)},\ \forall v \in D(A),\ \forall t > 0$

*Autrement dit, pour tout* $u_0 \in \overline{D(A)}$, *il existe une fonction unique* $u \in C([0,+\infty[;H)$ *telle que* $u(0) = u_0$.

(14) $u(t) \in D(A)$ *pour tout* $t > 0$

(15) $u(t)$ *est lipschitzienne sur* $[\delta,+\infty[$ *pour tout* $\delta > 0$ , *avec*

$$\left\|\frac{du}{dt}\right\|_{L^\infty(\delta,+\infty;H)} \leq |A^\circ v| + \frac{1}{\delta}|u_0 - v| \qquad \forall v \in D(A)\ ,\ \forall \delta > 0$$

(16) $u$ *admet en tout* $t > 0$ *une dérivée à droite et*

$$\frac{d^+u}{dt}(t) + A^\circ u(t) = 0 \qquad \forall t > 0$$

*De plus*

(17) *la fonction* $t \mapsto \varphi(u(t))$ *est convexe, décroissante et lipschitzienne sur tout intervalle* $[\delta,+\infty[$ , $\delta > 0$ *et*

$$\frac{d^+}{dt}\varphi(u(t)) = -\left|\frac{d^+u}{dt}(t)\right|^2 \qquad \forall t > 0$$

Reprenons l'approximation Yosida

(18) $\frac{du_\lambda}{dt} + A_\lambda u_\lambda = 0 \quad , \quad u_\lambda(0) = u_0$

où $A_\lambda = \partial\varphi_\lambda$ (cf proposition 2.11)

Soit $v \in H$ <u>fixé</u> ; on a $\varphi_\lambda(u) - \varphi_\lambda(v) \geq (A_\lambda v, u-v)$ et donc la fonction $\tilde{\varphi}_\lambda$ définie par

$$\tilde{\varphi}_\lambda(u) = \varphi_\lambda(u) - \varphi_\lambda(v) - (A_\lambda v, u-v)$$

est convexe différentiable Fréchet , $\tilde{\varphi}_\lambda(u) \geq 0 \quad \forall u \in H$, $\tilde{\varphi}_\lambda(v) = 0$ et $\partial\tilde{\varphi}_\lambda(u) = \partial\varphi_\lambda(u) - A_\lambda v$.

L'équation (18) s'écrit alors

(19) $$\frac{du_\lambda}{dt} + \partial\tilde{\varphi}_\lambda(u) = -A_\lambda v$$

<u>ESTIMATION DE L'ENERGIE</u> ; on a

$$\tilde{\varphi}_\lambda(v) - \tilde{\varphi}_\lambda(u_\lambda) \geq (\partial\tilde{\varphi}_\lambda(u_\lambda), v-u_\lambda)$$

et donc

$$\tilde{\varphi}_\lambda(u_\lambda) \leq \left(\frac{du_\lambda}{dt} + A_\lambda v,\ v-u_\lambda\right).$$

Par conséquent

(20) $$\int_0^T \tilde{\varphi}_\lambda(u_\lambda)dt \leq \frac{1}{2}|u_0 - v|^2 - \frac{1}{2}|u_\lambda(T) - v|^2 + \int_0^T (A_\lambda v, v-u_\lambda)dt$$

Multipliant l'équation (19) par $t\frac{du_\lambda}{dt}(t)$ on obtient

$$t\left|\frac{du_\lambda}{dt}(t)\right|^2 + t\frac{d}{dt}\tilde{\varphi}_\lambda(u_\lambda(t)) = -t\left(A_\lambda v, \frac{du_\lambda}{dt}(t)\right)$$

Par suite

$$\int_0^T t\left|\frac{du_\lambda}{dt}(t)\right|^2 dt + T\tilde{\varphi}_\lambda(u_\lambda(T)) - \int_0^T \tilde{\varphi}_\lambda(u_\lambda(t))dt = -\int_0^T (A_\lambda v, \frac{du_\lambda}{dt}(t))t\ dt$$

$$= -\int_0^T (A_\lambda v, \frac{du_\lambda}{dt}(t) - \frac{dv}{dt})t\ dt \quad = -T(A_\lambda v,\ u_\lambda(T)-v) + \int_0^T (A_\lambda v,\ u_\lambda - v)\ dt$$

Utilisant alors l'estimation (20) et le fait que $\tilde{\varphi}_\lambda(u_\lambda(T)) \geqslant 0$, il vient

$$\text{(21)} \quad \int_0^T t\left|\frac{du_\lambda}{dt}(t)\right|^2 dt \leqslant \frac{1}{2}|u_0 - v|^2 - \frac{1}{2}|u_\lambda(T)-v|^2 - T(A_\lambda v, u_\lambda(T)-v)$$

$$\leqslant \frac{1}{2}T^2|A_\lambda v|^2 + \frac{1}{2}|u_0 - v|^2$$

Comme par ailleurs la fonction $t \mapsto \frac{du_\lambda}{dt}(t)$ est décroissante, on a $\left|\frac{du_\lambda}{dt}(T)\right| \leqslant \left|\frac{du_\lambda}{dt}(t)\right|$ pour tout $t \leqslant T$ et donc

$$\frac{1}{2}T^2\left|\frac{du_\lambda}{dt}(T)\right|^2 \leqslant \frac{1}{2}T^2|A_\lambda v|^2 + \frac{1}{2}|u_0 - v|^2$$

On en déduit que si $v \in D(A)$, alors

$$\text{(22)} \qquad |A_\lambda u_\lambda(T)| = \left|\frac{du_\lambda}{dt}(T)\right| \leqslant |A^\circ v| + \frac{1}{T}|u_0 - v|.$$

Enfin $u_\lambda(T) \to S(T)u_0$ ; en effet soit $\hat{u}_0 \in D(A)$ et soit $\hat{u}_\lambda$ la solution correspondante de (18) avec donnée initiale $\hat{u}_0$. On a

$$|u_\lambda(T) - S(T)u_0| \leqslant |u_\lambda(T) - \hat{u}_\lambda(T)| + |\hat{u}_\lambda(T) - S(T)\hat{u}_0| + |S(T)\hat{u}_0 - S(T)u_0|$$

$$\leqslant 2|u_0 - \hat{u}_0| + |\hat{u}_\lambda(T) - S(T)\hat{u}_0|$$

Etant donné $\varepsilon > 0$, on choisit $\hat{u}_0 \in D(A)$ tel que $|u_0 - \hat{u}_0| < \varepsilon/3$

et puis $\lambda_0 > 0$ assez petit pour que $|\hat{u}_\lambda(T) - S(T)\hat{u}_0| < \varepsilon/3$ si $\lambda < \lambda_0$

(la démonstration du théorème 3.1 nous assure que $\hat{u}_\lambda(T) \to S(T)\ \hat{u}_0$ quand $\lambda \to 0$).

Passant à la limite dans (21) quand $\lambda \to 0$, on voit que $S(T)u_0 \in D(A)$ et on obtient (13).

Il nous reste à établir (17). Soit $t \geqslant \delta$ et soit $h > 0$ ; on a

$$\varphi(u(t+h)) - \varphi(u(t)) \geqslant -(\frac{d^+u}{dt}(t), u(t+h)-u(t))$$

et

$$\varphi(u(t)) - \varphi(u(t+h)) \geqslant -(\frac{d^+u}{dt}(t+h), u(t)-u(t+h))$$

Or $\left|\frac{d^+u}{dt}(t+h)\right| \leq \left|\frac{d^+u}{dt}(t)\right| \leq \left|\frac{d^+u}{dt}(\delta)\right|$ , et

$$|u(t+h)-u(t)| \leq h\left|\frac{d^+u}{dt}(\delta)\right|$$

Il en résulte en particulier que

$$|\varphi(u(t+h))-\varphi(u(t))| \leq h\left|\frac{d^+u}{dt}(\delta)\right|^2$$

et $\varphi(u)$ est donc lipschitzien sur $[\delta,+\infty[$ .

Par ailleurs, on a

$$\lim_{h\to 0}\left(\frac{d^+u}{dt}(t), \frac{u(t+h)-u(t)}{h}\right) = \left|\frac{d^+u}{dt}(t)\right|^2$$

et comme la fonction $t \mapsto \frac{d^+u}{dt}(t)$ est continue à droite (théorème 3.1), on a

$$\lim_{h\to 0}\left(\frac{d^+u}{dt}(t+h), \frac{u(t+h)-u(t)}{h}\right) = \left|\frac{d^+u}{dt}(t)\right|^2.$$

On en déduit que

$$\lim_{h\to 0}\frac{\varphi(u(t+h))-\varphi(u(t))}{h} = -\left|\frac{d^+u}{dt}(t)\right|^2$$

Par conséquent la fonction $t \mapsto \varphi(u(t))$ est décroissante et convexe (puisque $\frac{d^+}{dt}\varphi(u)$ est croissante d'après le théorème 3.1).

REMARQUE 3.4.

On fait les hypothèses du théorème 3.2 et on désigne par $E(Au(t))$ l'espace affine fermé engendré par $Au(t)$. Soit $E^\circ(Au(t))$ la projection de 0 sur $E(Au(t))$. On a alors

$$-\frac{du}{dt}(t) = A^\circ u(t) = E^\circ(Au(t)) \quad \text{p.p. sur } ]0,+\infty[$$

En effet, supposons que les fonctions $t \mapsto u(t)$ et $t \mapsto \varphi(u(t))$ soient dérivables en $t_0$ et soit $f \in Au(t_0)$. On a alors

$\varphi(v) - \varphi(u(t_0)) \geq (f, v-u(t_0)) \qquad \forall v \in H.$

Prenant en particulier $v = u(t_0 \pm h)$, $h > 0$, on obtient après division par h et passage à la limite quand $h \to 0$

$$\frac{d}{dt}\varphi(u(t_0)) = \left(f, \frac{du}{dt}(t_0)\right) = -\left|\frac{du}{dt}(t_0)\right|^2$$

Autrement dit $-\frac{du}{dt}(t_0)$ est la projection de 0 sur $E(Au(t_0))$.

On peut préciser le comportement de $u(t)$ et de $\varphi(u(t))$ au voisinage de $t = 0$:

PROPOSITION 3.1.

On fait les hypothèses du théorème 3.2.

Soit $u_0 \in \overline{D(A)}$, alors $\varphi(u) \in L^1(0,\delta)$ et $\sqrt{t}\,\frac{du}{dt}(t) \in L^2(0,\delta;H)$ pour tout $\delta \in ]0,+\infty[$ .

On a $u_0 \in D(\varphi)$ si et seulement si $\frac{du}{dt} \in L^2(0,\delta;H)$ pour tout $\delta \in ]0,+\infty[$

Dans ce cas u vérifie

$$\varphi(u_0)-\varphi(u(t)) = \int_0^t |\frac{du}{dt}(s)|^2 ds \qquad \text{pour tout} \quad t \in ]0,+\infty[$$

En particulier si $u_0 \in D(\varphi)$, $\varphi(u(t)) \uparrow \varphi(u_0)$ quand $t \downarrow 0$ et on a pour tout $t \in ]0,+\infty[$

$$|\frac{d^+u}{dt}(t)| \leq \frac{\sqrt{\varphi(u_0)-\varphi(u(t))}}{\sqrt{t}} \quad \text{et} \quad \frac{|u(t)-u_0|}{\sqrt{t}} \leq \sqrt{\varphi(u_0)-\varphi(u(t))}.$$

Rappelons que $\varphi_\lambda(u) = \frac{1}{2\lambda}|u-J_\lambda u|^2 + \varphi(J_\lambda u)$. On déduit alors de (20) à l'aide du lemme de Fatou que $\varphi(u) \in L^1(0,\delta)$. Il est immédiat grâce à (21) que $\sqrt{t}\,\frac{du}{dt}(t) \in L^1(0,\delta)$.

Supposons maintenant que $u_0 \in D(\varphi)$ et reprenons l'approximation (11). On a alors

$$\varphi_\lambda(u_0) - \varphi_\lambda(u_\lambda(\delta)) = \int_0^\delta |\frac{du_\lambda}{dt}|^2 dt$$

Par suite

$$\varphi(J_\lambda u_\lambda(\delta)) + \int_0^\delta |\frac{du_\lambda}{dt}|^2 dt \leq \varphi_\lambda(u_0) \leq \varphi(u_0)$$

Mais $J_\lambda u_\lambda(\delta) \to u(\delta)$ quand $\lambda \to 0$ et donc en passant à la limite on a $\frac{du}{dt} \in L^2(0,\delta;H)$ avec

$$\varphi(u(\delta)) + \int_0^\delta |\frac{du}{dt}|^2 dt \leq \varphi(u_0) \tag{23}$$

Inversement supposons que $\frac{du}{dt} \in L^2(0,\delta;H)$. Grâce au théorème 3.2 on a

$$\varphi(u(s)) = \varphi(u(\delta)) + \int_s^\delta |\frac{du}{dt}|^2 dt \qquad \text{pour} \quad 0 < s < \delta$$

Le second membre étant borné quand $s \to 0$, on en déduit que $u_0 \in D(\varphi)$ et de plus

$$\varphi(u_0) \leq \varphi(u(\delta)) + \int_0^\delta |\frac{du}{dt}|^2 dt \tag{24}$$

Comparant (23) et (24) on en déduit que

$$\varphi(u_0) - \varphi(u(\delta)) = \int_0^\delta \left|\frac{du}{dt}\right|^2 dt$$

d'où il résulte que $\varphi(u(t)) \uparrow \varphi(u_0)$ quand $t \downarrow 0$.

Par ailleurs on a

$$|u(t)-u_0| \leqslant \int_0^t \left|\frac{du}{dt}(s)\right| ds \leqslant \sqrt{t} \left(\int_0^t \left|\frac{du}{dt}(s)\right|^2 ds\right)^{1/2} = \sqrt{t}\sqrt{\varphi(u_0)-\varphi(u(t))}$$

et

$$t\left|\frac{du}{dt}(t)\right|^2 \leqslant \int_0^t \left|\frac{du}{dt}(s)\right|^2 ds = \varphi(u_0) - \varphi(u(t)).$$

Les semi groupes engendrés par des opérateurs maximaux monotones tels que Int $D(A) \neq \emptyset$ ont aussi un effet régularisant sur la donnée initiale.

THEOREME 3.3.

*Soit* $A$ *un opérateur maximal monotone de* $H$ *tel que* Int $D(A) \neq \emptyset$ *et soit* $S(t)$ *le semi groupe engendré par* $-A$ *sur* $\overline{D(A)}$ *Alors* $S(t)u_0 \in D(A)$ *pour tout* $u_0 \in \overline{D(A)}$ *et tout* $t > 0$ *; de plus pour tout* $v \in$ Int $D(A)$ *il existe* $\rho > 0$ *et* $M \geqslant 0$ *tels que*

$$|A^\circ S(t)u_0| \leqslant \frac{1}{2\rho t}(tM + |u_0-v|)^2 + M \qquad \forall u_0 \in \overline{D(A)}, \ \forall t > 0$$

*et*

$$\left|\frac{d}{dt} S(t)u_0\right| \in L^1(0,1) \quad \textit{avec} \quad \int_0^1 \left|\frac{d}{dt}S(t)u_0\right| dt \leqslant C$$

*(où* $C$ *dépend seulement de* $A$ *et* $u_0$*).*

*Autrement dit, pour tout* $u_0 \in \overline{D(A)}$*, il existe une fonction unique* $u \in C([0,+\infty[;H)$ *telle que* $u(0) = u_0$, $u(t) \in D(A)$ *pour tout* $t > 0$, $u$ *admet en tout* $t > 0$ *une dérivée à droite avec*

$$\frac{d^+u}{dt}(t) + A^\circ u(t) = 0, \ \forall t > 0 \quad \text{et} \quad t\left|\frac{d^+u}{dt}(t)\right| \leqslant C \qquad \forall t \in ]0,1]$$

$u$ *est absolument continue sur* $[0,\delta]$ *et lipschitzienne sur* $[\delta,+\infty[$ $\forall \delta \in ]0,+\infty[$.

En effet, soit $v \in$ Int $D(A)$ ; d'après la proposition 2.9 il existe $\rho > 0$ et $M < +\infty$ tels que $|w| \leqslant M$, pour tout $w \in A(v+\rho z)$ avec $|z| \leqslant 1$. Soit $[u,f] \in A$ ; appliquant la monotonie de $A$ en $u$ et en $v+\rho z$, on a :

$$(f-w, u-v-\rho z) \geqslant 0 \qquad \text{pour tout } z \text{ avec } |z| \leqslant 1 .$$

D'où l'on déduit :

(25) $\rho|f| \leq (f,u-v) + M|u-v| + M\rho$

Reprenons l'approximation Yosida (18) et reportons dans (25)

$$f = -\frac{du_\lambda}{dt}(t) \quad \text{et} \quad u = J_\lambda u_\lambda(t) \ ; \text{ on a}$$

$$\rho|A_\lambda u_\lambda(t)| = \rho\left|\frac{du_\lambda}{dt}(t)\right| \leq -\left(\frac{du_\lambda}{dt}(t), J_\lambda u_\lambda(t)-v\right) + M\,|J_\lambda u_\lambda(t)-v| + M\rho$$

$$\leq -\left(\frac{du_\lambda}{dt}(t), u_\lambda(t)-v\right) + M\,|u_\lambda(t)-v| + M\lambda|A_\lambda u_\lambda(t)| + M\rho$$

Par conséquent

$$(\rho-M\lambda)\ |A_\lambda u_\lambda(t)| \leq -\frac{1}{2}\ \frac{d}{dt}|u_\lambda-v|^2 + M|u_\lambda(t)-v| + M\rho$$

Intégrant sur $]0,T[$ et supposant $\rho-M\lambda > 0$, il vient

$$(\rho-M\lambda)T\ |A_\lambda u_\lambda(T)| \leq (\rho-M\lambda)\int_0^T |A_\lambda u_\lambda(t)|\ dt$$

$$\leq \frac{1}{2}|u_0-v|^2 + M\int_0^T |u_\lambda(t)-v|dt + M\rho\,T$$

(On a utilisé le fait que $t \mapsto |A_\lambda u_\lambda(t)|$ est décroissant).

Passant à la limite quand $\lambda \to 0$, on obtient $S(T)u_0 \in D(A)$ et

$$\rho T|A^\circ S(T)u_0| \leq \frac{1}{2}|u_0-v|^2 + M\int_0^T|S(t)u_0-v|dt + MT$$

(noter que $u_\lambda(t) \to S(t)u_0$ uniformément sur $[0,T]$).

Enfin

$$|S(t)u_0-v| \leq |S(t)u_0-S(t)v| + |S(t)v-v| \leq |u_0-v| + t|A^\circ v| \leq |u_0-v| + t\,M$$

Donc

$$\rho T|A^\circ S(T)u_0| \leq \frac{1}{2}(|u_0-v| + MT)^2 + MT$$

Appliquant à nouveau (25) avec $u = S(t)u_0$ et $f = -\frac{d^+}{dt}S(t)u_0$, $t > 0$, on a

$$\left|\frac{d^+}{dt}S(t)u_0\right| \leq -\frac{1}{2}\frac{d^+}{dt}|S(t)u_0-v|^2 + M|S(t)u_0-v| + M\rho$$

$$\leq -\frac{1}{2}\frac{d^+}{dt}|S(t)u_0-v|^2 + M|u_0-v| + M^2t + M\rho$$

Après intégration sur $]s,1[$ on voit que

$\int_s^1\left|\frac{d}{dt}S(t)u_0\right|dt \leq C$ où $C$ est borné quand $s \to 0$.

COROLLAIRE 3.1.
Supposons que $\dim H < +\infty$ et soit $A$ un opérateur maximal monotone de $H$.
Alors le semi groupe $S(t)$ engendré par $-A$ sur $\overline{D(A)}$ vérifie les conclusions du théorème 3.3.

En effet, on peut toujours supposer que $0 \in D(A)$. Soit $H_o$ l'espace engendré par $D(A)$ et soit $A_o = A \cap (H_o \times H_o)$. $A_o$ est maximal monotone dans $H_o$ et l'intérieur de conv $D(A_o)$ relativement à $H_o$ n'est pas vide. Il en résulte, d'après la proposition 2.9, que $\mathrm{Int}_{H_o} D(A_o) \neq \emptyset$. Enfin $S(t)$ coincide avec le semi groupe engendré par $-A_o$ sur $\overline{D(A_o)}$.

REMARQUE 3.5.

Lorsque A est un opérateur linéaire maximal monotone, la propriété $S(t)\,\overline{D(A)} \subset D(A)$ $\forall t > 0$ permet de conclure que la fonction $t \mapsto S(t)u_o$ est de classe $C^\infty$ sur $]0, +\infty[$ pour tout $u_o \in \overline{D(A)}$. Si on a de plus une estimation de la forme

$$|AS(t)u_o| \leq \frac{C}{t}\,|u_o| \qquad \forall u_o \in \overline{D(A)}\ ,\ \forall t > 0$$

la fonction $t \mapsto S(t)u_o$ peut être prolongée à un secteur du plan complexe en une fonction analytique ; on dit alors que $S(t)$ est un semi groupe analytique. Il n'en est pas de même dans le cas non linéaire. A l'aide du théorème 3.2. (ou 3.3.) on peut construire aisément des exemples de semi groupes vérifiant $S(t)\,\overline{D(A)} \subset D(A)$ $\forall t > 0$ et tels que $t \mapsto S(t)u_o$ ne soit pas de classe $C^1$ sur $]0, +\infty[$

## 2 - RESOLUTION DE L'EQUATION $\frac{du}{dt} + Au \ni f$, $u(0) = u_o$ ; NOTION DE SOLUTION FAIBLE

DEFINITION 3.1.

Soient A un opérateur de H et $f \in L^1(0,T;H)$. On appelle solution forte de l'équation $\frac{du}{dt} + Au \ni f$ toute fonction $u \in C([0,T]; H)$, absolument continue sur tout compact de $]0,T[$ (et donc d'après le corollaire A.2 de l'appendice, u est dérivable p.p. sur $]0,T[$), vérifiant $u(t) \in D(A)$ et $\frac{du}{dt}(t) + Au(t) \ni f(t)$ p.p. sur $]0,T[$ .

On dit que $u \in C([0,T]; H)$ est solution faible de l'équation $\frac{du}{dt} + Au \ni f$ s'il existe des suites $f_n \in L^1(0,T;H)$ et $u_n \in C([0,T];H)$ telles que $u_n$ soit une solution forte de l'équation $\frac{du_n}{dt} + Au_n \ni f_n$, $f_n \to f$ dans $L^1(0,T;H)$ et $u_n \to u$ uniformément sur $[0,T]$.

Dégageons d'abord quelques estimations élémentaires

LEMME 3.1.

Soient A un opérateur monotone, f et $g \in L^1(0,T;H)$, u et v des solutions faibles des équations $\frac{du}{dt} + Au \ni f$ et $\frac{dv}{dt} + Av \ni g$. On a

$$(26) \quad |u(t)-v(t)| \leq |u(s)-v(s)| + \int_s^t |f(\sigma)-g(\sigma)|\,d\sigma \qquad \forall 0 \leq s \leq t \leq T$$

$$(27) \quad (u(t)-u(s),u(s)-x) \leq \frac{1}{2}|u(t)-x|^2 - \frac{1}{2}|u(s)-x|^2 \leq \int_s^t (f(\sigma)-y,\ u(\sigma)-x)\,d\sigma$$

$$\forall 0 \leq s \leq t \leq T\ ,\ \forall [x,y] \in A\ .$$

Ces estimations étant stables par passage à la limite dans $C([0,T];H) \times L^1(0,T;H)$, on peut supposer que u et v sont des solutions

fortes. On a alors, grâce à la monotonie de A, p.p. sur $]0,T[$

$$\frac{1}{2}\ \frac{d}{dt}|u(t)-v(t)|^2 = (\frac{du}{dt}(t)-\frac{dv}{dt}(t),u(t)-v(t)) \leqslant (f(t)-g(t),u(t)-v(t)).$$

Puisque $|u(t)-v(t)|^2$ est absolument continu sur tout compact de $]0,T[$ et continu sur $[0,T]$, on a, en intégrant sur $]s,t[$

$$(28)\quad \frac{1}{2}|u(t)-v(t)|^2 - \frac{1}{2}|u(s)-v(s)|^2 \leqslant \int_s^t (f(\sigma)-g(\sigma),u(\sigma)-v(\sigma))d\sigma$$

D'où l'on déduit (26) grâce au lemme A.5 de l'appendice. La seconde inégalité de (27) est obtenue en prenant dans (28) $g \equiv y$ et $v \equiv x$. La vérification de la première inégalité de (27) est immédiate.

THEOREME 3.4.

*Soit* A *un opérateur maximal monotone de* H. *Pour tout* $f \in L^1(0,T;H)$ *et tout* $u_o \in \overline{D(A)}$, *il existe une solution faible unique* u *de l'équation* $\frac{du}{dt} + Au \ni f$ *telle que* $u(0) = u_o$.

L'unicité résulte directement de (26). Démontrons l'existence. Supposons d'abord que $u_o \in D(A)$ et que f est une fonction en escalier définie sur la subdivision $0 = a_o < a_1 < \dots < a_n = T$ par $f \equiv y_i$ sur $]a_{i-1}, a_i[$ . Désignons par $S_i(t)$ le semi groupe engendré par l'opérateur maximal monotone $-(A-y_i)$. Définissons u(t) par $u(0) = u_o$ et $u(t) = S_i(t-a_{i-1})\ u(a_{i-1})$ pour $t \in [a_{i-1},a_i]$ . Il est clair, d'après le théorème 3.1 que u est solution forte de l'équation $\frac{du}{dt} + Au \ni f$.

Considérons maintenant le cas où $u_o \in \overline{D(A)}$ et $f \in L^1(0,T;H)$. Il existe une suite $f_n$ de fonctions en escalier sur $[0,T]$ telle que $f_n \to f$ dans $L^1(0,T;H)$ et une suite $u_{on} \in D(A)$ telle que $u_{on} \to u_o$ dans H. Soit $u_n$ la solution forte de l'équation $\frac{du_n}{dt} + Au_n \ni f_n$ telle que $u_n(0) = u_{on}$. Grâce à (26), on a

$$|u_n(t)-u_m(t)| \leqslant |u_{on}-u_{om}| + \int_0^t|f_n(\sigma)-f_m(\sigma)|d\sigma \qquad \forall t \in [0,T]$$

Donc, $u_n$ converge uniformément vers une fonction continue u telle que $u(0) = u_o$ et qui est solution faible de l'équation $\frac{du}{dt} + Au \ni f$ (par définition !).

REMARQUE 3.6.

Soit A maximal monotone et soit $u_o \in \overline{D(A)}$ *fixé* ; l'opérateur qui à $f \in L^2(0,T;H)$ fait correspondre la solution faible de l'équation $\frac{du}{dt} + Au \ni f$, $u(0) = u_o$, est maximal monotone dans $L^2(0,T;H)$. En effet d'après (28) il est monotone ; de plus il est partout défini et continu grâce à (26).

La propriété suivante est fondamentale dans l'étude des solutions faibles.

THEOREME 3.5.

*Soient* A *un opérateur maximal monotone,* $f \in L^1(0,T;H)$ *et* $u \in C([0,T];H)$ *une solution faible de l'équation* $\frac{du}{dt} + Au \ni f$.
*Soit* $t_o \in [0,T[$ *un point de Lebesgue à droite de* f *(resp.* $t_o \in ]0,T[$ *un point de Lebesgue de* f*) ; on pose* $f(t_o+0) = \lim_{h \downarrow 0} \frac{1}{h}\int_{t_o}^{t_o+h} f(s)ds$.
*Alors les propriétés suivantes sont équivalentes*

(i) $u(t_o) \in D(A)$

(ii) $\lim_{h\downarrow 0} \inf \frac{1}{h} |u(t_o+h)-u(t_o)| < +\infty$ (resp. $\lim_{\substack{h\to 0\\ h\neq 0}} \inf \frac{1}{h}|u(t_o+h)-u(t_o)| < +\infty$)

(iii) u *est dérivable à droite en* $t_o$

*Dans ce cas* $\frac{d^+u}{dt}(t_o) = (f(t_o+0)-Au(t_o))^\circ = f(t_o+0)-\mathrm{Proj}_{Au(t_o)} f(t_o+0)$

On utilisera dans la démonstration le lemme suivant

LEMME 3.2.

Soient A un opérateur maximal monotone, $f \in L'(0,T;H)$ et $u \in C([0,T];H)$ une solution faible de l'équation $\frac{du}{dt} + Au \ni f$.
Soit $t_n$ une suite de $[0,T]$ telle que $t_n \to t_o$, $t_n \neq t_o$,

$$\frac{u(t_n)-u(t_o)}{t_n-t_o} \rightharpoonup \alpha, \quad \frac{1}{t_n-t_o} \int_{t_o}^{t_n} f(s)ds \rightharpoonup \beta \quad \text{et} \quad \frac{1}{t_n-t_o} \int_{t_o}^{t_n} |f(s)|ds$$

soit borné.
Alors $u(t_o) \in D(A)$ et $\beta - \alpha \in Au(t_o)$.

DEMONSTRATION DU LEMME 3.2.

Soit $[x,y] \in A$ ; d'après le lemme 3.1. u vérifie l'inéquation

$$(u(t)-u(s),\ u(s)-x) \leq \int_s^t (f(\sigma)-y, u(\sigma)-x)d\sigma \qquad \forall 0 \leq s \leq t \leq T$$

Or $\frac{1}{t_n - t_o} \int_{t_o}^{t_n} (f(\sigma)-y, u(\sigma)-x)d\sigma$ converge vers $(\beta-y, u(t_o)-x)$

D'autre part si $t_n > t_o$, $(\frac{u(t_n)-u(t_o)}{t_n-t_o}, u(t_o)-x) \leq \frac{1}{t_o-t_n} \int_{t_o}^{t_n}(f(\sigma)-y,u(\sigma)-x)d$

et si $t_n < t_n$, $(\frac{u(t_o)-u(t_n)}{t_o-t_n}, u(t_n)-x) \leq \frac{1}{t_o-t_n} \int_{t_n}^{t_o}(f(\sigma)-y,u(\sigma)-x)d\sigma$

Dans tous les cas, on a, à la limite

$$(\alpha, u(t_o)-x) \leq (\beta-y,\ u(t_o)-x) \qquad \forall [x,y] \in A$$

Donc $u(t_o) \in D(A)$ et $\beta - \alpha \in Au(t_o)$.

DEMONSTRATION DU THEOREME 3.5.

L'implication (iii) $\Rightarrow$(ii) est immédiate et l'implication (ii) $\Rightarrow$ (i) résulte du lemme 3.2.. Supposons maintenant que $u(t_o) \in D(A)$ ; appliquant (26) avec $g(t) \equiv f(t_o+0)-(f(t_o+0)-Au(t_o))^\circ$ et $v(t) \equiv u(t_o)$, on a

$$|u(t_o+h)-u(t_o)| \leq \int_{t_o}^{t_o+h} |f(\sigma)-f(t_o+0)+(f(t_o+0)-Au(t_o))^\circ|d\sigma$$

et donc

$$\limsup_{h\downarrow 0} \frac{1}{h}|u(t_o+h)-u(t_o)| \leq |(f(t_o+0)-Au(t_o))^\circ|$$

Pour toute suite $h_n \downarrow 0$ telle que $\frac{1}{h_n}(u(t_o+h_n)-u(t_o)) \rightharpoonup \alpha$, on a, d'après le lemme 3.2., $f(t_o+0)-\alpha \in Au(t_o)$ ; d'où $\alpha = (f(t_o+0)-Au(t_o))^\circ$. Par conséquent u est dérivable à droite en $t_o$ et

$$\frac{d^+u}{dt}(t_o) = (f(t_o+0) - Au(t_o))^\circ.$$

On établit aisément la proposition suivante :

PROPOSITION 3.2.

Soient A un opérateur maximal monotone, $f \in L^1(0,T;H)$ et $u \in C([0,T];H)$.

Alors les propriétés suivantes sont équivalentes.

(i) u est solution forte de l'équation $\frac{du}{dt} + Au \ni f$

(ii) u est absolument continue sur tout compact de $]0,T[$ et u est solution faible de l'équation $\frac{du}{dt} + Au \ni f$

(iii) u est absolument continue sur tout compact de $]0,T[$ et u vérifie

$$(u(t)-u(s),u(s)-x) \leq \int_s^t (f(\sigma)-y,\ u(\sigma)-x)d\sigma \qquad \forall [x,y] \in A\ ,\ \forall 0 \leq s \leq t \leq T$$

Lorsque f est plus régulière on a la

PROPOSITION 3.3.

Soit A un opérateur maximal monotone, $f \in VB(0,T;H)$ [1] et $u \in C([0,T];H)$ une solution faible de l'équation $\frac{du}{dt} + Au \ni f$.
Les propriétés suivantes sont équivalentes
(i) $u(0) \in D(A)$
(ii) u est lipschitzienne sur $[0,T]$

Dans ce cas $u(t) \in D(A)$ pour tout $t \in [0,T]$, u est dérivable à droite en tout $t \in [0,T[$ et $\frac{d^+u}{dt}(t) = (f(t+0)-Au(t))^\circ$
Si on suppose de plus que $f \in W^{1,1}(0,T;H)$ [2], alors $\frac{d^+u}{dt}$ est continue à droite en tout $t \in [0,T[$ ; $\frac{d^+u}{dt}$ est continue en $t_0 \in ]0,T[$ si et seulement si $|\frac{d^+u}{dt}|$ est continue en $t_0$ et alors u est dérivable en $t_0$.
Lorsque A est univoque et f est continue, alors u est faiblement dérivable sur $]0,T[$ et $\frac{du}{dt}$ est faiblement continue sur $]0,T[$.

Supposons d'abord u lipschitzienne ; comme f admet en tout $t \in [0,T[$ une limite à droite, les hypothèses du théorème 3.5. sont satisfaites. On en déduit en particulier que, pour tout $t \in [0,T[$, $u(t) \in D(A)$, u est dérivable en t et $\frac{d^+u}{dt}(t) = (f(t+0)-Au(t))^\circ$. Enfin $u(T) \in D(A)$ car $|\frac{d^+u}{dt}(t)|$ est borné quand $t \to T$.

Inversement si $u(0) \in D(A)$, on sait grâce au théorème 3.5 que u est dérivable à droite en 0. D'après (26), appliqué avec $g(t) = f(t+h)$ et $v(t) = u(t+h)$, on a

$$|u(t+h)-u(t)| \leq |u(h)-u(0)| + \int_0^t |f(\sigma+h)-f(\sigma)|d\sigma \qquad \text{pour tout } t \in ]0,T-h[$$

Donc pour h assez petit, on a $|u(t+h)-u(t)| \leq Ch$
Si $f \in W^{1,1}(0,T;H)$, on a d'après (26)

$$(29)\qquad |\frac{d^+u}{dt}(t)| \leq |\frac{d^+u}{dt}(s)| + \int_s^t |\frac{df}{dt}(\sigma)|d\sigma \qquad \forall 0 \leq s \leq t < T$$

(utiliser aussi la proposition A .2 de l'appendice).
Par suite $\limsup_{t \downarrow t_0} |\frac{d^+u}{dt}(t)| \leq |\frac{d^+u}{dt}(t_0)|$. Soit $t_n \downarrow t_0$ tel que $\frac{d^+u}{dt}(t_n) \to \eta$ ; on a $f(t_n) - \frac{d^+u}{dt}(t_n) \in Au(t_n)$ et par conséquent (proposition 2.5) $f(t_0)-\eta \in Au(t_0)$. Comme par ailleurs $|\eta| \leq |\frac{d^+u}{dt}(t_0)| = |(f(t_0)-Au(t_0))^\circ|$, on a $\eta = \frac{d^+u}{dt}(t_0)$. On en déduit que $\frac{d^+u}{dt}(t) \to \frac{d^+u}{dt}(t_0)$ lorsque $t \downarrow t_0$.

(1) VB(0,T;H) désigne l'espace des fonctions à variation bornée sur [0,T] (Cf Appendice)
(2) $W^{1,1}(0,T;H)$ désigne l'espace des fonctions absolument continues sur [0,T] (Cf Appendice)

Un raisonnement analogue montre que la fonction $t \mapsto (f(t) - Au(t))^\circ$ est continue en $t_0$ si et seulement si $t \mapsto |(f(t)-Au(t))^\circ|$ est continue en $t_0$. Dans ce cas u est dérivable en $t_0$ puisque

$$\frac{u(t)-u(t_0)}{t-t_0} = \frac{1}{t-t_0} \int_{t_0}^{t} \frac{d^+u}{dt}(s)\, ds$$

Enfin si A est <u>univoque</u> la fonction $t \mapsto Au(t)$ est continue de $[0,T]$ dans $H_w$ (car $|Au(t)|$ est borné). Si f est continue, la fonction $t \mapsto \frac{d^+_w u}{dt}(t) = f(t)-Au(t)$ est continue de $[0,T]$ dans $H_w$ et par conséquent u est faiblement dérivable sur $]0,T[$.

<u>PROPOSITION 3.4</u>

Soit A un opérateur monotone ; on suppose que D(A) est fermé et que $A^\circ$ est borné sur les compacts de D(A). Soient $f \in L^p(0,T;H)$ avec $1 \leq p \leq +\infty$ et $u_0 \in \overline{D(A)}$ $(=D(A))$. Alors il existe une fonction $u \in W^{1,p}(0,T;H)$(1) unique telle que $\frac{du}{dt}(t)+Au(t) \ni f(t)$ p.p. sur $]0,T[$, $u(0)=u_0$. De plus u est dérivable à droite en tout point de Lebesgue à droite de f et $\frac{d^+u}{dt}(t_0) = (f(t_0+0)-Au(t_0))^\circ$.

En effet, soit $u \in C([0,T];H)$ la solution faible de l'équation $\frac{du}{dt} + Au \ni f$ avec $u(0) = u_0$. $A^\circ$ est borné sur le compact $u([0,T])$ contenu dans $\overline{D(A)} = D(A)$. Appliquant (26) avec $g(t) \equiv A^\circ u(s)$ et $v(t) \equiv u(s)$, on obtient pour $0 \leq s \leq t \leq T$,

$$|u(t)-u(s)| \leq \int_s^t |f(\sigma)-A^\circ u(s)|d\sigma \leq \int_s^t|f(\sigma)|d\sigma + M(t-s)$$

Donc $u \in W^{1,p}(0,T;H)$

<u>REMARQUE 3.7</u>

L'hypothèse de la proposition 3.4 est évidemment vérifiée si $A = \partial I_C$ où C est la fonction indicatrice d'un convexe fermé C ainsi que dans le cas où D(A) = H (proposition 2.9.).

<u>PROPOSITION 3.5.</u>

Soit A un opérateur maximal monotone avec D(A) fermé. Soient $f \in C([0,T]; H)$ et $u_0 \in D(A)(=\overline{D(A)})$. Alors il existe une fonction $u \in C([0,T];H)$ unique telle que en tout $t \in [0,T[$, u est dérivable à droite $\frac{d^+u}{dt}(t)+Au(t) \ni f(t)$ et $u(0) = u_0$. De plus u coïncide avec la solution faible de l'équation $\frac{du}{dt} + Au \ni f$, $u(0) = u_0$.

---

(1) $W^{1,p}(0,T;H)$ désigne l'espace des fonctions absolument continues sur $[0,T]$ telles que $\frac{du}{dt} \in L^p(0,T;H)$ (Cf Appendice).

Soit u la solution faible de l'équation $\frac{du}{dt} + Au \ni f$, $u(0)=u_o$. Il résulte du théorème 3.5. que u est dérivable à droite en tout $t \in [0,T[$ avec $\frac{d^+u}{dt}(t) + Au(t) \ni f(t)$. Pour l'unicité, il suffit de remarquer que si u et v sont deux solutions, on a $\frac{1}{2}\frac{d^+}{dt}|u(t)-v(t)|^2 \leq 0$ en tout $t \in [0,T[$ et par suite u = v (lemme A.2)

Le résultat suivant caractérise les solutions faibles à l'aide d'une inéquation intégrale

PROPOSITION 3.6.

Soient A un opérateur maximal monotone, $u \in C([0,T];H)$ et $f \in L^1(0,T;H)$.
Alors u est solution faible de l'équation $\frac{du}{dt} + Au \ni f$ si et seulement si u vérifie

$$(30)\quad \frac{1}{2}|u(t)-x|^2 \leq \frac{1}{2}|u(s)-x|^2 + \int_s^t (f(\sigma)-y,u(\sigma)-x)d\sigma$$
$$\forall [x,y] \in A,\ \forall 0 \leq s \leq t \leq T .$$

La condition est évidemment nécessaire d'après (27). Montrons qu'elle est suffisante .

D'abord $u_o = u(0) \in \overline{D(A)}$. En effet pour tout $\lambda > 0$

$$\frac{1}{2}|u(t)-J_\lambda u_o|^2 \leq \frac{1}{2}|u_o-J_\lambda u_o|^2 + \int_0^t (f(\sigma)-A_\lambda u_o,u(\sigma)-J_\lambda u_o)d\sigma$$

soit $\int_0^t (u_o-J_\lambda u_o,u(\sigma)-J_\lambda u_o)d\sigma \leq \lambda\{\frac{1}{2}|u_o-J_\lambda u_o|^2 + \int_0^t (f(\sigma),u(\sigma)-J_\lambda u_o)d\sigma\}$

et à la limite lorsque $\lambda \to 0$,

$$\int_0^t (u_o-\mathrm{Proj}_{\overline{D(A)}}u_o,u(\sigma)-\mathrm{Proj}_{\overline{D(A)}}u_o)d\sigma \leq 0$$

Divisant par t > 0 et faisant tendre t vers 0, on obtient

$$|u_o-\mathrm{Proj}_{\overline{D(A)}}u_o|^2 = 0$$

Soient maintenant $v_o \in D(A)$ et $g \in W^{1,1}(0,T;H)$ ; soit v(t) la solution (forte) de l'équation $\frac{dv}{dt} + Av \ni g$, $v(0) = v_o$, avec $\frac{dv}{dt} \in L^\infty(0,T;H)$. Prenant $x = v(s)$ et $y = g(s) - \frac{d^+v}{dt}(s)$ dans (30), on a

$$\frac{1}{2}|u(t)-v(s)|^2 \leq \frac{1}{2}|u(s)-v(s)|^2 + \int_s^t (f(\sigma)-g(s)+\frac{d^+v}{dt}(s),u(\sigma)-v(s))d\sigma$$

et par suite

$$\frac{1}{2}|u(t)-v(t)|^2 - \frac{1}{2}|u(s)-v(s)|^2 \leqslant (v(s)-v(t),u(t)-v(t))$$

$$+ \int_s^t (f(\sigma)-g(s)+\frac{d^+v}{dt}(s),u(\sigma)-v(s))d\sigma \leqslant C_1(t-s)+C_2 \int_s^t |f(\sigma)|d\sigma$$

avec $C_1 = (2||\frac{dv}{dt}||_{L^\infty(0,T;H)} + ||g||_{L^\infty(0,T;H)})(||u||_{L^\infty(0,T;H)} + ||v||_{L^\infty(0,T;H)})$

On déduit alors du lemme A.2 que la fonction $t \mapsto \frac{1}{2}|u(t)-v(t)|^2$ est dérivable p.p. sur $]0,T[$ , $\frac{1}{2}\frac{d}{dt}|u(t)-v(t)|^2 \in L^1(0,T)$ et

$$\frac{1}{2}|u(t)-v(t)|^2 \leqslant \frac{1}{2}|u(s)-v(s)|^2 + \int_s^t \frac{1}{2}\frac{d}{dt}|u(t)-v(t)|^2 dt ,$$

$$\forall 0 \leqslant s \leqslant t \leqslant T .$$

Par ailleurs, on a p.p. sur $]0,T[$

$$\frac{1}{2}\frac{d}{dt}|u(s)-v(s)|^2 \leqslant -(\frac{d^+v}{dt}(s),u(s)-v(s)) + (f(s)-g(s)+\frac{d^+v}{dt}(s),u(s)-v(s))$$

$$= (f(s)-g(s),u(s)-v(s)).$$

Il en résulte que

$$\frac{1}{2}|u(t)-v(t)|^2 \leqslant \frac{1}{2}|u(0)-v(0)|^2 + \int_0^t (f(s)-g(s),u(s)-v(s))ds$$

Considérons maintenant une suite $g_n \in W^{1,1}(0,T;H)$ telle que $g_n \to f$ dans $L^1(0,T;H)$ et une suite $v_{on} \in D(A)$ telle que $v_{on} \to u(0)$ dans H.
Soit $v_n$ la solution (forte) de l'équation $\frac{dv_n}{dt} + Av_n \ni g_n$ , $v_n(0) = v_{on}$ .

On a donc

$$\frac{1}{2}|u(t)-v_n(t)|^2 \leqslant \frac{1}{2}|u(0)-v_{on}|^2 + \int_0^t (f(s)-g_n(s),u(s)-v_n(s))ds$$

On sait que $v_n(t)$ converge uniformément vers la solution faible $\hat{u}$ de l'équation $\frac{d\hat{u}}{dt} + A\hat{u} \ni f$ , $\hat{u}(0) = u(0)$.
A la limite on obtient $\frac{1}{2}|u(t)-\hat{u}(t)|^2 \leqslant 0$.

Indiquons enfin le résultat suivant :

PROPOSITION 3.7.

Soit A un opérateur maximal monotone et soit X un espace de Banach réflexif de norme $\| \ \|$ tel que $D(A) \subset X$. On suppose qu'il existe $a > 0$, tel que

$$(y_1-y_2, x_1-x_2) \geq a\|x_1-x_2\|^2 \qquad \forall [x_1,y_1], [x_2,y_2] \in A$$

Soient $f \in VB(0,T;H)$ et $u_0 \in D(A)$ ; alors la solution u de l'équation $\frac{du}{dt} + Au \ni f$, $u(0) = u_0$ appartient à $W^{1,2}(0,T;X)$

En effet on a directement

$$\frac{d}{dt}\frac{1}{2}|u(t+h)-u(t)|^2 + a\|u(t+h)-u(t)\|^2 \leq (f(t+h)-f(t), u(t+h)-u(t))$$

et donc

$$a\int_0^{T-h} \|u(t+h)-u(t)\|^2 dt \leq \frac{1}{2}|u(h)-u(0)|^2 + \int_0^{T-h} |f(t+h)-f(t)|\ |u(t+h)-u(t)|dt$$

$$\leq Ch^2$$

puisque u est lipschitzienne et $f \in VB(0,T;H)$.

On conclut à l'aide de la proposition A.7.

## 3 - CAS OÙ $A = \partial\varphi$

Dans le cas particulier où A est le sous différentiel d'une fonction convexe, les solutions faibles de l'équation $\frac{du}{dt} + Au \ni f$ sont en fait des solutions fortes dès que $f \in L^2(0,T;H)$. On supposera dans ce paragraphe que $\varphi$ est une fonction convexe s.c.i. telle que $\operatorname{Min}\varphi = 0$ ; on pose $A = \partial\varphi$ et $K = \{v \in H ; \varphi(v) = 0\}$.

THEOREME 3.6.

*Soit* $f \in L^2(0,T;H)$ ; *alors toute solution faible de l'équation* $\frac{du}{dt} + Au \ni f$ *est une solution forte et* $\sqrt{t}\,\frac{du}{dt}(t) \in L^2(0,T;H)$

*On a les estimations*

$$(31) \quad \left[\int_0^T \left|\frac{du}{dt}(t)\right|^2 t\, dt\right]^{1/2} \leq \left[\int_0^T |f(t)|^2 t\, dt\right]^{1/2} + \frac{1}{\sqrt{2}}\int_0^T |f(t)|dt + \frac{1}{\sqrt{2}}\operatorname{dist}(u(0),K)$$

$$(32) \quad \left[\int_\delta^T \left|\frac{du}{dt}(t)\right|^2 dt\right]^{1/2} \leq \left[\int_0^T |f(t)|^2 dt\right]^{1/2} + \frac{1}{\sqrt{2\delta}}\int_0^\delta |f(t)|dt + \frac{1}{\sqrt{2\delta}}\operatorname{dist}(u(0),K) \qquad \forall \delta \in\, ]0,T[$$

*La fonction* $t \mapsto \varphi(u(t))$ *appartient à* $L^1(0,T)$ *et elle est absolument continue sur tout intervalle* $[\delta,T]$ $\forall\delta \in ]0,T[$ *avec* $|\frac{du}{dt}|^2 + \frac{d}{dt}\varphi(u) = (f,\frac{du}{dt})$ p.p. sur $]0,T[$.
*Enfin si* $u(0) \in D(\varphi)$ *alors* $\frac{du}{dt} \in L^2(0,T;H)$ *avec*

$$\left[\int_0^T |\frac{du}{dt}(t)|^2 dt\right]^{1/2} \leq \left[\int_0^T |f(t)|^2 \ dt\right]^{1/2} + \sqrt{\varphi(u(0))},$$

*et la fonction* $t \mapsto \varphi(u(t))$ *est absolument continue sur* $[0,T]$

On utilisera dans la démonstration le lemme suivant :

LEMME 3.3.

Soit $u \in W^{1,2}(0,T;H)$ tel que $u(t) \in D(A)$ p.p. sur $]0,T[$.
On suppose qu'il existe $g \in L^2(0,T;H)$ tel que $g(t) \in Au(t)$ p.p. sur $]0,T[$.
Alors la fonction $t \mapsto \varphi(u(t)$ est absolument continue sur $[0,T]$ .

Désignons par $\mathcal{L}$ l'ensemble des points $t \in ]0,T[$ tels que $u(t) \in D(A)$, $u$ et $\varphi(u)$ soient dérivables en $t$. Alors, on a pour tout $t \in \mathcal{L}$

$$\frac{d}{dt} \varphi(u(t)) = (h, \frac{du}{dt}(t)) \qquad \forall h \in Au(t).$$

DEMONSTRATION DU LEMME 3.3.

Soit $g_\lambda(t) = A_\lambda u(t)$. On a $|g_\lambda(t)| \leq |A°u(t)| \leq |g(t)|$ et $g_\lambda(t) \to A°u(t)$ p.p. sur $]0,T[$; par suite $g_\lambda(t) \to A°u(t)$ dans $L^2(0,T;H)$.
D'autre part $\frac{d}{dt}\varphi_\lambda(u) = (A_\lambda u, \frac{du}{dt})$ p.p. sur $]0,T[$ ($\varphi_\lambda$ est défini à la proposition 2.11) et donc

$$\varphi_\lambda(u(t_2)) - \varphi_\lambda(u(t_1)) = \int_{t_1}^{t_2}(A_\lambda u, \frac{du}{dt})dt \qquad \forall t_1,t_2 \in [0,T]$$

Passant à la limite quand $\lambda \to 0$, on obtient

$$\varphi(u(t_2)) - \varphi(u(t_1)) = \int_{t_1}^{t_2}(A°u, \frac{du}{dt})dt$$

Par conséquent la fonction $t \mapsto \varphi(u(t))$ est absolument continue.
Enfin, soit $t_0 \in \mathcal{L}$ et soit $h \in Au(t_0)$. On a

$$\varphi(v) - \varphi(u(t_0)) \geq (h,v-u(t_0)) \qquad \forall v \in H$$

Prenant $v = u(t_0 \pm \varepsilon)$, $\varepsilon > 0$, on obtient après division par $\varepsilon$ et passage à la limite quand $\varepsilon \to 0$

$$\frac{d}{dt}\varphi(u(t_0)) = (h,\frac{du}{dt}(t_0)).$$

DEMONSTRATION DU THEOREME 3.6.

Supposons d'abord que $u(0) = u_0 \in D(\varphi)$ ; on peut alors appliquer la proposition 2.17 pour établir l'existence d'une solution forte.

En effet, soit $\mathcal{H} = L^2(0,T;H)$ et soit $\mathcal{B}u = \frac{du}{dt}$, avec $D(\mathcal{B}) = \{ u \in W^{1,2}(0,T;H) \ ; \ u(0) = u_0 \}$.

Il est immédiat que $\mathcal{B}$ est maximal monotone et que

$$u_\lambda(t) = (I+\lambda\mathcal{B})^{-1}u = e^{-\frac{t}{\lambda}} u_0 + \frac{1}{\lambda} \int_0^t e^{\frac{s-t}{\lambda}} u(s)ds$$

Soit d'autre part, sur $\mathcal{H}$

$$\Phi(u) = \begin{cases} \int_0^T \varphi(u(t))dt & \text{si } \varphi(u) \in L^1(0,T) \\ +\infty & \text{ailleurs} \end{cases}$$

On sait (Cf proposition 2.16) que $\Phi$ est convexe s.c.i. Comme $\varphi$ est convexe s.c.i. on a

$$\varphi(u_\lambda(t)) \leq e^{-\frac{t}{\lambda}} \varphi(u_0) + \frac{1}{\lambda} \int_0^t e^{\frac{s-t}{\lambda}} \varphi(u(s))ds$$

Intégrant cette inégalité sur $]0,T[$, il vient

$$\Phi(u_\lambda) = \int_0^T \varphi(u_\lambda(t))dt \leq \lambda(1-e^{-\frac{T}{\lambda}})\varphi(u_0) + \frac{1}{\lambda} \int_0^T dt \int_0^t e^{\frac{s-t}{\lambda}} \varphi(u(s))ds$$

$$= \lambda(1-e^{-\frac{T}{\lambda}})\varphi(u_0) + \int_0^T (1-e^{\frac{s-T}{\lambda}})\varphi(u(s))ds \leq \Phi(u)+\lambda\varphi(u_0)$$

Il résulte alors de la proposition 2.17 que $\mathcal{B}+\partial\Phi$ est un opérateur maximal monotone de $\mathcal{H}$; de plus si $u \in D(\mathcal{B})$, $f \in \mathcal{H}$ et $\frac{du}{dt} + \partial\varphi(u) \ni f$ p.p. sur $]0,T[$, alors

$$\left[\int_0^T \left|\frac{du}{dt}\right|^2 dt\right]^{1/2} \leq \left[\int_0^T |f|^2 dt\right]^{1/2} + \sqrt{\varphi(u_0)}.$$

On en déduit que $(\mathcal{B}+\partial\Phi)^{-1}$ est un opérateur borné de $\mathcal{H}$, et, grâce au corollaire 2.3, $\mathcal{B}+\partial\Phi$ est surjectif sur $\mathcal{H}$. Considérons maintenant le cas général où $u(0) = u_0 \in \overline{D(\varphi)}$. Soit $u_n$ la solution (forte) de l'équation

$$\frac{du_n}{dt} + Au_n \ni f \qquad \text{p.p. sur } ]0,T[ \ , \ u_n(0) = u_{0n}$$

Quand $n \to +\infty$, $u_n$ converge uniformément sur $[0,T]$ vers la solution faible de l'équation $\frac{du}{dt} + Au \ni f$, $u(0) = u_0$. D'après ce qui précède on a $u_n \in W^{1,2}(0,T;H)$ et il résulte du lemme 3.3. que :

$$(33) \qquad \left|\frac{du_n}{dt}\right|^2 + \frac{d}{dt}\varphi(u_n) = (f,\frac{du_n}{dt}) \qquad \text{p.p. sur } ]0,T[$$

Multipliant (33) par t et intégrant sur $]0,T[$ , on a

$$\int_0^T \left|\frac{du_n}{dt}\right|^2 t\,dt + T\varphi(u_n(T)) - \int_0^T\varphi(u_n(t))dt \leqslant \int_0^T|f(t)|\,\left|\frac{du_n}{dt}(t)\right|t\,dt$$

D'où l'on déduit que

$$(34) \quad \left[\int_0^T \left|\frac{du_n}{dt}(t)\right|^2 t\,dt\right]^{1/2} \leqslant \left[\int_0^T|f(t)|^2 t\,dt\right]^{1/2} + \left[\int_0^T\varphi(u_n(t))dt\right]^{1/2}$$

D'autre part on a

$$\varphi(v) - \varphi(u_n(t)) \geqslant (f(t) - \frac{du_n}{dt}(t), v - u_n(t)) \qquad \text{p.p. sur } ]0,T[$$

Donc si $v \in K$, on obtient

$$\varphi(u_n(t)) + \frac{1}{2}\,\frac{d}{dt}|u_n(t)-v|^2 \leqslant |f(t)|\;|u_n(t)-v| \;,$$

et par conséquent

$$\frac{1}{2}\left[|u_n(t)-v|^2 + 2\int_0^t\varphi(u_n(s))ds\right] \leqslant \frac{1}{2}|u_{on}-v|^2 + \int_0^t|f(s)|\;|u_n(s)-v|ds$$

$$\leqslant \frac{1}{2}|u_{on}-v|^2 + \int_0^t|f(s)|\left[|u_n(s)-v|^2 + 2\int_0^t\varphi(u_n(s))ds\right]^{1/2} ds$$

Il en résulte (cf lemme A.5) que

$$\left[|u_n(t)-v|^2 + 2\int_0^t\varphi(u_n(s))ds\right]^{1/2} \leqslant |u_{on}-v| + \int_0^t|f(s)|ds \;,$$

et en particulier

$$(35) \quad \left[\int_0^T\varphi(u_n(s))ds\right]^{1/2} \leqslant \frac{1}{\sqrt{2}}\,(|u_{on}-v| + \int_0^T |f(s)|ds).$$

Combinant les estimations (34) et (35), il vient

$$\left[\int_0^T \left|\frac{du_n}{dt}(t)\right|^2 t\,dt\right]^{1/2} \leqslant \left[\int_0^T |f(t)|^2 t\,dt\right]^{1/2} + \frac{1}{\sqrt{2}}\int_0^T |f(s)|ds + \frac{1}{\sqrt{2}}\,|u_{on}-v|$$

Le passage à la limite quand $n \to +\infty$ est immédiat et conduit à (31)

On établit aisément que $\varphi(u) \in L^1(0,T)$ à partir de (35).

Enfin d'après le théorème de la moyenne appliqué à (35) il existe $t_n \in ]0,\delta[$ tel que

$$\varphi(u_n(t_n)) = \frac{1}{\delta}\int_0^\delta\varphi(u_n(s))ds \leqslant \frac{1}{2\delta}\left[|u_{on}-v| + \int_0^\delta |f(s)|ds\right]^2.$$

Intégrant (33) sur $]t_n,T[$ , on a

$$\int_{t_n}^T |\frac{du_n}{dt}|^2 \, dt \leq \varphi(u_n(t_n)) + \int_{t_n}^T |f| \, |\frac{du_n}{dt}| \, dt$$

Donc

$$\left[\int_\delta^T |\frac{du_n}{dt}|^2 \, dt\right]^{1/2} \leq \left[\int_{t_n}^T |\frac{du_n}{dt}|^2 \, dt\right]^{1/2} \leq \left[\int_{t_n}^T |f|^2 \, dt\right]^{1/2} + \sqrt{\varphi(u_n(t_n))}$$

$$\leq \int_0^T |f|^2 \, dt + \frac{1}{\sqrt{2\delta}} (|u_{on}-v| + \int_0^\delta |f(s)| \, ds).$$

Passant à la limite quand $n \to +\infty$, on obtient (32).

REMARQUE 3.8

Supposons que $f \in L^1(0,T;H) \cap L^2_{loc}(0,T;H)$ ; alors toute solution faible de l'équation $\frac{du}{dt} + \partial\varphi(u) \ni f$ , est une solution forte et $\frac{du}{dt} \in L^2_{loc}(0,T;H)$. En effet soit $[a,b] \subset ]0,T[$ ; u est une solution faible de l'équation $\frac{du}{dt} + \partial\varphi(u) \ni f$ sur $[a,b]$ et d'après le théorème 3.6., u est une solution forte sur $[a,b]$ avec $\sqrt{t-a}\,\frac{du}{dt}(t) \in L^2(a,b;H)$.

REMARQUE 3.9

Soit $f \in L^2(0,T;H)$ et soit u une solution de l'équation $\frac{du}{dt} + \partial\varphi(u) \ni f$. Avec les notations de la remarque 3.4., on a p.p. sur $]0,T[$

$$\frac{du}{dt}(t) + E^\circ(\partial\varphi(u(t)) - f(t)) = 0$$

i.e. $$\frac{du}{dt}(t) + \mathrm{Proj}_{E(\partial\varphi(u(t)))} f(t) = f(t)$$

On obtient des propriétés supplémentaires lorsque f est régulière.

THEOREME 3.7.

*Soit* $f \in W^{1,1}(0,T;H)$. *Alors toute solution de l'équation* $\frac{du}{dt} + Au \ni f$ *vérifie*

$u(t) \in D(A)$ *pour tout* $t \in ]0,T]$

u *est dérivable à droite en tout* $t \in ]0,T[$ , $t\frac{du}{dt}(t) \in L^\infty(0,T;H)$

*et on a, pour tout* $t \in ]0,T[$ *l'estimation*

$$(36) \quad |\frac{d^+u}{dt}(t)| \leq |f(t)| + \frac{1}{t}\,\mathrm{dist}(u(0),K) + \int_0^t |\frac{df}{dt}(s)| \frac{s^2}{t^2} \, ds$$

$$+ \frac{\sqrt{2}}{t} \left[\int_0^t |\frac{df}{dt}(s)| s \, ds\right]^{1/2} \left[\mathrm{dist}(u(0),K) + \int_0^t |f(s)| ds\right]^{1/2}$$

On sait déjà (théorème 3.6.) que u est une solution forte.
On déduit alors de la proposition 3.3. que $u(t) \in D(A)$ pour tout $t \in \,]0,T]$, u est dérivable à droite en tout $t \in \,]0,T[$ avec $\frac{d^+u}{dt}(t) + (Au(t)-f(t))^\circ = 0$ et u est lipschitzienne sur $[\delta,T]$ $\forall \delta \in \,]0,T[$. Il reste donc à établir l'estimation (36).

Supposons d'abord que $u(0) \in D(\varphi)$.

On a (lemme 3.3.) p.p. sur $]0,T[$

$$\left|\frac{du}{dt}\right|^2 + \frac{d}{dt}\varphi(u) = \left(f,\frac{du}{dt}\right).$$

Multipliant cette équation par t et intégrant sur $]0,T[$ (ce qui est justifié puisque $\frac{du}{dt} \in L^2(0,T;H)$) on obtient

$$(37)\quad \int_0^T \left|\frac{du}{dt}(t)\right|^2 t\,dt + T\varphi(u(T)) = \int_0^T\varphi(u(t))dt + \int_0^T\left(f(t),\frac{du}{dt}(t)-\frac{dv}{dt}\right)t\,dt$$

$$= \int_0^T \varphi(u(t))dt + T(f(T),u(T)-v) - \int_0^T\left(u(t)-v,f(t)+t\frac{df}{dt}(t)\right)dt\,.$$

Par ailleurs

$$\varphi(v)-\varphi(u(t)) \geq \left(f(t)-\frac{du}{dt}(t),\ v-u(t)\right) \qquad \text{p.p. sur } ]0,T[$$

et donc si $v \in K$, on a

$$(38)\quad \int_0^T\varphi(u(t))dt \leq \int_0^T(f(t),u(t)-v)dt - \frac{1}{2}|u(T)-v|^2 + \frac{1}{2}|u(0)-v|^2\,.$$

Par addition de (37) et (38), il vient

$$\int_0^T \left|\frac{du}{dt}(t)\right|^2 t\,dt \leq \frac{1}{2}\,T^2\,|f(T)|^2 + \frac{1}{2}|u(0)-v|^2 - \int_0^T\left(u(t)-v\,,\ \frac{df}{dt}(t)\right)t\,dt\,.$$

Or, d'après (26)

$$|u(t)-v| \leq |u(0)-v| + \int_0^T |f(s)|ds\,.$$

Par conséquent

$$(39)\quad \int_0^T \left|\frac{du}{dt}(t)\right|^2 t\,dt \leq \frac{1}{2}\,T^2\,|f(T)|^2 + \frac{1}{2}\,|u(0)-v|^2 + \left(|u(0)-v| + \int_0^T |f(s)|ds\right) \int_0^T \left|\frac{df}{dt}(t)\right|\,t\,dt\,.$$

Rappelons que (Cf. (29))

$$\left|\frac{d^+u}{dt}(T)\right| \leq \left|\frac{d^+u}{dt}(t)\right| + \int_t^T \left|\frac{df}{dt}(s)\right|ds \qquad \forall t \in [0,T]$$

et d'autre part

$$\int_0^T \left|\frac{du}{dt}(t)\right| t\, dt \leq \frac{T}{\sqrt{2}} \left[\int_0^T \left|\frac{du}{dt}(t)\right|^2 t\, dt\right]^{1/2}.$$

Il en résulte que

$$\frac{T^2}{2}\left|\frac{d^+u}{dt}(T)\right| \leq \frac{T}{\sqrt{2}} \left[\int_0^T \left|\frac{du}{dt}(t)\right|^2 t\, dt\right]^{1/2} + \int_0^T t\, dt \int^T$$

c'est à dire

$$\left|\frac{d^+u}{dt}(T)\right| \leq \frac{\sqrt{2}}{T} \left[\int_0^T \left|\frac{du}{dt}(t)\right|^2 t\, dt\right]^{1/2} + \int_0^T|$$

On conclut à l'aide de (39).

Enfin dans le cas général où $u(0) \in \overline{D(}$

telle que $u_{on} \to u_o$ dans H.

La solution $u_n$ de l'équation $\frac{du_n}{dt}$ +

ment vers u. On a

$$|(Au_n(t)-f(t))^{\circ}| = \left|\frac{d^+u_n}{dt}(t)\right|$$

$$+ \frac{\sqrt{2}}{t}\left[\int_0^t\right.$$

Le passage à la limite



Pour tout $[x,y] \in A$ on a $(y-A^{\circ}v, x-v) \geq 0$, soit

$$(y,v-v_o) \leq (y,x-v_o) + M|x-v_o| + M \qquad \text{pour tout } v \text{ tel que } |v-v_o| \leq \rho$$

Il en résulte que

$$(40) \quad \rho|y| \leq (y,x-v_o) + M|x-v_o| + M\rho \qquad \forall [x,y] \in A$$

Soient alors $f_n \in L^1(0,T;H)$ et $u_n$ une solution forte de $\frac{du_n}{dt} + Au_n \ni f_n$ tels que $f_n \to f$ dans $L^1(0,T;H)$ et $u_n \to u$ uniformément sur $[0,T]$.

Appliquant l'estimation (40) on a p.p. sur $]0,T[$

$$\rho\left|f_n - \frac{du_n}{dt}\right| \leq \left(f_n - \frac{du_n}{dt}, u_n - v_o\right) + M|u_n - v_o| + M\rho$$

et donc

$$\rho\left|\frac{du_n}{dt}\right| \leq \rho(|f_n| + M) + |u_n - v_o|(|f_n| + M) - \frac{1}{2}\frac{d}{dt}|u_n - v_o|^2$$

Il en résulte, après intégration et passage à la limite

$$(41) \quad \rho|u(t)-u(s)| \leq \rho\int_s^t(|f(\tau)|+M)d\tau + \int_s^t |u(\tau)-v_o|(|f(\tau)|+M)$$

$$-\frac{1}{2}|u(t)-v_o|^2 \qquad \text{pour tout } 0$$

Cette estimation montre que u est à variation bornée

$$Var(u;[0,T]) \leq \int_0^T (|f(t)|+M)dt + \frac{1}{\rho}\int_0^T |u(t)-v_o|(|$$

Comme par ailleurs $|u(t)-v_o| \leq |u(0)-v_o| + \int_0^t($

on obtient finalement

$$(42) \quad Var(u;[0,T]) \leq \int_0^T (|f(t)|+M)dt + \frac{1}{}$$

Etablissons maintenan

D'après le lemme 3.4. appliqué avec

$C = Int\, \overline{D(A)} = Int\, D(A)$ et $x = u($

$|z-\xi|^2 - |u(t)-\xi|^2 \leq |z-u(t)|^2$

On sait déjà (théorème 3.6.) que u est une solution forte. On déduit alors de la proposition 3.3. que $u(t) \in D(A)$ pour tout $t \in ]0,T]$, u est dérivable à droite en tout $t \in ]0,T[$ avec $\frac{d^+u}{dt}(t) + (Au(t)-f(t))^\circ = 0$ et u est lipschitzienne sur $[\delta,T]$ $\forall\delta \in ]0,T[$. Il reste donc à établir l'estimation (36).

Supposons d'abord que $u(0) \in D(\varphi)$.

On a (lemme 3.3.) p.p. sur $]0,T[$

$$\left|\frac{du}{dt}\right|^2 + \frac{d}{dt}\varphi(u) = \left(f,\frac{du}{dt}\right).$$

Multipliant cette équation par t et intégrant sur $]0,T[$ (ce qui est justifié puisque $\frac{du}{dt} \in L^2(0,T;H)$) on obtient

$$(37)\quad \int_0^T \left|\frac{du}{dt}(t)\right|^2 t\,dt + T\varphi(u(T)) = \int_0^T\varphi(u(t))dt + \int_0^T\left(f(t),\frac{du}{dt}(t)-\frac{dv}{dt}\right)t\,dt$$

$$= \int_0^T \varphi(u(t))dt + T(f(T),u(T)-v) - \int_0^T\left(u(t)-v,f(t)+t\frac{df}{dt}(t)\right)dt.$$

Par ailleurs

$$\varphi(v)-\varphi(u(t)) \geq \left(f(t)-\frac{du}{dt}(t),\ v-u(t)\right) \qquad \text{p.p. sur } ]0,T[$$

et donc si $v \in K$, on a

$$(38)\quad \int_0^T\varphi(u(t))dt \leq \int_0^T(f(t),u(t)-v)dt - \frac{1}{2}|u(T)-v|^2 + \frac{1}{2}|u(0)-v|^2.$$

Par addition de (37) et (38), il vient

$$\int_0^T \left|\frac{du}{dt}(t)\right|^2 t\,dt \leq \frac{1}{2}\,T^2\,|f(T)|^2 + \frac{1}{2}|u(0)-v|^2 - \int_0^T\left(u(t)-v\ ,\ \frac{df}{dt}(t)\right)t\,dt.$$

Or, d'après (26)

$$|u(t)-v| \leq |u(0)-v| + \int_0^T |f(s)|ds.$$

Par conséquent

$$(39)\quad \int_0^T \left|\frac{du}{dt}(t)\right|^2 t\,dt \leq \frac{1}{2}\,T^2\,|f(T)|^2 + \frac{1}{2}\,|u(0)-v|^2 +$$

$$+ \left(|u(0)-v| + \int_0^T |f(s)|ds\right) \int_0^T \left|\frac{df}{dt}(t)\right|\,t\,dt.$$

Rappelons que (Cf. (29))

$$\left|\frac{d^+u}{dt}(T)\right| \leq \left|\frac{d^+u}{dt}(t)\right| + \int_t^T \left|\frac{df}{dt}(s)\right|\,ds \qquad \forall t \in [0,T]$$

et d'autre part

$$\int_0^T \left|\frac{du}{dt}(t)\right| t\, dt \leqslant \frac{T}{\sqrt{2}} \left[\int_0^T \left|\frac{du}{dt}(t)\right|^2 t\, dt\right]^{1/2}.$$

Il en résulte que

$$\frac{T^2}{2}\left|\frac{d^+u}{dt}(T)\right| \leqslant \frac{T}{\sqrt{2}} \left[\int_0^T \left|\frac{du}{dt}(t)\right|^2 t\, dt\right]^{1/2} + \int_0^T t\, dt \int_t^T \left|\frac{df}{dt}(s)\right| ds ,$$

c'est à dire

$$\left|\frac{d^+u}{dt}(T)\right| \leqslant \frac{\sqrt{2}}{T} \left[\int_0^T \left|\frac{du}{dt}(t)\right|^2 t\, dt\right]^{1/2} + \int_0^T \left|\frac{df}{dt}(t)\right| \frac{t^2}{T^2}\, dt.$$

On conclut à l'aide de (39).

Enfin dans le cas général où $u(0) \in \overline{D(\varphi)}$, on considère une suite $u_{on} \in D(\varphi)$ telle que $u_{on} \to u_o$ dans H.

La solution $u_n$ de l'équation $\frac{du_n}{dt} + Au_n \ni f$, $u_n(0) = u_{on}$, converge uniformément vers u. On a

$$|(Au_n(t)-f(t))^\circ| = \left|\frac{d^+u_n}{dt}(t)\right| \leqslant |f(t)| + \frac{1}{t}\,\mathrm{dist}\,(u_n(0),K) + \int_0^t \left|\frac{df}{dt}(s)\right| \frac{s^2}{t^2}\, ds$$

$$+ \frac{\sqrt{2}}{t} \left[\int_0^t \left|\frac{df}{dt}(s)\right| s\, ds\right]^{1/2} \left[\mathrm{dist}(u_n(0),K) + \int_0^t |f(s)|\, ds\right]^{1/2}.$$

Le passage à la limite est immédiat.

## 4 - CAS OU Int D(A) $\neq \emptyset$

Dans tout ce paragraphe A désigne un opérateur maximal monotone tel que Int D(A) $\neq \emptyset$. On a déjà établi au §III.1 que le semi-groupe engendré par $-A$ a un effet régularisant sur la donnée initiale. On se propose de montrer ici que les solutions faibles des équations avec second membre sont "en général" des solutions fortes.

THEOREME 3.8.

*Soit* $f \in L^1(0,T;H)$ *et soit* $u$ *une solution faible de l'équation* $\frac{du}{dt} + Au \ni f$.

*Alors*

*1°)* $u$ *est à variation bornée*

*2°)* $u(t) \in D(A)$ *pour tout* $t \in ]0,T]$ *tel que* $\liminf_{\substack{h \to 0 \\ h > 0}} \frac{1}{h} \int_{t-h}^{t} |f(s)|ds < +\infty$

On utilisera dans la démonstration le lemme géométrique suivant :

LEMME 3.4.

Soit C un convexe ouvert de H et soit $x \in \overline{C}$. Alors il existe $\xi \in C$ tel que

$$|z-\xi|^2 - |x-\xi|^2 \leqslant |z-x|^2 \qquad \forall z \in \overline{C}$$

Démonstration du Lemme 3.4.

On considère l'ensemble convexe fermé (non vide) $K = \{w \in H \ ; \ (w-x \ , \ z-x) \geqslant 0 \quad \forall z \in C\}$.

Si $K \cap C \neq \emptyset$, tout $\xi \in K \cap C$ répond au problème.

Supposons que $K \cap C = \emptyset$ ; on peut alors séparer K et C par un hyperplan fermé. Donc il existe $\eta \neq 0$ et k tels que

$$(\eta,u) \geqslant k \geqslant (\eta,v) \qquad \forall u \in C \ , \ \forall v \in K$$

Comme $x \in K \cap \overline{C}$, on a $(\eta,x) = k$ et par suite $\eta + x \in K$. D'où il résulte que $(\eta, \eta+x) \leqslant (\eta,x)$ et $\eta = 0$ ; on aboutit à une contradiction.

Démonstration du théorème 3.8.

Soit $v_0 \in$ Int D(A) ; d'après la proposition 2.9., il existe $\rho > 0$ et $M < +\infty$ tels que si $|v-v_0| \leqslant \rho$, on a $v \in D(A)$ et $|A^\circ v| \leqslant M$.

Pour tout $[x,y] \in A$ on a $(y-A^\circ v,\ x-v) \geqslant 0$, soit

$$(y, v-v_o) \leqslant (y, x-v_o) + M|x-v_o| + M \qquad \text{pour tout } v \text{ tel que } |v-v_o| \leqslant \rho$$

Il en résulte que

$$(40) \quad \rho|y| \leqslant (y, x-v_o) + M|x-v_o| + M\rho \qquad \forall [x,y] \in A$$

Soient alors $f_n \in L^1(0,T;H)$ et $u_n$ une solution forte de $\frac{du_n}{dt} + Au_n \ni f_n$ tels que $f_n \to f$ dans $L^1(0,T;H)$ et $u_n \to u$ uniformément sur $[0,T]$. Appliquant l'estimation (40) on a p.p. sur $]0,T[$

$$\rho\left|f_n - \frac{du_n}{dt}\right| \leqslant \left(f_n - \frac{du_n}{dt},\ u_n-v_o\right) + M|u_n-v_o| + M\rho$$

et donc

$$\rho\left|\frac{du_n}{dt}\right| \leqslant \rho(|f_n| + M) + |u_n-v_o|(|f_n|+M) - \frac{1}{2}\frac{d}{dt}|u_n-v_o|^2$$

Il en résulte, après intégration et passage à la limite

$$(41) \quad \rho|u(t)-u(s)| \leqslant \rho\int_s^t (|f(\tau)|+M)d\tau + \int_s^t |u(\tau)-v_o|(|f(\tau)|+M)d\tau + \frac{1}{2}|u(s)-v_o|^2$$

$$- \frac{1}{2}|u(t)-v_o|^2 \qquad \text{pour tout } 0 \leqslant s \leqslant t \leqslant T.$$

Cette estimation montre que u est à variation bornée avec

$$\mathrm{Var}(u;[0,T]) \leqslant \int_0^T (|f(t)|+M)dt + \frac{1}{\rho}\int_0^T |u(t)-v_o|(|f(t)|+M)dt + \frac{1}{2\rho}|u(0)-v_o|^2$$

Comme par ailleurs $|u(t)-v_o| \leqslant |u(0)-v_o| + \int_0^t (|f(s)|+M)ds$

on obtient finalement

$$(42) \quad \mathrm{Var}(u;[0,T]) \leqslant \int_0^T (|f(t)|+M)dt + \frac{1}{2\rho}\left[|u(0)-v_o| + \int_0^T (|f(s)|+M)ds\right]^2$$

Etablissons maintenant la seconde partie du théorème 3.8. D'après le lemme 3.4. appliqué avec

$C = \mathrm{Int}\,\overline{D(A)} = \mathrm{Int}\,D(A)$ et $x = u(t)$, il existe $\xi \in \mathrm{Int}\,D(A)$ tel que
$|z-\xi|^2 - |u(t)-\xi|^2 \leqslant |z-u(t)|^2 \qquad \forall z \in \overline{C}$

En particulier

$$|u(t-h)-\xi|^2 - |u(t) - \xi|^2 \leqslant |u(t-h) - u(t)|^2 \quad \text{pour tout } 0 < h < t.$$

Appliquant l'estimation (41) avec $v_0 = \xi$ et $s = t-h$, on a

$$\rho|u(t)-u(t-h)| \leqslant \rho\int_{t-h}^{t}(|f(\tau)|+M)d\tau + \int_{t-h}^{t}|u(\tau)-\xi|(|f(\tau)|+M)d\tau + \frac{1}{2}|u(t-h)-u(t)|^2$$

La fonction u étant continue en t, il existe $\delta > 0$ tel que pour $|h| < \delta$ on a $|u(t)-u(t-h)| < \rho$. Donc pour tout $h \in [0,\delta[$ on a

$$(43) \quad |u(t)-u(t-h)| \leqslant 2\int_{t-h}^{t}(|f(\tau)|+M)d\tau + \frac{2}{\rho}\int_{t-h}^{t}|u(\tau)-\xi|(|f(\tau)|+M)d\tau$$

Par hypothèse, il existe $h_n \downarrow 0$ tel que $\frac{1}{h_n}\int_{t-h_n}^{t}|f(\tau)|d\tau$ soit borné ; il en est de même pour

$\frac{1}{h_n}|u(t)-u(t-h_n)|$ et grâce au lemme 3.2, $u(t) \in D(A)$.

COROLLAIRE 3.2.

Soit $f \in W^{1,1}(0,T;H)$ et soit $u_0 \in \overline{D(A)}$.
Alors il existe une solution forte de l'équation $\frac{du}{dt} + Au \ni f$, $u(0) = u_0$ telle que $u(t) \in D(A)$ pour tout $t \in ]0,T]$, $\frac{du}{dt} \in L^1(0,T;H)$, $t\frac{du}{dt} \in L^\infty(0,T;H)$

En effet, on sait grâce au théorème 3.8. que $u(t) \in D(A)$ pour tout $t \in ]0,T]$, et d'après la proposition 3.3, u est lipschitzienne sur $[\delta,T]$ pour tout $\delta > 0$. Comme u est à variation bornée sur $[0,T]$, on a $\frac{du}{dt} \in L^1(0,T;H)$. Enfin on a (cf (29)) pour $0 < s \leqslant t < T$,

$$\left|\frac{d^+u}{dt}(t)\right| \leqslant \left|\frac{d^+u}{dt}(s)\right| + \int_s^t \left|\frac{df}{dt}(\sigma)\right|d\sigma,$$

et par suite

$$(44) \quad t\left|\frac{d^+u}{dt}(t)\right| \leqslant \int_0^t \left|\frac{d^+u}{dt}(s)\right|ds + \int_0^t ds\int_s^t \left|\frac{df}{dt}(\sigma)\right|d\sigma$$

$$\leqslant \mathrm{Var}(u;[0,T]) + \int_0^T \left|\frac{df}{dt}(s)\right| s\,ds$$

COROLLAIRE 3.3.

Soit $f \in L^1(0,T;H)$ et soit $u$ une solution faible de l'équation $\frac{du}{dt} + Au \ni f$.
On suppose que l'ensemble des $t \in ]0,T[$ tels que

$$\limsup_{\substack{h\to 0\\ h>0}} \frac{1}{h} \int_{t-h}^{t} |f(s)|ds = +\infty \text{ soit au plus dénombrable.}$$

Alors $u$ est absolument continue sur $[0,T]$ (et donc $u$ est une solution forte).

En effet, d'après (43), on a $\limsup_{\substack{h\to 0\\ h>0}} \frac{1}{h}|u(t)-u(t-h)| < +\infty$ sauf sur un ensemble au plus dénombrable. Comme on sait déjà que $u$ est à variation bornée, on conclut à l'aide du corollaire A.5 que $u$ est absolument continue sur $[0,T]$ .

REMARQUE 3.10

Le corollaire 3.3. montre en particulier que pour toute fonction $f \in L^\infty(0,T;H)$ et tout $u_0 \in \overline{D(A)}$, l'équation $\frac{du}{dt} + Au \ni f$, $u(0) = u_0$ admet une solution forte. Il serait intéressant de déterminer si ce résultat s'étend aux fonctions $f \in L^1(0,T;H)$.
Lorsque $\dim H < +\infty$ la réponse est affirmative comme le montre le résultat suivant :

PROPOSITION 3.8.

Soit $H$ un espace de Hilbert de dimension finie et soit $A$ un opérateur maximal monotone dans $H$. Soit $f \in L^1(0,T;H)$ ; alors toute solution faible de l'équation $\frac{du}{dt} + Au \ni f$ est absolument continue sur $[0,T]$ (donc en particulier, toute solution faible est une solution forte).

On utilisera dans la démonstration le lemme suivant qui précise le lemme 3.4.

LEMME 3.5.

Soit $H$ un espace de Hilbert de dimension finie, $C$ un convexe ouvert non vide de $H$ et $K$ un compact contenu dans $\overline{C}$.

Alors il existe $k > 0$, tel que pour tout $x \in K$, il existe $\xi \in C$ vérifiant :

$$|z-\xi|^2 - |x-\xi|^2 \leqslant |z-x|^2 \qquad \forall z \in \overline{C}$$

et

$$\text{dist}(\xi,\partial C) \geqslant k|x-\xi| \qquad (\text{où } \partial C = \overline{C} \setminus C)$$

DEMONSTRATION DU LEMME 3.5.

Etant donné $x \in \overline{C}$, on désigne par $\Gamma_x$ le cône convexe de sommet $x$, $\Gamma_x = \{\xi \in H \;;\; (z-x \,,\, x-\xi) \leqslant 0 \quad \forall z \in \overline{C}\}$

On va montrer que

$$\operatorname*{Sup}_{\xi \in C} \frac{\operatorname{dist}(\xi,\partial C)}{|x-\xi|} = \operatorname*{Sup}_{\xi \in C \cap \Gamma_x} \frac{\operatorname{dist}(\xi,\partial C)}{|x-\xi|}$$

Il en résultera, puisque la fonction $x \mapsto \operatorname*{Sup}_{\xi \in C} \dfrac{\operatorname{dist}(\xi,\partial C)}{|x-\xi|}$

est s.c.i., que $\quad \operatorname*{Inf}_{x \in K} \operatorname*{Sup}_{\xi \in C \cap \Gamma_x} \dfrac{\operatorname{dist}(\xi,\partial C)}{|x-\xi|} > 0$

ce qui établira le lemme.

Soit donc $x \in \overline{C}$ fixé ; pour simplifier on peut toujours se ramener au cas où $x = 0$. Soit $C_1$ le cône convexe de sommet $x = 0$ engendré par $C$. Pour tout $\xi \in C$, on a $\dfrac{\operatorname{dist}(t\xi,\partial C)}{t} \uparrow \operatorname{dist}(\xi,\partial C_1)$ quand $t \downarrow 0$ , $t \in \left]0,1\right[$

En effet, il est immédiat que si $\xi \in C$

$$\operatorname{dist}(\xi,\partial C) \leqslant \frac{\operatorname{dist}(t\xi,\partial C)}{t} \qquad \text{pour} \quad t \in \left]0,1\right]$$

et donc $\quad t \mapsto \dfrac{\operatorname{dist}(t\xi,\partial C)}{t}$ croît quand $t \downarrow 0$.

D'autre part si $\xi \in C$ et $t \in \left]0,1\right]$ on a

$$\frac{\operatorname{dist}(t\xi,\partial C)}{t} = \operatorname{dist}(\xi,\partial \tfrac{1}{t} C) \leqslant \operatorname{dist}(\xi,\partial C_1) .$$

Enfin, soit $\rho < \operatorname{dist}(\xi,\partial C_1)$, et soit $B(\xi,\rho) = \{u \in H \;;\; |u-\xi| \leqslant \rho\}$.

On a $B(\xi,\rho) \subset C_1 = \bigcup_{\lambda \geqslant 1} \lambda C$ ; grâce à la compacité de $B(\xi,\rho)$, il existe $\lambda_0 \geqslant 1$ tel que $B(\xi,\rho) \subset \lambda_0 C$ et donc $\operatorname{dist}(\frac{1}{\lambda_0}\xi,\partial C) \geqslant \dfrac{\rho}{\lambda_0}$ .

En particulier $\quad \lim_{t \downarrow 0} \dfrac{\operatorname{dist}(t\xi,\partial C)}{t} \geqslant \rho$ , et donc

$$\lim_{t \downarrow 0} \frac{\operatorname{dist}(t\xi,\partial C)}{t} = \operatorname{dist}(\xi,\partial C_1)$$

On en déduit que

$$\operatorname*{Sup}_{\xi \in C} \frac{\operatorname{dist}(\xi,\partial C)}{|\xi|} = \operatorname*{Sup}_{\xi \in C} \lim_{t \downarrow 0} \frac{\operatorname{dist}(t\xi,\partial C)}{t|\xi|} =$$

$$= \operatorname*{Sup}_{\xi \in C} \frac{\operatorname{dist}(\xi, \partial C_1)}{|\xi|} = \operatorname*{Sup}_{\xi \in C_1} \frac{\operatorname{dist}(\xi, \partial C_1)}{|\xi|} .$$

De même

$$\operatorname*{Sup}_{\xi \in C \cap \Gamma_o} \frac{\operatorname{dist}(\xi, \partial C)}{|\xi|} = \operatorname*{Sup}_{\xi \in C_1 \cap \Gamma_o} \frac{\operatorname{dist}(\xi, \partial C_1)}{|\xi|} .$$

On est ainsi ramené au cas où C est un <u>cône</u> convexe ouvert de sommet 0.

Soit $\xi \varepsilon C$ et soit $\xi_o = \operatorname{Proj}_{\Gamma_o} \xi$ ; on a donc $(\xi_o - \xi, v) \geqslant 0 \quad \forall v \varepsilon \Gamma_o$

Par suite $\xi_o - \xi \varepsilon \overline{C}$ et $\xi_o \varepsilon \overline{C} + C \subset C$.

Montrons que $\dfrac{\operatorname{dist}(\xi_o, \partial C)}{|\xi_o|} \geqslant \dfrac{\operatorname{dist}(\xi, \partial C)}{|\xi|}$ .

En effet, soit $\rho < \operatorname{dist}(\xi, \partial C)$ ; on a donc $B(\xi, \rho) \subset C$ . Par suite $(\xi + \rho z, v) \geqslant 0 \quad \forall v \varepsilon \Gamma_o$ , $\forall z \varepsilon H$ ; $|z| \leqslant 1$ .

Il en résulte que

$$(\xi_o + \rho z, v) = (\xi_o - \xi, v) + (\xi + \rho z, v) \geqslant 0 \qquad \forall v \varepsilon \Gamma_o , \forall z \varepsilon H ; |z| \leqslant 1.$$

Donc $B(\xi_o, \rho) \subset \overline{C}$ et $\operatorname{dist}(\xi_o, \partial C) \geqslant \rho$

Par conséquent $\operatorname{dist}(\xi_o, \partial C) \geqslant \operatorname{dist}(\xi, \partial C)$ et à fortiori

$$\frac{\operatorname{dist}(\xi_o, \partial C)}{|\xi_o|} \geqslant \frac{\operatorname{dist}(\xi, \partial C)}{|\xi|} \quad \text{car} \quad |\xi_o| \leqslant |\xi| .$$

<u>DEMONSTRATION DE LA PROPOSITION 3.8.</u>

On peut toujours se ramener au cas où $\operatorname{Int} \overline{D(A)} = \operatorname{Int} D(A) \neq \emptyset$ (cf corollaire 3.1). D'après le lemme 3.4 appliqué avec $C = \operatorname{Int} D(A)$ et $K = u([0,T])$, il existe $k > 0$ tel que pour tout $t \varepsilon [0,T]$ , il existe $\xi_t \varepsilon C$ vérifiant

$$|z - \xi_t|^2 - |u(t) - \xi_t|^2 \leqslant |z - u(t)|^2 \qquad \forall z \varepsilon \overline{C} \text{ , et}$$

$$\operatorname{dist}(\xi_t, \partial C) \geqslant k |u(t) - \xi_t| .$$

Soit $\rho_t > 0$ tel que $\frac{k}{2}|u(t) - \xi_t| \leqslant \rho_t < \operatorname{dist}(\xi_t, \partial C)$

On a donc $B(\xi_t, \rho_t) \subset \operatorname{Int} D(A)$, et d'après la proposition 2.9, $A^o$ est borné sur $B(\xi_t, \rho_t)$ par $M_t$.

Reprenant la démonstration de l'estimation (43), on voit qu'il existe $\delta_t > 0$ tel que pour $h \in [0,\delta_t[$ on a $|u(t)-u(t-h)| \leq \rho_t$ et

$$|u(t)-u(t-h)| \leq 2 \int_{t-h}^{t}(|f(s)| + M_t)ds + \frac{2}{\rho_t}\int_{t-h}^{t}|u(s)-\xi|(|f(s)| + M_t)ds$$

$$\leq (4+\frac{4}{k})\int_{t-h}^{t}(|f(s)|+M_t)ds = (4+\frac{4}{k})\int_{t-h}^{t}|f(s)|ds+(4+\frac{4}{k})M_t\, h$$

On déduit du corollaire A.5 que u est absolument continue sur $[0,T]$ (on sait déjà que u est à variation bornée d'après le théorème 3.8).

On peut combiner les techniques précédentes avec celles du §III.4 ; indiquons à titre d'exemple le résultat suivant :

PROPOSITION 3.9

Soit A un opérateur maximal monotone et soit $\varphi$ une fonction convexe s.c.i. propre tels que $D(\varphi) \cap \text{Int}\, D(A) \neq \emptyset$. Soit B un opérateur maximal monotone dominé par $A + \partial\varphi$ i.e. $D(A) \cap D(\partial\varphi) \subset D(B)$ et il existe $k < 1/2$ et $\omega \in C(\mathbb{R} ; \mathbb{R})$ tels que

$$|B^\circ x| \leq k\, |(A+\partial\varphi)^\circ\, x| + \omega(|x|) \qquad \forall\, x \in D(A) \cap D(\partial\varphi)$$

Alors pour tout $f \in VB(0,T;H)$ et tout $u_0 \in \overline{D(A)} \cap \overline{D(\varphi)}$ , il existe une solution forte unique de l'équation $\frac{du}{dt} + Au + Bu + \partial\varphi(u) \ni f,\ u(0)=u_0$ vérifiant $\sqrt{t}\, \frac{du}{dt} \in L^2(0,T;H)$ et $t\frac{du}{dt} \in L^\infty(0,T;H)$

On sait d'après le corollaire 2.7 que $A+\partial\varphi$ est maximal monotone avec $\overline{D(A) \cap D(\partial\varphi)} = \overline{D(A)} \cap \overline{D(\varphi)}$, et grâce au corollaire 2.6., $(A+\partial\varphi)+B$ est maximal monotone. Sans restreindre la généralité, on peut supposer que $0 \in \text{Int}\, D(A) \cap D(\partial\varphi)$ avec $0 \in A0 \cap \partial\varphi(0) \cap B0$ et $\text{Min}\,\varphi = 0$

Supposons d'abord que $u_0 \in D(A) \cap D(\partial\varphi)$, et soit $u_\lambda$ la solution de l'équation

$$\frac{du_\lambda}{dt} + Au_\lambda + \partial\varphi(u_\lambda) + Bu_\lambda \ni f \ ,\ u_\lambda(0) = u_0$$

On a donc, $|u_\lambda(t)| \leq |u_0| + ||f||_{L^1}$ , et d'après la proposition 3.3. on sait que $u_\lambda$ est lipschitzien avec

$$|\frac{du_\lambda}{dt}(t)| \leq |f(0)| + |B^\circ u_0| + |A^\circ u_0| + |(\partial\varphi)^\circ u_0| + \text{Var}(f;[0,T])$$

En appliquant la définition de $\partial\varphi$ et la monotonie de A en 0 et $u_\lambda$, on a p.p. sur $]0,T[$

$$\varphi(u_\lambda) \leqslant (f,u_\lambda) - \frac{1}{2}\frac{d}{dt}|u_\lambda|^2 .$$

Dans la suite, nous désignerons par $C_i$ diverses constantes dépendant seulement de $||f||_{L^1}$, $\mathrm{Var}(f;[0,T])$ et $|u_0|$.

En particulier $\int_0^T \varphi(u_\lambda)dt \leqslant C_1$

Il existe $\rho > 0$ et $M < +\infty$ tels que si $|\xi| \leqslant \rho$, on a $\xi \in D(A)$ et $|A^\circ\xi| \leqslant M$.

En utilisant (40) et la monotonie de $B+\partial\varphi$, il vient

$$\rho|a(t)| \leqslant (f(t)-\frac{du_\lambda}{dt}(t),\ u_\lambda(t)) + M|u_\lambda(t)| + M\rho$$

où

$$\frac{du_\lambda}{dt}(t) + a(t) + b(t) + B_\lambda u_\lambda(t) = f(t) \quad \text{avec} \quad a(t) \in Au_\lambda(t) ,$$

$b(t) \in \partial\varphi(u_\lambda(t))$ p.p. sur $]0,T[$ .

Il résulte du lemme 3.3. que

$$\left|\frac{du_\lambda}{dt}\right|^2 + \frac{d}{dt}\varphi(u_\lambda) = (f-B_\lambda u_\lambda - a,\ \frac{du_\lambda}{dt}) \quad \text{p.p. sur } ]0,T[$$

D'autre part

$$|B_\lambda u_\lambda(t)| \leqslant |B^\circ u_\lambda(t)| \leqslant k|(A+\partial\varphi)^\circ\, u_\lambda(t)| + \omega(|u_\lambda(t)|)$$

$$\leqslant k\left|f(t) - B_\lambda u_\lambda(t) - \frac{du_\lambda}{dt}(t)\right| + \omega(|u_\lambda(t)|)$$

et donc

$$|B_\lambda u_\lambda(t)| \leqslant \frac{1}{1-k}\left[k|f(t)| + k\left|\frac{du_\lambda}{dt}(t)\right| + \omega(|u_\lambda(t)|)\right] = C_2 + \frac{k}{1-k}\left|\frac{du_\lambda}{dt}(t)\right|$$

Par conséquent

$$\left|\frac{du_\lambda}{dt}\right|^2 + \frac{d}{dt}\varphi(u_\lambda) \leqslant |f|\left|\frac{du_\lambda}{dt}\right| + |a|\left|\frac{du_\lambda}{dt}\right| + C_2\left|\frac{du_\lambda}{dt}\right| + \frac{k}{1-k}\left|\frac{du_\lambda}{dt}\right|^2$$

et

$$\left(\frac{1-2k}{1-k}\right)\left|\frac{du_\lambda}{dt}\right|^2 + \frac{d}{dt}\varphi(\mu_\lambda) \leqslant \left(C_3 - \frac{1}{2\rho}\frac{d}{dt}|u_\lambda|^2\right)\left|\frac{du_\lambda}{dt}\right|$$

Posons $\Theta = \operatorname{Sup\,ess}_{[0,T]} t\left|\frac{du_\lambda}{dt}(t)\right|$ ; on obtient après multiplication par t et intégration sur $]0,T[$

$$\left(\frac{1-2k}{1-k}\right)\int_0^T \left|\frac{du_\lambda}{dt}\right|^2 t\,dt \leq \Theta\left(C_3 T + \frac{1}{2\rho}|u_0|^2\right) + \int_0^T \varphi(u_\lambda)dt$$

Par suite (45) $\quad \int_0^T \left|\frac{du_\lambda}{dt}\right|^2 t\,dt \leq C_4\,\Theta + C_5$

Enfin on a $\quad \left|\frac{d^+u_\lambda}{dt}(t)\right| \leq \left|\frac{d^+u_\lambda}{dt}(s)\right| + \operatorname{Var}(f;[0,T]) \quad$ pour $\quad 0 \leq s \leq t < T$

Après multiplication par s et intégration sur $]0,t[$ on a

$$\frac{t^2}{2}\left|\frac{d^+u_\lambda}{dt}(t)\right| \leq \int_0^t \left|\frac{du_\lambda}{dt}(s)\right| s\,ds + \frac{t^2}{2}\operatorname{Var}(f;[0,T])$$

$$\leq \frac{t}{\sqrt{2}}\left[\int_0^t \left|\frac{du_\lambda}{dt}\right|^2 s\,ds\right]^{1/2} + \frac{t^2}{2}\operatorname{Var}(f;[0,T])$$

Donc $\quad \Theta \leq \sqrt{2}\left[\int_0^T \left|\frac{du_\lambda}{dt}\right|^2 t\,dt\right]^{1/2} + C_6 \quad$ ; ce qui conduit, par comparaison avec (45) à $\Theta \leq C_7$ et $\int_0^T \left|\frac{du_\lambda}{dt}\right|^2 t\,dt \leq C_8$

Enfin on sait grâce au théorème 3.16[(1)] que $u_\lambda \to u$ dans $C([0,T];H)$ puisque $(I+\alpha(A+\partial\varphi+B_\lambda))^{-1} \to (I+\alpha(A+\partial\varphi+B))^{-1}$ pour tout $\alpha > 0$ d'après le théorème 2.4
On a alors

$$\left\|t\frac{du}{dt}\right\|_{L^\infty} \leq C_7 \qquad \text{et} \qquad \left\|\sqrt{t}\frac{du}{dt}\right\|_{L^2} \leq C_8$$

Dans le général où $u_0 \in \overline{D(A)} \cap \overline{D(\varphi)}$, on considère une suite $u_{0n} \in D(A) \cap D(\partial\varphi)$ telle que $u_{0n} \to u_0$ ; les solutions correspondantes $u_n$ vérifient $\left\|t\frac{du_n}{dt}\right\|_{L^\infty} \leq C_{7n}$ et $\left\|\sqrt{t}\frac{du_n}{dt}\right\|_{L^2} \leq C_{8n}$. Rappelons que $C_{7n}$ et $C_{8n}$ dépendent seulement de $|u_{0n}|$ et demeurent bornés quand $n \to +\infty$ ; le passage à la limite est alors immédiat.

---

(1) Bien que ce théorème soit prouvé ultérieurement, il n'y a pas de cercle vicieux !

## 5 - COMPORTEMENT ASYMPTOTIQUE

Soient $A$ un opérateur maximal monotone, $f \in L^1_{loc}([0,+\infty[\,;H)$ et $u \in C([0,+\infty[\,;H)$ une solution faible de l'équation $\frac{du}{dt} + Au \ni f$. On se propose d'étudier le comportement de $u(t)$ lorsque $t \to +\infty$.

Notons d'abord que si $\lim_{t\to+\infty} f(t) = f_\infty$ et si $\lim_{t\to+\infty} u(t) = u_\infty$ existent, alors $[u_\infty, f_\infty] \in A$. En effet, on a d'après (27)

$$(u(t+1)-u(t), u(t)-x) \leqslant \int_t^{t+1} (f(s)-y, u(s)-x)ds \qquad \forall [x,y] \in A,$$

et à la limite quand $t \to +\infty$

$$(f_\infty - y,\ u_\infty - x) \geqslant 0 \qquad \forall [x,y] \in A.$$

En général $u(t)$ n'admet pas de limite quand $t \to +\infty$ même si $f \equiv 0$ ; il suffit par exemple de considérer le cas où $A$ est une rotation de $\pi/2$ dans $H = \mathbb{R}^2$. Toutefois on peut établir l'existence d'une limite sous certaines hypothèses particulières. Nous considérerons successivement les 3 cas suivants :

- $A$ est fortement monotone
- $A$ est le sous différentiel d'une fonction convexe
- L'intérieur de l'ensemble $A^{-1}f_\infty$ n'est pas vide.

### CAS OU A EST FORTEMENT MONOTONE

On suppose qu'il existe $\alpha > 0$ tel que

$$(y_1-y_2,\ x_1-x_2) \geqslant \alpha |x_1-x_2|^2 \qquad \forall [x_1,y_1] \in A,\ \forall [x_2,y_2] \in A$$

Soit $f \in L^1_{loc}([0,+\infty[\,;H)$ tel que $\lim_{t\to+\infty} f(t) = f_\infty$ existe.

On désigne par $u_\infty$ l'unique solution de l'équation $Au_\infty \ni f_\infty$

THEOREME 3.9.

*On a* $\lim_{t\to+\infty} u(t) = u_\infty$, *et plus précisément*

$$(46) \qquad |u(t)-u_\infty| \leqslant e^{-\alpha t}|u(0)-u_\infty| + \int_0^t e^{\alpha(s-t)}|f(s)-f_\infty|ds$$

*Lorsque* $\frac{df}{dt} \in L^1(0,+\infty;H)$ *et* $u(0) \in D(A)$, *on a* $\lim_{t\to+\infty} \left|\frac{d^+u}{dt}(t)\right| = 0$ *et plus précisément*

$$(47) \qquad \left|\frac{d^+u}{dt}(t)\right| \leqslant e^{-\alpha t}|(Au(0)-f(0))^\circ| + \int_0^t e^{\alpha(s-t)}\left|\frac{df}{dt}(s)\right|ds$$

*avec*

$$(48) \qquad \int_0^{+\infty} \left|\frac{d^+u}{dt}(t)\right|dt \leqslant \frac{1}{\alpha}|(Au(0)-f(0))^\circ| + \frac{1}{\alpha}\cdot\int_0^{+\infty}\left|\frac{df}{dt}(t)\right|dt$$

L'estimation (46) s'obtient comme dans la démonstration du lemme 3.1. en notant que $u_\infty$ est solution de l'équation $\frac{du_\infty}{dt} + Au_\infty \ni f_\infty$, $u_\infty(0) = u_\infty$

Pour tout $\varepsilon > 0$, il existe N tel que $|f(s)-f_\infty| \leqslant \frac{\varepsilon\alpha}{2}$ p.p. sur $]N, +\infty[$

On choisit ensuite $t_0 \geqslant N$ assez grand pour que

$e^{-\alpha t_0}\left[|u(0)-u_\infty| + \int_0^N e^{\alpha s}|f(s)-f_\infty|ds\right] \leqslant \varepsilon/2$ . On a alors pour $t \geqslant t_0$

$$|u(t)-u_\infty| \leqslant e^{-\alpha t}|u(0)-u_\infty| + e^{-\alpha t}\int_0^N e^{\alpha s}|f(s)-f_\infty|ds + \frac{\varepsilon\alpha}{2}\int_N^t e^{\alpha(s-t)}ds \leqslant \varepsilon$$

L'estimation (47) s'obtient de la même manière que (29). Pour tout $\varepsilon > 0$, il existe N tel que $\int_N^{+\infty} |\frac{df}{dt}(s)|ds \leqslant \varepsilon/2$ ; on choisit ensuite $t_0 \geqslant N$ de sorte que

$$e^{-\alpha t_0}\left[|(Au(0)-f(0))^\circ| + \int_0^N e^{\alpha s}|\frac{df}{dt}(s)|ds\right] \leqslant \varepsilon/2$$

On a alors pour tout $t \geqslant t_0$

$$|\frac{d^+u}{dt}(t)| \leqslant \varepsilon/2 + \int_N^t |\frac{df}{dt}(s)|ds \leqslant \varepsilon$$

CAS OU $A = \partial\varphi$

Soit $\varphi$ une fonction convexe s.c.i. propre

THEOREME 3.10

*Soit* f *une fonction absolument continue sur tout compact de* $]0, +\infty[$ *telle que* $\frac{df}{dt} \in L^1(0,+\infty;H)$ *de sorte que* $\lim_{t\to+\infty} f(t) = f_\infty$ *existe. On suppose que* $f_\infty \in R(\partial\varphi)$. *Soit* u *une solution de l'équation* $\frac{d^+u}{dt} + \partial\varphi(u) \ni f$ sur $]0, +\infty[$

*Alors* $\lim_{t\to+\infty} |\frac{d^+u}{dt}(t)| = 0$

*Si de plus* $t\frac{df}{dt}(t) \in L^1(0,+\infty;H)$ *alors* $|\frac{d^+u}{dt}(t)| = O(t^{-1})$ *quand* $t \to +\infty$

En effet soit $\tilde\varphi(u) = \varphi(u) - (f_\infty,u) - \underset{H}{\mathrm{Min}}\{\varphi(u)-(f_\infty,u)\}$, de sorte que

$\mathrm{Min}\tilde\varphi = 0$, $K = \{v\in H ; \tilde\varphi(v)=0\} = \{v\in H ; \partial\varphi(v) \ni f_\infty\}$ et

$\frac{d^+u}{dt} + \partial\tilde\varphi(u) \ni f - f_\infty$

Appliquant (36) on a

$$\left|\frac{d^+u}{dt}(t)\right| \leq |f(t)-f_\infty| + \frac{1}{t}\operatorname{dist}(u(0),K) + \int_0^t \left|\frac{df}{dt}(s)\right| \frac{s^2}{t^2}\, ds +$$

$$+ \frac{\sqrt{2}}{t}\left[\int_0^t \left|\frac{df}{dt}(s)\right| s\, ds\right]^{1/2} \left[\operatorname{dist}(u(0),K) + \int_0^t |f(s)-f_\infty| ds\right]^{1/2}$$

Or $\int_0^t \left|\frac{df}{dt}(s)\right| \frac{s^2}{t^2}\, ds \leq \int_0^t \left|\frac{df}{dt}(s)\right| \frac{s}{t}\, ds \to 0$ quand $t \to +\infty$

Enfin $\int_0^t ds \int_s^{+\infty} \left|\frac{df}{dt}(\tau)\right| d\tau = t\int_t^{+\infty} \left|\frac{df}{dt}(\tau)\right| d\tau + \int_0^t \left|\frac{df}{dt}(s)\right| s\, ds$

Donc $\frac{1}{t}\int_0^t |f(s)-f_\infty| ds \leq \int_t^{+\infty} \left|\frac{df}{dt}(\tau)\right| d\tau + \int_0^t \left|\frac{df}{dt}(s)\right| \frac{s}{t}\, ds \to 0$ quand $t \to +\infty$

D'autre part, si $t\frac{df}{dt}(t) \in L^1(0,+\infty;H)$, alors on a

$$|f(t)-f_\infty| \leq \int_t^{+\infty} \left|\frac{df}{dt}(\tau)\right| d\tau \leq \frac{1}{t}\int_t^{+\infty} \left|\frac{df}{dt}(\tau)\right| \tau\, d\tau \leq \frac{C}{t},$$

$$\int_0^t \left|\frac{df}{dt}(s)\right| \frac{s^2}{t^2}\, ds \leq \int_0^t \left|\frac{df}{dt}(s)\right| \frac{s}{t}\, ds \leq \frac{C}{t}$$

ainsi que $\int_0^t |f(s)-f_\infty| ds \leq \int_0^t ds \int_s^{+\infty} \left|\frac{df}{dt}(\tau)\right| d\tau =$

$$= t\int_t^{+\infty} \left|\frac{df}{dt}(\tau)\right| d\tau + \int_0^t \left|\frac{df}{dt}(s)\right| s\, ds \leq 2C$$

L'existence d'une limite $u(t)$ lorsque $t \to +\infty$ est plus délicate à établir. Nous aurons à supposer que

(49) pour tout $C \in R$ l'ensemble $\{x \in H \,;\, \varphi(x) + |x|^2 \leq C\}$ est compact (fortement).

THEOREME 3.11

*On fait l'hypothèse* (49). *Soit* $f_\infty \in R(\partial\varphi)$ *et soit* $f(t)$ *une fonction telle que* $f - f_\infty \in L^1(0,+\infty\,;H)$. *Soit* $u$ *une solution faible de l'équation* $\frac{du}{dt} + \partial\varphi(u) \ni f$. *Alors* $\lim_{t\to+\infty} u(t) = u_\infty$ *existe et* $f_\infty \in \partial\varphi(u_\infty)$.

Nous commençons par prouver le théorème 3.11 dans le cas où $f(t) \equiv f_\infty$. Soit donc $v$ une solution (forte) de l'équation $\frac{dv}{dt} + \partial\varphi(v) \ni f_\infty$ et soit $\xi \in K$.

On a $|v(t)-\xi| \leqslant |v(0)-\xi|$.

D'autre part $\left|\frac{d^+v}{dt}(t)\right| = O(t^{-1})$ quand $t \to +\infty$ d'après le théorème 3.10. Or

$$\varphi(\xi) - \varphi(v) \geqslant \left(f_\infty - \frac{d^+v}{dt}, \xi - v\right)$$

et par suite

$$\varphi(v(t)) \leqslant \varphi(\xi) + \left|f_\infty - \frac{d^+v}{dt}(t)\right| \, |\xi - v(t)|$$

Ainsi $\varphi(v(t)) + |v(t)|^2$ demeure borné quand $t \to +\infty$ et l'ensemble $\{v(t)\}_{t\geqslant 0}$ est relativement compact. Soit alors $t_n \to +\infty$ tel que $v(t_n) \to v_\infty$ ; comme $\frac{d^+v}{dt}(t_n) + \partial\varphi(v(t_n)) \ni f_\infty$ et que $\frac{d^+v}{dt}(t_n) \to 0$, on a $f_\infty \in \partial\varphi(v_\infty)$. Il en résulte que $|v(t)-v_\infty| \leqslant |v(t')-v_\infty|$ pour $t \geqslant t'$ ; ce qui prouve que $\lim_{t\to+\infty} v(t) = v_\infty$

Revenons au cas général et montrons que $u(t)$ est de Cauchy quand $t \to +\infty$

Fixons $\varepsilon > 0$ et soit $N$ tel que $\int_N^{+\infty} |f(t)-f_\infty| dt \leqslant \varepsilon$.

Soit $v(t)$ la solution de l'équation $\frac{dv}{dt} + \partial\varphi(v) \ni f_\infty$, $v(0) = u(N)$

On a pour $t \geqslant N$

$$|u(t) - v(t-N)| \leqslant |u(N) - v(0)| + \int_N^t |f(s) - f_\infty| ds \leqslant \varepsilon$$

Donc si $t \geqslant N$ et $t' \geqslant N$, on a

$$|u(t) - u(t')| \leqslant |v(t-N) - v(t'-N)| + 2\varepsilon$$

Comme $\lim_{t\to+\infty} v(t)$ existe, on peut trouver $M$ tel que

$$|v(t_1) - v(t_2)| \leqslant \varepsilon \quad \text{pour} \quad t_1 \geqslant M \quad \text{et} \quad t_2 \geqslant M.$$

Il en résulte que si $t \geqslant M+N$ et $t' \geqslant M+N$, on a $|u(t) - u(t')| \leqslant 3\varepsilon$.

Enfin, on a $u_\infty \in K$ puisque $|u_\infty - \lim_{t\to+\infty} v(t)| \leqslant \varepsilon$ et par suite $\text{dist}(u_\infty, K) \leqslant \varepsilon$ pour tout $\varepsilon > 0$.

CAS OU $\text{Int}\, A^{-1}f_\infty \neq \emptyset$

THEOREME 3.12

*Soit* $f$ *une fonction absolument continue sur tout compact de* $]0, +\infty[$ *telle que* $\sqrt{t}\,\frac{df}{dt}(t) \in L^1(0,+\infty; H)$ *de sorte que* $\lim_{t\to+\infty} f(t) = f_\infty$ *existe. On suppose que* $\text{Int}\, A^{-1}f_\infty \neq \emptyset$. *Soit* $u$ *une solution de l'équation*

$\frac{d^+u}{dt} + Au \ni f$ *sur* $]0, +\infty[$

*Alors* $\lim_{t\to+\infty} \left|\frac{d^+u}{dt}(t)\right| = 0$

*Si de plus* $t\,\frac{df}{dt}(t) \in L^1(0,+\infty;H)$, *alors* $\left|\frac{d^+u}{dt}(t)\right| = O(t^{-1})$ *quand* $t \to +\infty$ *et* $\frac{du}{dt} \in L^1(0, +\infty; H)$

En effet, soit $\tilde{A}u = Au - f_\infty$ ; de sorte que $\frac{d^+u}{dt} + \tilde{A}u \ni f - f_\infty$. Reprenons la démonstration du théorème 3.8. avec $v_0 \in \text{Int}\, A^{-1}f_\infty$ ; on a alors $0 \in \tilde{A}v$ pour $|v-v_0| \leq \rho$. La suite de la démonstration est donc valable avec $M = 0$. En particulier, on a d'après (42)

$$\int_0^T \left|\frac{du}{dt}\right| dt = \text{Var}(u;[0,T]) \leq \int_0^T |f(t)-f_\infty|\,dt + \frac{1}{2\rho}\left[|u(0)-v_0| + \int_0^T |f(t)-f_\infty|\,dt\right]^2$$

et d'après (44)

$$t\left|\frac{d^+u}{dt}(t)\right| \leq \int_0^t \left|\frac{du}{dt}(s)\right| ds + \int_0^t \left|\frac{df}{dt}(s)\right| s\, ds$$

Or $\int_0^t |f(\tau)-f_\infty|\,d\tau \leq t \int_t^{+\infty} \left|\frac{df}{dt}(\tau)\right| d\tau + \int_0^t \left|\frac{df}{dt}(s)\right| s\, ds$

On vérifie aisément que si $\sqrt{t}\,\frac{df}{dt}(t) \in L^1(0,+\infty;H)$ alors $\frac{1}{\sqrt{t}} \int_0^t |f(s)-f_\infty|\,ds \to 0$ quand $t \to +\infty$.

Enfin si $t\,\frac{df}{dt}(t) \in L^1(0,+\infty;H)$, alors $\int_0^t |f(s)-f_\infty|\,ds$ demeure borné quand $t \to +\infty$

THEOREME 3.13

*Soit* $f_\infty \in H$ *tel que* $\text{Int}\, A^{-1}f_\infty \neq \emptyset$ *et soit* $f$ *une fonction telle que* $f-f_\infty \in L^1(0,+\infty;H)$. *Soit* $u$ *une solution faible de l'équation* $\frac{du}{dt} + Au \ni f$. *Alors* $\text{Var}(u;[0,+\infty[) < +\infty$, *et en particulier* $\lim_{t\to+\infty} u(t) = u_\infty$ *existe avec* $u_\infty \in A^{-1} f_\infty$

Reprenant la démonstration du théorème précédent on a

$$\mathrm{Var}(u;[0,T]) \leqslant \int_0^T |f(\tau)-f_\infty| d\tau + \frac{1}{2}\left[|u(0)-v_0| + \int_0^T |f(t)-f_\infty| dt\right]^2$$

et le second membre demeure borné quand $T \to \pm\infty$. Par conséquent $\mathrm{Var}(u;[0,+\infty[) < +\infty$ et $\lim_{t\to+\infty} u(t) = u_\infty$ existe. Enfin on a d'après (27)

$$(u(t+1)-u(t), u(t)-x) \leqslant \int_t^{t+1} (f(\sigma)-y, u(\sigma)-x) d\sigma \qquad \forall [x,y] \in A$$

Passant à la limite quand $t \to +\infty$, il vient

$$(f_\infty - y, u_\infty - x) \geqslant 0 \qquad \forall [x,y] \in A \quad \text{et donc} \quad f_\infty \in Au_\infty$$

SOLUTIONS PERIODIQUES

Etant donnés A maximal monotone et $f \in L^1(0,T;H)$ on cherche à résoudre le problème

$$\frac{du}{dt} + Au \ni f \quad , \quad u(0) = u(T)$$

THEOREME 3.14

*Soient* A *maximal monotone,* $\omega > 0$ *et* $f \in VB(0,T;H)$
*Alors il existe une solution forte unique du problème*

$$\frac{du}{dt} + Au + \omega u \ni f \ , \ u(0) = u(T).$$

*De plus* u *est lipschitzien avec*

$$\left\|\frac{du}{dt}\right\|_{L^\infty} \leqslant (1-e^{-\omega T})^{-1} (\mathrm{Var}(f;[0,T]) + \lim_{\substack{\varepsilon\to 0\\ \varepsilon>0}} |f(T-\varepsilon)-f(\varepsilon)|).$$

En effet, soit $\mathcal{A}$ le prolongement de A à $\mathcal{H} = L^2(0,T;H)$ (cf Exemple 2.3.3.) et soit $\mathcal{L}$ l'opérateur linéaire de domaine $D(\mathcal{L}) = \{u \in W^{1,2}(0,T;H) \ ; \ u(0) = u(T)\}$ défini par $\mathcal{L}u = \frac{du}{dt}$.

On vérifie aisément que $\mathcal{L}$ est maximal monotone dans $\mathcal{H}$.
Notons que si u est une solution forte du problème $\frac{du}{dt} + Au + \omega u \ni f$, $u(0)=u(T)$, alors d'après la proposition 3.3. u est lipschitzien et $u(t) \in D(A)$ pour tout $t \in [0,T]$ ; donc $u \in D(\mathcal{L}) \cap D(\mathcal{A})$ et $\mathcal{L}u + \mathcal{A}u + \omega u \ni f$.
Inversement si $u \in D(\mathcal{L}) \cap D(\mathcal{A})$ et $\mathcal{L}u + \mathcal{A}u + \omega u \ni f$, alors u est une solution forte du problème $\frac{du}{dt} + Au + \omega u \ni f$, $u(0) = u(T)$.

Soit $u_\lambda$ la solution de l'équation $\mathcal{L}u_\lambda + \mathcal{A}_\lambda u_\lambda + \omega u_\lambda = f$ ; on sait grâce au théorème 2.4. que $f \in R(\mathcal{L}+\mathcal{A}+\omega I)$ si et seulement si $\mathcal{A}_\lambda u_\lambda$ est borné dans $\mathcal{H}$ lorsque $\lambda \to 0$. Il suffit de montrer que $\mathcal{L}u_\lambda$ est borné car $u_\lambda$ est borné puisque $D(\mathcal{L}) \cap D(\mathcal{A}) \neq \emptyset$ (cf lemme 2.5). On prolonge $u_\lambda$ et f sur $\mathbb{R}$ par des fonctions $\tilde{u}_\lambda$ et $\tilde{f}$ de période T. Il est aisé de vérifier que pour tout $a \in \mathbb{R}$ on a

$$\mathrm{Var}(\tilde{f} ; [a,a+T]) \leq \mathrm{Var}(f ; [0,T]) + \lim_{\substack{\varepsilon \to 0 \\ \varepsilon > 0}} |f(T-\varepsilon)-f(\varepsilon)|$$

D'autre part, on a pour tout $h > 0$ p.p. sur $\mathbb{R}$

$$\frac{1}{2} \frac{d}{dt} |\tilde{u}_\lambda(t+h)-\tilde{u}_\lambda(t)|^2 \leq -\omega|\tilde{u}_\lambda(t+h) - \tilde{u}_\lambda(t)|^2 + (\tilde{f}(t+h) - \tilde{f}(t), \tilde{u}_\lambda(t+h) - \tilde{u}_\lambda(t))$$

D'où pour tout $s \leq t$

$$|\tilde{u}_\lambda(t+h)-\tilde{u}_\lambda(t)| \leq e^{-\omega(t-s)}|\tilde{u}_\lambda(s+h)-\tilde{u}_\lambda(s)| + \int_s^t e^{-\omega(\tau-s)}|\tilde{f}(\tau+h)-\tilde{f}(\tau)|d\tau$$

Divisant par h et passant à la limite quand $h \to 0$, on a

$$\left|\frac{d^+\tilde{u}}{dt}\lambda(t)\right| \leq e^{-\omega(t-s)}\left|\frac{d^+\tilde{u}}{dt}\lambda(s)\right| + \mathrm{Var}(\tilde{f}; [s,t+h]) \quad \text{pour tout } h > 0 .$$

En particulier si $s = t-T+h$ on obtient après passage à la limite

$$(1-e^{-\omega T})\left|\frac{d^+\tilde{u}}{dt}\lambda(t)\right| \leq \mathrm{Var}(f; [0,T]) + \lim_{\substack{\varepsilon \to 0 \\ \varepsilon > 0}} |f(T-\varepsilon)-f(\varepsilon)|$$

Comme $u_\lambda \to u$ dans $\mathcal{H}$, quand $\lambda \to 0$, le passage à la limite est immédiat.

PROPOSITION 3.10

Soit A maximal monotone ; on pose
$\mathcal{F} = \{ [u,f] \in C([0,T];H) \times L^1(0,T;H)$ ; $u(0) = u(T)$ et u est solution faible de l'équation $\frac{du}{dt} + Au \ni f \}$

Les propriétés suivantes sont équivalentes

i) $[u,f] \in \mathcal{F}$

ii) $\int_0^T (f(t)-g(t), u(t)-v(t))dt \geq 0 \qquad \forall [v,g] \in \mathcal{F}$

iii) il existe $f_n \in W^{1,1}(0,T;H)$ et une solution forte $u_n$ de l'équation $\frac{du_n}{dt} + Au_n \ni f_n$, $u_n(0) = u_n(T)$ tels que $u_n \to u$ dans $C([0,T]; H)$ et $f_n \to f$ dans $L^1(0,T;H)$

On a pour tout $[u,f] \in \mathcal{F}$ et tout $[v,g] \in \mathcal{F}$
$\int_0^T (f-g, u-v)dt \geq \frac{1}{2}|u(T)-v(T)|^2 - \frac{1}{2}|u(0)-v(0)|^2 = 0$ ; d'où il résulte que (i) $\Rightarrow$ (ii).

Comme l'implication (iii) $\Rightarrow$ (i) est immédiate, il reste à prouver que (ii) $\Rightarrow$ (iii).

Soit $h = f+u$ et soit $h_n \in W^{1,1}(0,T;H)$ une suite telle que $h_n \to h$ dans $L^1(0,T;H)$. Grâce au théorème 3.14 il existe une solution forte $u_n$ du problème
$\frac{du_n}{dt} + Au_n + u_n \ni h_n$ , $u_n(0) = u_n(T)$

Il est clair que l'on a p.p. sur $]0,T[$
$\frac{d}{dt}|u_n-u_m| + |u_n-u_m| \leq |h_n-h_m|$. D'où l'on déduit que

$|u_n(t)-u_m(t)| \leq (1-e^{-T})^{-1}\int_0^T |h_n(t)-h_m(t)|dt$ . par conséquent $u_n \to \tilde{u}$ dans $C([0,T]; H)$. Reportant dans (ii) $v = u_n$ et $g = h_n-u_n$ on obtient
$\int_0^T (f-h_n+u_n, u-u_n)dt \geq 0$, et donc après passage à la limite

$\int_0^T (-u+\tilde{u}, u-\tilde{u})dt \geq 0$.

Il en résulte que $\tilde{u} = u$, et donc (iii) est vérifié avec $f_n = h_n-u_n$.

THEOREME 3.15

*Soit* A *un opérateur maximal monotone coercif i.e. il existe* $x_0 \in H$ *tel que*

$$\lim_{\substack{|x| \to +\infty \\ [x,y] \in A}} \frac{(y, x-x_0)}{|x|} = +\infty$$

*Alors pour tout* $f \in L^1(0,T;H)$ *il existe une solution faible du problème* $\frac{du}{dt} + Au \ni f$ , $u(0) = u(T)$.

On utilisera dans la démonstration le lemme suivant

LEMME 3.6

Soit A un opérateur maximal monotone coercif. Soit $f_n \in L^1(0,T;H)$ et soit $u_n$ une solution faible de l'équation $\frac{du_n}{dt} + Au_n \ni f_n$. On suppose que $\int_0^T |f_n(t)|dt \leqslant C_1$ et $|u_n(0)|-|u_n(T)| \leqslant C_2$, alors la suite $u_n$ est bornée uniformément sur $[0,T]$.

DEMONSTRATION DU LEMME 3.6.

On se ramène d'abord aisément au cas où les $u_n$ sont des solutions fortes de l'équation $\frac{du_n}{dt} + Au_n \ni f_n$

Soit $L > \frac{1}{T}(C_1 + C_2 + 2|x_0|)$ ; comme A est coercif il existe R tel que si $[x,y] \in A$ et $|x| \geqslant R$, alors $(y,x-x_0) \geqslant L|x-x_0|$

Fixons n, et montrons qu'il existe $t_0 \in [0,T]$ tel que $|u_n(t_0)| \leqslant R$ ; en effet supposons que $|u_n(t)| > R \quad \forall t \in [0,T]$

On aurait alors $(f_n - \frac{du_n}{dt}, u_n - x_0) \geqslant L|u_n - x_0|$ p.p. sur $]0,T[$ ; d'où l'on déduit que

$|u_n(T)-x_0|-|u_n(0)-x_0| + LT \leqslant \int_0^T |f_n|dt$

Par conséquent $LT \leqslant C_1 + |u_n(0)|-|u_n(T)| + 2|x_0|$ ; ce qui est contraire au choix de L.

Donc il existe $t_0 \in [0,T]$ tel que $|u_n(t_0)| \leqslant R$.

Soit $[\xi,\eta] \in A$ ; pour $t \in [t_0,T]$ on a

$|u_n(t)-\xi| \leqslant |u_n(t_0)-\xi| + \int_{t_0}^t |f_n(s)-\eta|ds.$

En particulier $|u_n(T)| \leqslant R + 2|\xi| + C_1 + |\eta|T$, et

$|u_n(0)| \leqslant |u_n(T)| + C_1 \leqslant R + 2|\xi| + 2C_1 + |\eta|T.$

Enfin pour $t \in [0,T]$ on a

$|u_n(t)-\xi| \leqslant |u_n(0)-\xi| + \int_0^t |f_n(s)-\eta|ds.$

DEMONSTRATION DU THEOREME 3.15

On considère l'application S de $\overline{D(A)}$ dans lui-même définie comme suit : soit $x \in \overline{D(A)}$ et soit u la solution faible du problème $\frac{du}{dt} + Au \ni f$, $u(0) = x$ ; on pose $Sx = u(T)$. D'autre part, pour $x \in \overline{D(A)}$ fixé, on désigne par $u_n$ la solution faible du problème $\frac{du_n}{dt} + Au_n \ni f$, $u_n(0) = S^n(x)$.

On a $u_n(T) = S^{n+1}(x)$ et comme S est une contraction il vient

$|u_n(0)| - |u_n(T)| = |S^n(x)| - |S^{n+1}(x)| \leq |S^n(x) - S^{n+1}(x)| \leq |x-S(x)|$

On déduit du lemme 3.6 que $S^n(x)$ demeure borné quand $n \to +\infty$ .

Le théorème 1.3 montre que S admet au moins un point fixe dans $\overline{D(A)}$.

COROLLAIRE 3.4.

Soit $\varphi$ une fonction convexe s.c.i. propre sur H ; on suppose que $A = \partial\varphi$ est coercif. Alors pour tout $f \in L^2(0,T;H)$ il existe une solution forte du problème $\frac{du}{dt} + Au \ni f$, $u(0) = u(T)$ avec $\frac{du}{dt} \in L^2(0,T;H)$

Cela résulte directement du théorème précédent combiné au théorème 3.6.

REMARQUE 3.11

On trouvera une démonstration directe du corollaire 3.4. dans BREZIS [ 9](proposition II.11). D'autre part lorsque $A = \partial\varphi$ l'hypothèse de coercivité est équivalente à la propriété : "A est surjectif et $A^{-1}$ est borné" (cf proposition 2.14). Dans le cas général ($A \neq \partial\varphi$) cette propriété n'est pas suffisante pour établir l'existence de solutions périodiques pour tout $f \in L^1(0,T;H)$ (prendre par exemple pour A la rotation de $\pi/2$ dans $H = \mathbb{R}^2$ et $T = 2\pi$).

COROLLAIRE 3.5.

Soit A un opérateur maximal monotone coercif tel que Int $D(A) \neq \emptyset$.

Alors pour tout $f \in L^\infty(0,T;H)$ il existe une solution forte du problème $\frac{du}{dt} + Au \ni f$, $u(0) = u(T)$ avec $\frac{du}{dt} \in L^1(0,T;H)$.

Il suffit d'appliquer le théorème 3.8. et le corollaire 3.3.

## 7 -PROPRIETES DE CONVERGENCE

On établit que l'application qui à $\{A,f,u_o\}$ fait correspondre la solution u de l'équation $\frac{du}{dt} + Au \ni f$, $u(0) = u_o$ est continue en un sens à préciser.

PROPOSITION 3.11

Soient A un opérateur maximal monotone, $f \in L^1(0,T;H)$ et $u_{o,\lambda} \in H$ tel que $u_{o,\lambda} \to u_o$ quand $\lambda \to 0$.

Soient $u_\lambda$ et u les solutions respectives des équations

$$\frac{du_\lambda}{dt} + A_\lambda u_\lambda = f \quad , \quad u_\lambda(0) = u_{o,\lambda} \quad ,$$

$$\frac{du}{dt} + Au \ni f \quad , \quad u(0) = \mathrm{Proj}_{\overline{D(A)}}\, u_o$$

Alors $u_\lambda$ converge uniformément vers u sur tout compact de $]0,T]$. Si $u_o \in D(A)$, alors $u_\lambda$ converge uniformément vers u sur $[0,T]$. Enfin si $u_{o,\lambda} \equiv u_o \in D(A)$ et si $f \in VB(0,T;H)$, alors $\frac{du_\lambda}{dt} \to \frac{du}{dt}$ dans $L^p(0,T;H)$ pour tout $1 < p < +\infty$ et

$$(50) \quad ||u_\lambda - u||_{L^\infty(0,T;H)} \leqslant \sqrt{\lambda T}\,\left(|A^\circ u_o| + 2||f||_{L^\infty(0,T;H)} + \mathrm{Var}(f;[0,T])\right)$$

Supposons d'abord que $u_{o,\lambda} \equiv u_o \in D(A)$ et que $f \in VB(0,T;H)$.

Posons $a(t) = f(t+0) - \frac{d^+u}{dt}(t) \in Au(t)$. On a

$$\frac{1}{2}\frac{d^+}{dt}|u_\lambda(t)-u(t)|^2 = -(A_\lambda u_\lambda(t)-a(t),\, u_\lambda(t)-u(t)) \leqslant -\lambda(A_\lambda u_\lambda(t)-a(t), A_\lambda u_\lambda(t))$$

$$= \frac{1}{2}\lambda(|a(t)|^2 - |A_\lambda u_\lambda(t)|^2 - |A_\lambda u_\lambda(t)-a(t)|^2) \leqslant \frac{\lambda}{4}|a(t)|^2$$

Donc

$$||u_\lambda - u||^2_{L^\infty(0,T;H)} \leqslant \lambda(||a||^2_{L^2(0,T;H)} - ||A_\lambda u_\lambda||^2_{L^2(0,T;H)} - ||A_\lambda u_\lambda - a||^2_{L^2(0,T;H)})$$

Appliquant cette estimation en substituant $A_\mu$ à A et en utilisant l'égalité $(A_\mu)_\lambda = A_{\lambda+\mu}$ (cf proposition 2.6) on obtient

$$||A_{\lambda+\mu}\, u_{\lambda+\mu} - A_\mu u_\mu||^2_{L^2(0,T;H)} \leqslant ||A_\mu u_\mu||^2_{L^2(0,T;H)} - ||A_{\lambda+\mu} u_{\lambda+\mu}||^2_{L^2(0,T;H)}$$

On en déduit que $||A_\lambda u_\lambda||_{L^2(0,T;H)}$ croît lorsque $\lambda$ décroît et comme

$||A_\lambda u_\lambda||_{L^2(0,T;H)} \leqslant ||a||_{L^2(0,T;H)}$ on conclut que $A_\lambda u_\lambda$ (et donc $\frac{du_\lambda}{dt}$) converge dans $L^2(0,T;H)$. Enfin $\frac{du}{dt}\lambda \to \frac{dy}{dt}$ dans $L^p(0,T;H)$ pour tout $1<p<+\infty$ car $\frac{du}{dt}\lambda$ demeure borné dans $L^\infty(0,T;H)$ quand $\lambda \to 0$. L'estimation (50) résulte de la majoration

$$|a(t)| \leqslant |f(t+0)| + |f(0+0)| + |A^\circ u_0| \pm \mathrm{Var}(f; [0,T])$$

Supposons maintenant que $f \in L^1(0,T;H)$ et $u_0 \in \overline{D(A)}$.
Soient $\tilde{f} \in VB(0,T;H)$ et $\tilde{u}_0 \in D(A)$ et soient $v_\lambda$ et $v$ les solutions respectives des équations

$$\frac{dv_\lambda}{dt} + A_\lambda v_\lambda = \tilde{f} \quad , \quad v_\lambda(0) = \tilde{u}_0$$

$$\frac{dv}{dt} + Av \ni \tilde{f} \quad , \quad v(0) = \tilde{u}_0$$

On a

$$||u_\lambda - v_\lambda||_{L^\infty(0,T;H)} \leqslant |u_{0,\lambda} - \tilde{u}_0| + ||f-\tilde{f}||_{L^1(0,T;H)}$$

$$||u-v||_{L^\infty(0,T;H)} \leqslant |u_0-\tilde{u}_0| + ||f-\tilde{f}||_{L^1(0,T;H)}$$

$$||v-v_\lambda||_{L^\infty(0,T;H)} \leqslant \sqrt{\lambda T}\ (|A^\circ\tilde{u}_0| + 2||\tilde{f}||_{L^\infty(0,T;H)} + \mathrm{Var}(\tilde{f};[0,T]))$$

On en déduit que

$$\lim_{\lambda\to 0}\ \mathrm{Sup}||u_\lambda-u||_{L^\infty(0,T;H)} \leqslant 2|u_0-\tilde{u}_0| + 2||f-\tilde{f}||_{L^1(0,T;H)}$$

cette dernière expression pouvant rendue arbitrairement petite.

Nous aurons besoin dans la suite de la démonstration des lemmes suivants :

LEMME 3.7

Soit $u_o \in H$ et soit $u_\lambda$ la solution de l'équation $\frac{du_\lambda}{dt} + A_\lambda u_\lambda = 0$ , $u_\lambda(0) = u_o$. Alors on a

$$(51) \quad ||A_\lambda u_\lambda||_{L^2(0,T;H)} \leq \frac{1}{\sqrt{2\lambda}} |u_o - \xi| + \sqrt{T}\, |A^\circ \xi| \qquad \forall \xi \in D(A)$$

En effet, soit v la solution de l'équation $\frac{dv}{dt} + Av \ni 0$, $v(0) = \xi$. On a

$$\frac{1}{2}\frac{d^+}{dt}|u_\lambda(t) - v(t)|^2 = -(A_\lambda u_\lambda(t) - A^\circ v(t),\ u_\lambda(t) - v(t))$$

$$\leq \lambda(A^\circ v(t) - A_\lambda u_\lambda(t),\ A_\lambda u_\lambda(t))$$

D'où par intégration

$$\lambda \int_0^T |A_\lambda u_\lambda(t)|^2 dt \leq \frac{1}{2}|u_o - \xi|^2 + \lambda\sqrt{T}\, |A^\circ \xi|\ ||A_\lambda u_\lambda||_{L^2(0,T;H)}$$

LEMME 3.8.

Soit $u_o \in H$ et soient $u_\lambda$ et $u$ les solutions respectives des équations

$$\frac{du_\lambda}{dt} + A_\lambda u_\lambda = 0 \quad , \quad u_\lambda(0) = u_o$$

$$\frac{du}{dt} + Au \ni 0 \quad , \quad u(0) = \mathrm{Proj}_{\overline{D(A)}} u_o$$

Alors $J_\lambda u_\lambda$ converge uniformément vers $u$ sur $[0,T]$ et $u_\lambda \to u$ dans $L^2(0,T;H)$ pour tout $T < +\infty$

Soit $\xi \in D(A)$ et soit v la solution de l'équation $\frac{dv}{dt} + Av \ni 0$, $v(0) = \xi$. On a p.p.

$$\frac{1}{2}\frac{d}{dt}|J_\lambda u_\lambda(t) - v(t)|^2 = (-A_\lambda u_\lambda(t) - \lambda \frac{d}{dt} A_\lambda u_\lambda(t) + A^\circ v(t),\ J_\lambda u_\lambda(t) - v(t))$$

$$\leq -\lambda(\frac{d}{dt} A_\lambda u_\lambda(t),\ J_\lambda u_\lambda(t) - v(t))$$

D'où en intégrant par parties sur $]0,t[$

$$\frac{1}{2}|J_\lambda u_\lambda(t) - v(t)|^2 \leq \frac{1}{2}|J_\lambda u_o - \xi|^2 - \lambda(A_\lambda u_\lambda(t),\ J_\lambda u_\lambda(t) - v(t)) + \lambda(A_\lambda u_o,\ J_\lambda u_o - \xi)$$
$$+ \int_0^t \lambda(A_\lambda u_\lambda(s),\ \frac{d}{dt} J_\lambda u_\lambda(s) + A^\circ v(s))ds$$

Or

$(A_\lambda u_\lambda(t),\ J_\lambda u_\lambda(t) - v(t)) \geqslant (A^\circ v(t), J_\lambda u_\lambda(t)-v(t))$ par monotonie de A

et

$(A_\lambda u_\lambda(t),\ \frac{d}{dt} J_\lambda u_\lambda(t)) = -(\frac{du_\lambda}{dt}(t),\ \frac{d}{dt} J_\lambda u_\lambda(t)) \leqslant 0$ par monotonie de $J_\lambda$.

Donc pour $t \in [0,T]$

$$\frac{1}{2}|J_\lambda u_\lambda(t)-v(t)|^2 \leqslant \frac{1}{2}|J_\lambda u_0-\xi|^2 + \lambda|A^\circ\xi|\ |J_\lambda u_\lambda(t)-v(t)| + |u_0-J_\lambda u_0|\ |J_\lambda u_0-\xi| + \lambda||A_\lambda u_\lambda||_{L^2(0,T;H)} \sqrt{T}\ |A^\circ\xi| .$$

Par conséquent

$$||J_\lambda u_\lambda-v||_{L^\infty(0,T;H)} \leqslant |J_\lambda u_0-\xi| + 2\lambda|A^\circ\xi| + \sqrt{2|u_0-J_\lambda u_0|\ |J_\lambda u_0-\xi|} + (2\lambda T)^{1/4}\sqrt{|u_0-\xi|\ |A^\circ\xi|} + \sqrt{2\lambda T}\ |A^\circ\xi| .$$

D'autre part

$$||v-u||_{L^\infty(0,T;H)} \leqslant |\xi-\mathrm{Proj}_{\overline{D(A)}}u_0| .$$

Il en résulte que

$$\limsup_{\lambda\to 0} ||J_\lambda u_\lambda-u||_{L^\infty(0,T;H)} \leqslant 2|\xi-\mathrm{Proj}_{\overline{D(A)}}u_0| + \sqrt{2|u_0-\mathrm{Proj}_{\overline{D(A)}}|\ |\xi-\mathrm{Proj}_{\overline{D(A)}}u_0|} .$$

Le second membre de cette inégalité pouvant être rendu arbitrairement petit (en prenant $\xi$ voisin de $\mathrm{Proj}_{\overline{D(A)}}u_0$) on obtient

$$\lim_{\lambda\to 0} ||J_\lambda u_\lambda-u||_{L^\infty(0,T;H)} = 0 .$$

Enfin comme

$$||u_\lambda-J_\lambda u_\lambda||_{L^2(0,T;H)} = \lambda||A_\lambda u_\lambda||_{L^2(0,T;H)} \leqslant \sqrt{\lambda}|u_0-\xi| + \lambda\sqrt{T}\ |A^\circ\xi| ,$$

on a $\lim_{\lambda\to 0} ||u_\lambda - u||_{L^2(0,T;H)} = 0$

FIN DE LA DEMONSTRATION DE LA PROPOSITION 3.10

Soit $\delta > 0$ fixé et supposons que $u_\lambda$ ne converge pas uniformément vers $u$ sur $[\delta,T]$. Alors il existe $\varepsilon > 0$ et $\lambda_n \downarrow 0$ tels que $||u_{\lambda_n} - u||_{L^\infty(\delta,T;H)} \geqslant \varepsilon$.

Considérons $0 < \theta < \delta$ tel que $\int_0^\theta |f(\tau)|dt < \varepsilon/4$ et posons

$$f_1(t) = \begin{cases} 0 & \text{sur } ]0,\theta[ \\ f(t) & \text{sur } ]\theta,T[ \end{cases}$$

Soient $v_\lambda$ et $v$ les solutions respectives des équations

$$\frac{dv_\lambda}{dt} + A_\lambda v_\lambda = f_1 \quad , \quad v_\lambda(0) = u_o$$

$$\frac{dv}{dt} + Av \ni f_1 \quad , \quad v(0) = \mathrm{Proj}_{\overline{D(A)}} u_o$$

On a, pour $t \in [0,T]$

$$|u_\lambda(t)-u(t)| \leqslant |u_\lambda(t)-v_\lambda(t)| + |v_\lambda(t)-v(t)| + |v(t)-u(t)|$$

$$\leqslant 2\int_0^t |f(s)-f_1(s)|ds + |v_\lambda(t)-v(t)| \leqslant \varepsilon/2 + |v_\lambda(t)-v(t)|$$

D'après le lemme 3.7, $v_\lambda \to v$ dans $L^2(0,\theta;H)$ ; il existe donc $t_o \leqslant \theta$ et une suite $\mu_n$ extraite de $\lambda_n$ tels que $v_{\mu_n}(t_o) \to v(t_o)$. Comme $v(t_o) \in \overline{D(A)}$, on déduit (de la partie déjà établie de la proposition 3.10) que $v_{\mu_n}(t) \to v(t)$ uniformément sur $[t_o,T]$, ce qui implique $\limsup_{n\to+\infty} ||u_{\mu_n} - u||_{L^\infty(t_o,T;H)} \leqslant \varepsilon/2$. On arrive ainsi à une contradiction

THEOREME 3.16

*Soient* $A^n$ et $A$ *des opérateurs maximaux monotones,* $f_n$ et $f \in L^1(0,T;H)$, $u_{on} \in \overline{D(A^n)}$ et $u_o \in \overline{D(A)}$. *Soient* $u_n$ et $u$ *les solutions faibles respectives des équations*

$$\frac{du_n}{dt} + A^n u_n \ni f_n \quad , \quad u_n(0) = u_{on}$$

$$\frac{du}{dt} + Au \ni f \quad , \quad u(0) = u_o \ .$$

*On suppose* $u_{on} \to u_o$ , $f_n \to f$ *dans* $L^1(0,T;H)$, *et* p.p. sur $]0,T[$ *on a*

(52) $\quad (I+\lambda(A^n-f(t))^{-1}z \to (I+\lambda(A-f(t))^{-1}z \qquad \forall\lambda > 0 \quad , \quad \forall z \in D(A)$

*Alors* $u_n$ *converge vers* $u$ *uniformément sur* $[0,T]$

Nous commençons par considérer le cas où $f_n = f \equiv 0$.
Soit $\lambda > 0$ fixé ; posons $y = (I + \sqrt{\lambda}A)^{-1}u_o$ , $y_n = (I+\sqrt{\lambda}\, A^n)^{-1}u_o$.
Soient $v$, $v_\lambda$, $v_n$ et $v_{n,\lambda}$ les solutions respectives des équations

$$\frac{dv}{dt} + Av \ni 0 \quad , \quad v(0) = y$$

$$\frac{dv_\lambda}{dt} + A_\lambda v_\lambda = 0 \quad , \quad v_\lambda(0) = y$$

$$\frac{dv_n}{dt} + A^n v_n \ni 0 \quad , \quad v_n(0) = y_n$$

$$\frac{dv_{n,\lambda}}{dt} + A^n_\lambda v_{n,\lambda} = 0 \quad , \quad v_{n,\lambda}(0) = y_n$$

On a

$$|u_n(t)-u(t)| \leqslant |u_n(t)-v_n(t)| + |v_n(t)-v_{n,\lambda}(t)| + |v_{n,\lambda}(t)-v_\lambda(t)| + |v_\lambda(t)-v(t)| + |v(t)-u(t)|$$

Or

$$|u_n(t)-v_n(t)| \leqslant |u_{on}-y_n| \quad \text{et} \quad |v(t)-u(t)| \leqslant |u_o-y|$$

D'après (50) on a

$$|v_n(t)-v_{n,\lambda}(t)| \leqslant \sqrt{\lambda T}\ |(A^n)^\circ y_n| \leqslant \sqrt{T}|u_o-(I+\sqrt{\lambda}\ A^n)^{-1}u_o|$$

et de même

$$|v_\lambda(t)-v(t)| \leqslant \sqrt{\lambda T}|A^\circ y| \leqslant \sqrt{T}\ |u_o-y|$$

Il nous reste enfin à estimer

$$|v_{n,\lambda}(t)-v_\lambda(t)| \leqslant |y_n-y| + \int_0^t |A^n_\lambda v_{n,\lambda}(s)-A_\lambda v_\lambda(s)|ds ,$$

et puisque $A^n_\lambda$ est lipschitzien de rapport $\frac{1}{\lambda}$

$$|v_{n,\lambda}(t)-v_\lambda(t)| \leqslant |y_n-y| + \int_0^t|A^n_\lambda v_\lambda(s)-A_\lambda v_\lambda(s)|ds + \frac{1}{\lambda}\int_0^t|v_{n,\lambda}(s)-v_\lambda(s)|ds$$

On déduit du lemme de Gronwall-Bellman (lemme A.4) que

$$| v_{n,\lambda}(t)-v_\lambda(t)| \leqslant (|y_n-y| + ||A^n_\lambda v_\lambda - A_\lambda v_\lambda||_{L^1(0,T;H)}) e^{T/\lambda}$$

On notera que $v_\lambda(t) \in \overline{D(A)}$ pour tout $t \in [0,T]$ grâce au théorème 1.4.
Il résulte alors de l'hypothèse (52) que pour $\lambda$ fixé $A^n_\lambda v_\lambda \to A_\lambda v_\lambda$ uniformément sur $[0,T]$. Il vient enfin

$$\limsup_{n\to+\infty} ||u_n-u||_{L^\infty(0,T;H)} \leqslant 2|u_0-y| + 2\sqrt{T}\,|u_0-y| = 2(1+\sqrt{T})|u_0-(I+\sqrt{\lambda}A)^{-1}u_0|$$

Cette dernière quantité pouvant être rendue arbitrairement petite quand $\lambda \to 0$, on en déduit le résultat.
Dans le cas général, soit

$$S = \{\xi\epsilon H \ ; \ (I+\lambda(A^n-\xi))^{-1}z \to (I+\lambda(A-\xi))^{-1}z \ , \ \forall\lambda > 0 \ , \ \forall z \in D(A)\}$$

Soit g une fonction en escalier sur $[0,T]$ à valeurs dans S. Considérons les solutions respectives $w_n$ et w des équations

$$\frac{dw_n}{dt} + A^n w_n \ni g \qquad , \qquad w_n(0) = u_{on}$$

$$\frac{dw}{dt} + Aw \ni g \qquad , \qquad w(0) = u_o$$

Le résultat précédent appliqué successivement sur chaque intervalle de $[0,T]$ où g est constant montre que $w_n \to w$ uniformément sur $[0,T]$
Enfin on a

$$||u_n-u||_{L^\infty(0,T;H)} \leqslant ||g-f_n||_{L^1(0,T;H)} + ||g-f||_{L^1(0,T;H)} + ||w_n-w||_{L^\infty(0,T;H)}$$

et donc

$$\limsup_{n\to+\infty} ||u_n-u||_{L^\infty(0,T;H)} \leqslant 2||g-f||_{L^1(0,T;H)}$$

Cette dernière quantité peut être rendue arbitrairement petite d'après le lemme A.0 puisque $f(t) \in S$ p.p. sur $]0,T[$ (on vérifie aisément que S est fermé).

REMARQUE 3.12

L'hypothèse (52) est évidemment satisfaite lorsque $(I+\lambda A^n)^{-1}z \to (I+\lambda A)^{-1}z$ pour tout $\lambda > 0$ et tout $z \in H$.

## 3 - DIVERSES GENERALISATIONS

Une grande partie des résultats qui précèdent s'étendent à des opérateurs qui ne sont pas nécessairement maximaux monotones. Nous envisagerons brièvement deux exemples :

1°) cas d'un opérateur maximal monotone perturbé par un opérateur lipschitzien

2°) cas d'un opérateur monotone (non maximal) tel que $R(I+\lambda A)$ soit néanmoins "assez" grand.

### 1°) PERTURBATIONS LIPSCHITZIENNES

THEOREME 3.17

*Soient* $A$ *un opérateur maximal monotone,* $\omega > 0$ , $f \in L^1(0,T;H)$ *et* $u_o \in \overline{D(A)}$.

*Alors il existe une solution faible unique de l'équation*

$$(53) \qquad \frac{du}{dt} + Au - \omega u \ni f, \qquad u(0) = u_o.$$

*Lorsque* $f \in VB(0,T;H)$, *alors* $u$ *est lipschitzien si et seulement si* $u_o \in D(A)$.

*Dans de cas, on a*

$$\left\|\frac{du}{dt}\right\|_{L^\infty(0,T;H)} \leqslant e^{\omega t}\left[\left|(f(0+0) + \omega u_o - Au_o)^\circ\right| + \mathrm{Var}(f;[0,T])\right]$$

Si $u$ et $v$ sont deux solutions de (53), on a d'après (26)
$|u(t)-v(t)| \leqslant |u(s)-v(s)| + \omega \int_s^t |u(\tau)-v(\tau)|d\tau$ pour tout $0 \leqslant s \leqslant t \leqslant T$.
Donc $|u(t)-v(t) \leqslant e^{\omega t}|u(0)-v(0)| = 0$, ce qui établit l'unicité.

Considérons la suite itérative définie par : $u_o(t) \equiv u_o$ et $u_{n+1}$ est la solution faible de l'équation

$$\frac{du_{n+1}}{dt} + Au_{n+1} \ni f + \omega u_n, \quad u_{n+1}(0) = u_o$$

Grâce à (26) on a

$$|u_{n+1}(t)-u_n(t)| \leqslant \int_0^t \omega|u_n(s)-u_{n-1}(s)|ds \qquad \text{pour} \quad 0 \leqslant t \leqslant T \quad , \quad n \geqslant 1 .$$

Donc

$$|u_{n+1}(t)-u_n(t)| \leqslant \frac{(\omega t)^n}{n!} ||u_1-u_o||_{L^\infty} .$$

Il en résulte que la suite $u_n$ converge uniformément sur $[0,T]$ vers une fonction u qui est solution faible de (53).

Supposons que $f \in VB(0,T;H)$ ; si u est lipschitzien, alors u est solution faible de l'équation $\frac{du}{dt} + Au \ni g$ avec $g = f + \omega u \in VB(0,T;H)$ et d'après la proposition 3.3., $u_0 \in D(A)$.
Inversement supposons que $u_0 \in D(A)$ et reprenons la suite itérative $u_n$. D'après la proposition 3.3., $u_n$ est lipschitzien, dérivable à droite en tout $t \in [0,T[$ et

$$\left|\frac{d^+u_{n+1}}{dt}(t)\right| \leqslant \left|\frac{d^+u_{n+1}}{dt}(0)\right| + Var(f + \omega u_n, [0,t]) \leqslant |(f(0+0)+\omega u_0 - Au_0)^\circ|$$
$$+ Var(f;[0,T]) + \omega \int_0^t \left|\frac{d^+u_n}{dt}(s)\right| ds$$

$$\left|\frac{d^+u_n}{dt}(t)\right| \leqslant \{ |(f(0+0)+\omega u_0 - Au_0)^\circ| + Var(f;[0,T])\} e^{\omega t} ;$$

ce qui démontre le théorème par passage à la limite.

REMARQUE 3.13.

Lorsque $f \in W^{1,1}(0,T;H)$, on obtient aisément l'estimation

$$\left|\frac{du}{dt}(t)\right| \leqslant e^{\omega t} |(f(0+0)+\omega u_0 - Au_0)^\circ| + \int_0^t e^{\omega(t-s)} \left|\frac{df}{dt}(s)\right| ds$$

REMARQUE 3.14.

Soient A un opérateur maximal monotone et B un opérateur lipschitzien défini sur $\overline{D(A)}$. Le théorème 3.17 permet de résoudre l'équation $\frac{du}{dt} + Au + Bu \ni f$, $u(0) = u_0 \in \overline{D(A)}$. Il suffit de remarquer que $A+B = A_1 - \omega I$ où $\omega$ est la constante de lipschitz de B et $A_1 = A+B+\omega I$ est un opérateur maximal monotone d'après la proposition 2.10.

PROPOSITION 3.12

Soient $\varphi$ une fonction convexe s.c.i. propre sur H et B une application de $[0,T] \times \overline{D(\varphi)}$ dans H, vérifiant

(54) il existe $\omega \geqslant 0$ tel que $|B(t,x_1)-(B(t,x_2)| \leqslant \omega|x_1-x_2|$
$\forall t \in [0,T]$ , $\forall x_1,x_2 \in \overline{D(\varphi)}$

(55) pour tout $x \in \overline{D(\varphi)}$, l'application $t \mapsto B(t,x)$ appartient à $L^2(0,T;H)$

Alors pour tout $u_0 \in \overline{D(\varphi)}$, il existe une solution unique u de l'équation

$$\frac{du}{dt}(t) + \partial\varphi(u(t)) + B(t,u(t)) \ni 0 \quad , \quad u(0) = u_0$$

telle que $\sqrt{t}\,\frac{du}{dt}(t) \in L^2(0,T;H)$

On vérifie facilement que pour tout $u \in C([0,T];H)$ on a $B(t,u(t)) \in L^2(0,T;H)$. Considérons la suite itérative $u_n$ définie par $u_0(t) \equiv u_0$ et $u_{n+1}$ est la solution de l'équation

$\frac{du_{n+1}}{dt}(t) + \partial\varphi(u_{n+1}(t)) \ni - B(t,u_n(t))$, $u_{n+1}(0) = u_0$ dont l'existence est assurée par le théorème 3.6. On a

$$|u_{n+1}(t)-u_n(t)| \leq \int_0^t |B(s,u_n(s))-B(s,u_{n-1}(s)|ds \leq \omega \int_0^t |u_n(s)-u_{n-1}(s)|ds$$

et par suite $\quad |u_{n+1}(t)-u_n(t)| \leq \frac{(\omega t)^n}{n!} \, ||u_1-u_0||_{L^\infty}$

Il en résulte que $u_n$ converge uniformément sur $[0,T]$ vers u qui est une solution faible de l'équation

$\frac{du}{dt} + \partial\varphi(u) \ni f$ , $u(0) = u_0$ avec $f(t) = B(t,u(t))$.

On conclut à l'aide du théorème 3.6. que u est une solution forte et que $\sqrt{t}\,\frac{du}{dt}(t) \in L^2(0,T;H)$.

REMARQUE 3.15.

On fait les hypothèses de la proposition 3.12 avec de plus $\mathrm{Min}\,\varphi = 0$ et $\varphi(v_0) = 0$. En suivant la méthode utilisée dans la démonstration du théorème 3.6. et en introduisant le poids $e^{-2\omega t}$ on montre que

$$\left[\int_0^T \left|\frac{du}{dt}(t)\right|^2 t\, e^{-2\omega t}dt\right]^{1/2} \leq \left[\int_0^T |B(t,v_0)|^2\, t\, e^{-2\omega t}dt\right]^{1/2} + \frac{1}{\sqrt{2}}(1+\omega T)\left(|u_0-v_0| + \int_0^T |B(t,v_0)|e^{-\omega t}dt\right)$$

PROPOSITION 3.13

Soit A un opérateur maximal monotone tel que $\mathrm{Int}(D(A)) \neq \emptyset$ et soit B une application de $[0,T] \times \overline{D(A)}$ dans H vérifiant

(56) il existe $\omega \geq 0$ tel que
$|B(t_1x_1)-B(t_1x_2)| \leq \omega|x_1-x_2| \qquad \forall t \in [0,T] \;,\; \forall x_1,x_2 \in \overline{D(A)}$

(57) pour tout $x \in \overline{D(A)}$, l'application $t \mapsto B(t,x)$ appartient à $L^\infty(0,T;H)$

Alors pour tout $u_o \in \overline{D(A)}$, il existe une solution unique $u \in W^{1,1}(0,T;H)$ de l'équation

$$\frac{du}{dt}(t) + Au(t) + B(t,u(t)) \ni 0 \quad , \quad u(0) = u_o \cdot$$

La démonstration est semblable à celle de la proposition 3.12 mais on conclut cette fois à l'aide du corollaire 3.3.

Indiquons enfin le résultat suivant de convergence dont la démonstration est une variante de celle du théorème 3.16.

PROPOSITION 3.14

Soient $A^n$ et $A$ des opérateurs maximaux monotones, $f_n$ et $f \in L^1(0,T;H)$, $u_{on} \in \overline{D(A^n)}$ et $u_o \in \overline{D(A)}$, $\omega \geq 0$.

Soient $u_n$ et $u$ les solutions respectives des équations

$$\frac{du_n}{dt} + A^n u_n - \omega u_n \ni f_n \quad , \quad u_n(0) = u_{on}$$

$$\frac{du}{dt} + Au - \omega u \ni f \quad , \quad u(0) = u_o \ .$$

On suppose que $u_{on} \to u_o$, $f_n \to f$ dans $L^1(0,T;H)$ et

$(I+\lambda A^n)^{-1}z \to (I+\lambda A)^{-1}z \quad \forall\lambda > 0 \quad$ et $\quad \forall z \in H$

Alors $u_n$ converge vers $u$ uniformément sur $[0,T]$

2°) CAS D'UN OPERATEUR MONOTONE NON MAXIMAL

THEOREME 3.18

*Soit* $A$ *un opérateur monotone (non nécessairement maximal) et fermé (i.e. le graphe de* $A$ *est fermé dans* $H \times H$*).*
*Soient* $C$ *un convexe fermé de* $H$ *et* $f \in L^1(0,T;H)$ *tels que p.p. sur* $]0,T[$ *on ait :*

$$(58) \quad (I+\lambda(A-f(t)))(C \cap D(A)) \supset C \qquad \forall\lambda > 0$$

*Alors pour tout* $u_o \in \overline{D(A)} \cap C$ *il existe une solution faible unique de l'équation*

$$\frac{du}{dt} + Au \ni f \quad , \quad u(0) = u_o$$

*De plus* $u(t) \in C$ *pour tout* $t \in [0,T]$

*Soit* $t_o \in [0,T[$ *un point de Lebesgue à droite de* $f$ *; alors* $u(t_o) \in D(A)$

*si et seulement si* u *est dérivable à droite en* $t_o$ *et dans ce cas, on a*

$$\frac{d^+u}{dt}(t_o) = (f(t_o+0)-\overline{\text{conv}}\ Au(t_o))^\circ \in f(t_o+0) - Au(t_o)$$

*En particulier* u *est solution forte de l'équation* $\frac{du}{dt} + Au \ni f$ *si et seulement si* u *est solution faible de l'équation* $\frac{du}{dt} + Au \ni f$ *et* u *est absolument continue sur tout compact de* $]0,T[$.
*Lorsque* $f \in VB(0,T;H)$, *alors* $u_o \in D(A)$ *si et seulement si* u *est lipschitzienne et dans ce cas* $u(t) \in D(A) \cap C$ *pour tout* $t \in [0,T]$.

Soit $S = \{y\in H\ ;\ (I+\lambda(A-y))(C\cap D(A)) \supset C \quad \forall\lambda > 0\}$
On vérifie aisément que S est fermé, et par hypothèse $f(t) \in S$ p.p. sur $]0,T[$
L'opérateur $\widetilde{A} = A + \partial I_{\overline{D(A)\cap C}}$ est l'unique prolongement maximal monotone de $A_{|C}$ ayant son domaine contenu dans $\overline{D(A)\cap C}$.
De plus $(\widetilde{A}x-y)^\circ = (\overline{\text{conv}}\ Ax-y)^\circ \in Ax-y \quad \forall x \in D(A)\cap C\ ,\ \forall y \in S$.
En effet pour $y \in S$, l'opérateur $B = A_{|C} - y$ est monotone fermé et vérifie $R(I+\lambda B) \supset C \supset \overline{\text{conv}}\ D(A) \cap C = \overline{\text{conv}}\ D(B)$.
On déduit de la proposition 2.19 que $\overline{D(A)\cap C}$ est convexe et que $\widetilde{B} = B+\partial I_{\overline{D(A)\cap C}} = A_{|C}-y+\partial I_{\overline{D(A)\cap C}} = A+\partial I_{\overline{D(A)\cap C}}-y$ est l'unique prolongement maximal monotone de B ayant son domaine contenu dans $\overline{D(A)\cap C}$. De plus pour $x \in D(\widetilde{B}) = D(A)\cap C$.

on a $(\widetilde{B})^\circ x = (\widetilde{A}x-y)^\circ = (\overline{\text{conv}}\ Ax-y)^\circ \in Ax-y$. Enfin on montre aisément que $\overline{D(A)\cap C} = \overline{D(A)} \cap C$.
Soit u la solution faible de l'équation

$$\frac{du}{dt} + \widetilde{A}u \ni f \quad , \quad u(0) = u_o .$$

On a $u(t) \in \overline{D(\widetilde{A})} = \overline{D(A)}\cap C$ pour tout $t \in [0,T]$. Lorsque $t_o \in [0,T[$ est un point de Lebesgue à droite de f, on a d'une part $f(t_o+0) \in S$ car S est fermé et d'autre part $u(t_o) \in D(\widetilde{A}) = D(A)\cap C$ si et seulement si u est dérivable à droite en $t_o$ ; dans ce cas on a

$$\frac{d^+u}{dt}(t_o) = (f(t_o+0) - \widetilde{A}u(t_o))^\circ = (f(t_o+0) - \overline{\text{conv}}\ Au(t_o))^\circ \in f(t_o+0) - Au(t_o)$$

Lorsque $f \in VB(0,T;H)$, on sait que $u_o \in D(\widetilde{A}) = D(A) \cap C$ si et seulement si u est lipschitzienne. Donc sous ces hypothèses l'équation $\frac{du}{dt} + Au \ni f$, $u(0)=u_o$ admet une solution forte.
Dans le cas général où $f \in L^1(0,T;H)$ et $f(t) \in S$ p.p. sur $]0,T[$ , on considère une suite $f_n$ de fonctions en escalier sur $[0,T]$ à valeurs dans S telles que $f_n \to f$ dans $L^1(0,T;H)$ (cf lemme A.0).
Soit $u_{on} \in D(A)\cap C$ tel que $u_{on} \to u_o$ et soit $u_n$ la solution (forte)de l'équation

$$\frac{du_n}{dt} + Au_n \ni f_n \quad , \quad u_n(0) = u_{on}$$

Alors $u_n$ converge uniformément sur $[0,T]$ vers u qui est (par définition) solution(faible) de l'équation $\frac{du}{dt} + Au \ni f$ , $u(0) = u_o$.

REMARQUE 3.16

On fait les hypothèses du théorème 3.18. Soit u une solution faible de l'équation $\frac{du}{dt} + Au \ni f$ avec $f \in L^1(0,T;H)$. Supposons que $t_0 \in ]0,T]$ soit un point de Lebesgue à gauche de f et que u soit dérivable à gauche en $t_0$. Alors $u(t_0) \in D(A)$ et $\frac{d^- u}{dt}(t_0) \in f(t_0-0)-Au(t_0)$.

Notons que u est une solution faible de l'équation $\frac{du}{dt} + \tilde{A}u \ni f$ ; grâce au lemme 3.2 nous obtenons seulement $u(t_0) \in D(\tilde{A}) = D(A) \cap C$ et $f(t_0-0) - \frac{d^- u}{dt}(t_0) \in \tilde{A}u(t_0)$, ce qui est insuffisant. Pour conclure la démonstration nous utiliserons la méthode suivante

Posons, pour $\lambda > 0$, $\varphi(\lambda) = \frac{1}{\lambda}(u(t_0-\lambda)-u(t_0)) + \frac{d^- u}{dt}(t_0)$, de sorte que $\lim_{\lambda\to 0} |\varphi(\lambda)| = 0$.

Comme $f(t_0-0) \in S$, il existe d'après l'hypothèse (58) $[x_\lambda, y_\lambda] \in A$ avec $x_\lambda \in C$ tel que $u(t_0-\lambda) = x_\lambda + \lambda(y_\lambda - f(t_0-0))$. Puisque $[x_\lambda, y_\lambda] \in \tilde{A}$, on a grâce à (27)

$$\left(\frac{u(t_0)-u(t_0-h)}{h}, u(t_0-h)-x_\lambda\right) \leq \frac{1}{h} \int_{t_0-h}^{t_0} (f(s)-y_\lambda, u(s)-x_\lambda)ds \quad \forall h>0 , \forall \lambda>0 .$$

Par conséquent

$$\left(\frac{d^- u}{dt}(t_0), u(t_0)-x_\lambda\right) \leq \left(f(t_0-0)-y_\lambda , u(t_0)-x_\lambda\right) ,$$

d'où

$$\frac{1}{\lambda} |u(t_0)-x_\lambda|^2 \leq \left(-\frac{d^- u}{dt}(t_0) + \frac{u(t_0)-u(t_0-\lambda)}{\lambda}, u(t_0)-x_\lambda\right)$$

Donc

$$|u(t_0) - x_\lambda| \leq \lambda|\varphi(\lambda)| \quad \text{et} \quad |y_\lambda - f(t_0-0) + \frac{d^- u}{dt}(t_0)| \leq 2|\varphi(\lambda)|$$

Enfin comme A est fermé on a

$$\frac{d^- u}{dt}(t_0) \in f(t_0-0) - Au(t_0).$$

REMARQUE 3.17

La conclusion du théorème 3.19 demeure inchangée si on remplace l'hypothèse "A monotone" par "il existe $\omega > 0$ tel que $A+\omega I$ soit monotone". (Cf Brezis [6] théorèmes 3 et 4 ).

REMARQUE 3.18

Les considérations précédentes sont aussi valables pour le problème périodique. Indiquons à titre d'exemple le résultat suivant :

Soit A un opérateur fermé tel que $(y_1-y_2, x_1-x_2) \geq \omega|x_1-x_2|^2$ $\forall[x_1,y_1] \in A$, $\forall[x_2,y_2] \in A$ avec $\omega > 0$.

Soient C un convexe fermé et $f \in VB(0,T;H)$ tels que p.p. sur $]0,T[$ , $(I+\lambda(A-f(t)))(C \cap D(A)) \supset C$ $\forall\lambda > 0$.
Alors l'équation $\frac{du}{dt} + Au \ni f$ , $u(0) = u(T)$ admet une solution forte lipschitzienne et $u(t) \in C$ pour tout $t \in [0,T]$.

# CHAPITRE IV : PROPRIETES DES SEMI-GROUPES DE CONTRACTIONS NON LINEAIRES

Plan :

1. Une version non linéaire du théorème de Hille-Yosida-Phillips

2. Propriétés de convergence : théorème de Neveu-Trotter-Kato pour des semi-groupes non linéaires.

3. Approximation des semi-groupes non linéaires : formule exponentielle, formules de Chernoff et Trotter

4. Sous-ensembles invariants , fonctions de Liapounov convexes et opérateurs $\partial\varphi$-monotones.

## 1 - UNE VERSION NON LINEAIRE DU THEOREME DE HILLE - YOSIDA - PHILLIPS

Soit C une partie d'un espace de Hilbert H et soit $\{S(t)\}_{t\geq 0}$ une famille d'applications de C dans C dépendant d'un paramètre $t \geq 0$.

On dit que S(t) est un semi groupe continu de contractions non linéaires sur C (par commodité on dira simplement semi-groupe) s'il vérifie les propriétés suivantes :

(1) $S(0) = Id$ et $S(t_1) \circ S(t_2) = S(t_1+t_2)$ $\forall t_1, t_2 \geq 0$

(2) $\lim\limits_{t\downarrow 0} |S(t)x-x| = 0$ $\forall x \in C$

(3) $|S(t)x-S(t)y| \leq |x-y|$ · $\forall x, y \in C$ , $\forall t \geq 0$ .

Rappelons d'autre part (cf théorème 3.1) qu'étant donné un opérateur maximal monotone dans H, l'application S(t) qui à $x \in D(A)$ fait correspondre la valeur à l'instant $t \geq 0$ de la solution de l'équation $\frac{du}{dt} + Au \ni 0$ , $u(0) = x$, définit un semi-groupe sur D(A) ; ce semi groupe est prolongé par continuité à $\overline{D(A)}$. On obtient ainsi le semi groupe engendré par -A sur D(A)

On va montrer qu'inversement, à tout semi-groupe S(t) défini sur un convexe fermé C, on peut associer un opérateur maximal monotone A unique tel que $\overline{D(A)} = C$ et que S(t) coincide avec le semi-groupe engendré par -A. Cette correspondance bijective entre semi-groupes et opérateurs maximaux monotones généralise (dans le cadre hilbertien) un résultat linéaire bien connu de HILLE-YOSIDA-PHILLIPS.

### THEOREME 4.1

*Soit* S(t) *un semi-groupe sur un convexe fermé* C.
*Alors il existe un opérateur maximal monotone* A *unique tel que* $\overline{D(A)} = C$ *et que* S(t) *coincide avec le semi-groupe engendré par* -A.
*Autrement dit, il existe un opérateur maximal monotone* A *unique tel que* $\overline{D(A)} = C$ *et que*

(4) $\lim\limits_{t\downarrow 0} \frac{x-S(t)x}{t} = A^{\circ}x$ *pour tout* $x \in D(A)$

Unicité

Soient A et B deux opérateurs maximaux monotones tels que $\overline{D(A)} = \overline{D(B)} = C$ et que

$$\lim_{t\downarrow 0} \frac{x-S(t)x}{t} = A^\circ x \quad \forall x \in D(A), \quad \lim_{t\downarrow 0} \frac{x-S(t)x}{t} = B^\circ x \quad \forall x \in D(B)$$

Comme S(t) est une contraction on a

$$(x-S(t)x - (y-S(t)y), x-y) \geqslant 0 \qquad \forall x,y \in C$$

Donc $\quad (A^\circ x - B^\circ y, x-y) \geqslant 0 \qquad \forall x \in D(A)\ ,\ \forall y \in D(B)$

Il en résulte, puisque $A^\circ$ et $B^\circ$ sont des sections principales (cf proposition 2.7), que $D(A) = D(B)$. Par conséquent $D(A)=D(B)$ et $A^\circ = B^\circ$ ; on conclut à l'aide du corollaire 2.2 que $A = B$.

Avant d'aborder le problème de l'existence de A notons la proposition suivante :

PROPOSITION 4.1.

Soit A un opérateur maximal monotone et soit S(t) le semi groupe engendré par -A sur $\overline{D(A)}$.

Alors on a

$$\lim_{t\downarrow 0} (I + \frac{\lambda}{t} (I-S(t)\mathrm{Proj}_{\overline{D(A)}}))^{-1}x = (I + \lambda A)^{-1}x$$

pour tout $x \in H$ et tout $\lambda > 0$

En particulier

$$\lim_{t\downarrow 0} (I + \frac{\lambda}{t}(I-S(t)))^{-1}x = (I + \lambda A)^{-1}x \qquad \text{pour tout } x\in D(A) \text{ et tout } \lambda>0.$$

Démonstration de la proposition 4.1.

Posons $\quad y_t = (I+\frac{\lambda}{t}(I-S(t)\mathrm{Proj}_{\overline{D(A)}}))^{-1}x \quad$, de sorte que

$$y_t + \frac{\lambda}{t}(y_t-S(t)\mathrm{Proj}_{\overline{D(A)}}y_t) = x$$

Soit $\xi \in D(A)$ ; on a

$$(y_t - S(t)\mathrm{Proj}_{\overline{D(A)}}y_t - (\xi-S(t)\xi),\ y_t-\xi) \geqslant 0$$

Donc

$$(5) \qquad (\frac{x-y_t}{\lambda} - \frac{\xi-S(t)\xi}{t}\ ,\ y_t - \xi) \geqslant 0$$

Comme $\lim_{t\downarrow 0} \frac{\xi-S(t)\xi}{t} = A^\circ\xi$ (cf théorème 3.1.), on deduit de (5) que $y_t$ demeure borné quand $t \to 0$. Soit $t_n \to 0$ tel que $y_{t_n} \rightharpoonup u$ ; on a

$$\left(\frac{x-u}{\lambda} - A^\circ\xi,\ u-\xi\right) \geq 0$$

De plus $u \in \overline{D(A)}$ car $S(t)\mathrm{Proj}_{\overline{D(A)}}\, y_t \in \overline{D(A)}$ et $|y_t - S(t)\mathrm{Proj}_{\overline{D(A)}} y_t| \to 0$ quand $t \to 0$.

Il résulte de la proposition 2.7 que $\left[u;\frac{x-u}{\lambda}\right] \in A$ i.e. $u = J_\lambda x = (I+\lambda A)^{-1}x$.

Par suite $y_t \rightharpoonup J_\lambda x$ quand $t \to 0$.

Enfin, on a grâce à (5)

$$\limsup_{t \downarrow 0} |y_t|^2 \leq (x, J_\lambda x - \xi) + (J_\lambda x, \xi) - \lambda(A^\circ\xi,\ J_\lambda x - \xi).$$

Prenant en particulier $\xi = J_\lambda x$, il vient

$$\limsup_{t \downarrow 0} |y_t|^2 \leq |J_\lambda x|^2 \quad \text{et donc} \quad y_t \to J_\lambda x \quad \text{quand } t \to 0.$$

Inversement, étant donné un semi-groupe $S(t)$ sur $C$, il est naturel de commencer par établir que $(I+\frac{\lambda}{t}(I-S(t)))^{-1}x$ converge quand $t \downarrow 0$.

<u>LEMME 4.1.</u>

Soit $S(t)$ un semi groupe sur un convexe fermé $C$. Soit $x \in C$ et posons $y_{\lambda,t} = (I + \frac{\lambda}{t}(I-S(t)))^{-1}x$.

Alors $y_{\lambda,t}$ converge vers $y_\lambda$ lorsque $t \to 0$ avec $t \in \mathbb{Q}$ ($\lambda$ étant <u>fixé</u>)

De plus $y_\lambda \to x$ quand $\lambda \to 0$ et $\dfrac{|y_\lambda - S(t)y_\lambda|}{t} \leq \dfrac{|y_\lambda - x|}{\lambda}$ pour tout $t > 0$.

Soit $\delta(\varepsilon)$ le module de continuité de la fonction $t \mapsto S(t)x$ en $t = 0$, i.e. $|x-S(t)x| < \varepsilon$ pour $0 < t < \delta(\varepsilon)$.

La démonstration du lemme 4.1. est basée sur les lemmes suivants.

<u>LEMME 4.2.</u>

Soient $\sigma, \tau$ tels que $\sigma = n\tau$ ( $n$ entier $\geq 1$) et $0 < \sigma < \delta(\varepsilon)$

Alors $|y_{\lambda,\sigma} - y_{\lambda,\tau}|^2 \leq 2\varepsilon\, |y_{\lambda,\tau} - x|$

<u>Démonstration du Lemme 4.2.</u>

Pour simplifier les notations on peut toujours se ramener au cas où <u>$x = 0$</u> et poser $y_t = y_{\lambda,t}$ de sorte que
$y_t + \frac{\lambda}{t}(y_t - S(t)\, y_t) = 0.$

Pour $k = 1,2,\ldots,n$ on a

$$|y_\tau - S(k\tau)y_\sigma + \frac{\tau}{\lambda} y_\tau| = |S(\tau)y_\tau - S(k\tau)y_\sigma| \leqslant |y_\tau - S(k-1)\tau)y_\sigma|,$$

d'où

$$|y_\tau - S(k\tau)y_\sigma|^2 + 2(y_\tau - S(k\tau)y_\sigma, \frac{\tau}{\lambda} y_\tau) \leqslant |y_\tau - S((k-1)\tau)y_\sigma|^2$$

En sommant ces inégalités, on obtient

$$|y_\tau - S(\sigma)y_\sigma|^2 + \frac{2\tau}{\lambda}\sum_{k=1}^{n}(y_\tau - S(k\tau)y_\sigma, y_\tau) \leqslant |y_\tau - y_\sigma|^2$$

Or

$$|y_\tau - S(\sigma)y_\sigma|^2 = |y_\tau - y_\sigma - \frac{\sigma}{\lambda} y_\sigma| \geqslant |y_\tau - y_\sigma|^2 - \frac{2\sigma}{\lambda}(y_\tau - y_\sigma, y_\sigma) \quad \text{et}$$

$$\frac{\tau}{\lambda}\sum_{k=1}^{n}(y_\tau - S(k\tau)y_\sigma, y_\tau) = \frac{\sigma}{\lambda}|y_\tau|^2 - \frac{\tau}{\lambda}\sum_{k=1}^{n}(S(k\tau)y_\sigma, y_\tau)$$

Par conséquent

$$|y_\tau|^2 - (y_\tau, y_\sigma) + |y_\sigma|^2 \leqslant \frac{1}{n}\sum_{k=1}^{n}(S(k\tau)y_\sigma, y_\tau) \leqslant |y_\tau|(|y_\sigma| + \varepsilon)$$

D'où compte tenu de l'inégalité $|y_\tau|\,|y_\sigma| \leqslant \frac{1}{2}|y_\tau|^2 + \frac{1}{2}|y_\sigma|^2$,

il vient $\frac{1}{2}|y_\tau - y_\sigma|^2 \leqslant \varepsilon|y_\tau - x|$

**LEMME 4.3.**

On a

$$|y_{\lambda,\tau} - x| \leqslant 2\varepsilon\left(1 + \frac{2\lambda}{\delta(\varepsilon)}\right) \quad \text{pour tout } \lambda > 0 \text{ et tout } \tau \in \left]0,\delta(\varepsilon)\right[$$

**Démonstration du lemme 4.3**

Si $\frac{\delta(\varepsilon)}{2} \leqslant \tau < \delta(\varepsilon)$, on a

$$|y_{\lambda,\tau}| \leqslant \frac{\lambda}{\lambda+\tau}|S(\tau)y_{\lambda,\tau}| \leqslant \frac{\lambda}{\lambda+\tau}(|y_{\lambda,\tau}| + \varepsilon)$$

et donc $|y_{\lambda,\tau}| \leqslant \frac{\lambda\varepsilon}{\tau} < \frac{2\lambda\varepsilon}{\delta(\varepsilon)}$

Si $\tau < \frac{\delta(\varepsilon)}{2}$, il existe un entier $n \geqslant 1$ tel que $\frac{\delta(\varepsilon)}{2} \leqslant n\tau < \delta(\varepsilon)$.

D'après le lemme 4.2 on a

$$|y_{\lambda,\tau} - y_{\lambda,n\tau}|^2 \leqslant 2\varepsilon|y_{\lambda,\tau}|$$

Grâce à ce qui précède $|y_{\lambda,n\tau}| \leqslant \dfrac{2\lambda\varepsilon}{\delta(\varepsilon)}$ et par conséquent

$$|y_{\lambda,\tau}|^2 \leqslant 2\,|y_{\lambda,\tau}|\,|y_{\lambda,n\tau}| + 2\varepsilon|y_{\lambda,\tau}| \leqslant 2|y_{\lambda,\tau}|\,(\frac{2\lambda\varepsilon}{\delta(\varepsilon)} + \varepsilon)$$

Démonstration du lemme 4.1.

D'après le lemme 4.3 on sait que $|y_{\lambda,t}|$ demeure borné quand $t \to 0$, soit $|y_{\lambda,t}-x| \leqslant M$ pour $t \in \left]0,\delta(\varepsilon)\right[$. Montrons que $y_{\lambda,t}$ est de Cauchy quand $t \to 0$, $t \in \mathbb{Q}$.

Soit $\varepsilon > 0$ et soient $t \in \left]0,\delta(\varepsilon)\right[\cap\mathbb{Q}$ , $t' \in \left]0,\delta(\varepsilon)\right[\cap\mathbb{Q}$

Soient n et n' des entiers $\geqslant 1$ tels que $\dfrac{t}{n} = \dfrac{t'}{n'} = \tau$

Le lemme 4.2 montre que

$$|y_{\lambda,t} - y_{\lambda,\tau}|^2 \leqslant 2\varepsilon|y_{\lambda,\tau} - x|$$

$$|y_{\lambda,t'} - y_{\lambda,\tau}|^2 \leqslant 2\varepsilon|y_{\lambda,\tau} - x|$$

Par suite

$$|y_{\lambda,t} - y_{\lambda,t'}| \leqslant 2\sqrt{2\varepsilon M}$$

Posons $y_\lambda = \lim\limits_{\substack{t\downarrow 0\\ t\in\mathbb{Q}}} y_{\lambda,t}$ ; on déduit du lemme 4.3 que $|y_\lambda - x| \leqslant 2\varepsilon(1+\dfrac{2\lambda}{\delta(\varepsilon)})$.

En particulier si $0 < \lambda < \delta(\varepsilon)$ on a $|y_\lambda - x| \leqslant 6\varepsilon$

Enfin étant donnés $t \in \mathbb{Q}$, $t > 0$ et $\tau = \dfrac{t}{n}$, on a

$$\frac{|y_{\lambda,\tau} - S(t)y_{\lambda,\tau}|}{t} = \frac{|y_{\lambda,\tau} - S(\tau)^n y_{\lambda,\tau}|}{t}$$

Or

$$|y_{\lambda,\tau} - S(\tau)^n\, y_{\lambda,\tau}| = |\sum_{i=1} S(\tau)^{i-1}y_{\lambda,\tau} - S(\tau)^i\, y_{\lambda,\tau}| \leqslant n|y_{\lambda,\tau} - S(\tau)y_{\lambda,\tau}|$$

et donc

$$\frac{|y_{\lambda,\tau} - S(t)y_{\lambda,\tau}|}{t} \leqslant \frac{|y_{\lambda,\tau} - S(\tau)y_{\lambda,\tau}|}{\tau} = \frac{|x - y_{\lambda,\tau}|}{\lambda}$$

Passant à la limite quand $n \to +\infty$ ($t$ et $\lambda$ fixés), il vient

$$\frac{|y_\lambda - S(t)y_\lambda|}{t} \leqslant \frac{|x-y_\lambda|}{\lambda} \quad \text{pour tout } t \in \mathbb{Q} \ , \quad t > 0 .$$

Par continuité, on obtient la même estimation pour tout $t > 0$.

Démonstration du théorème 4.1.

Existence

Introduisons

$$D_o = \{x \in C \ ; \ \sup_{t>0} \frac{|x-S(t)x|}{t} < +\infty\}$$

$$D(A_o) = \{x \in C \ ; \ \lim_{t \downarrow 0} \frac{x-S(t)x}{t} \text{ existe}\}$$

et $A_o x = \lim_{t \downarrow 0} \frac{x-S(t)x}{t}$ , défini pour $x \in D(A_o)$

Comme $A_o$ est monotone, il existe un prolongement maximal monotone $A$ de $A_o$ tel que $D(A) \subset \overline{\text{conv}}\ D(A_o) \subset C$ (cf corollaire 2.1). Soit $\hat{S}(t)$ le semi groupe engendré par $-A$ sur $\overline{D(A)}$.

Etant donné $x \in D_o$, la fonction $t \mapsto u(t) = S(t)x$ est lipschitzienne ; en effet

$$|S(t+h)x - S(t)x| = |S(t)\ S(h)x - S(t)x| \leqslant |S(h)x-x| \leqslant Mh$$

où $M = \sup_{t>0} \frac{|S(t)x-x|}{t}$

Soit $t_o \in ]0, +\infty[$ un point où $u(t)$ est dérivable. On a

$$\frac{du}{dt}(t_o) = \lim_{h \downarrow 0} \frac{S(t_o+h)x - S(t_o)x}{h} = \lim_{h \downarrow 0} \frac{S(h)u(t_o)-u(t_o)}{h}$$

Par suite $u(t_o) \in D(A_o)$ et $\frac{du}{dt}(t_o) = -A_o u(t_o)$.

La fonction $u(t)$ étant lipschitzienne est dérivable p.p. (cf corollaire A.2) et on a

$$\frac{du}{dt}(t) + Au(t) \ni 0 \qquad \text{p.p. sur } ]0, +\infty[$$

Il en résulte que $x \in \overline{D(A)}$ et $S(t)x = \hat{S}(t)x$ pour tout $t \geqslant 0$.

Par conséquent $D_0 \subset \overline{D(A)}$ et $S(t)x = \hat{S}(t)x$ pour tout $t \geqslant 0$ et tout $x \in D_0$.
Enfin $\overline{D_0}=C$ d'après le lemme 4.1 (puisque $y_\lambda \in D_0$ et $y_\lambda \to x$ quand $\lambda \to 0$) ;
Donc $\overline{D(A)} = C$ et $S(t)x = \hat{S}(t)x$ pour tout $t \geqslant 0$ et tout $x \in C$.

COROLLAIRE 4.1.

Supposons que $\dim H < +\infty$ et soit $S(t)$ un semi groupe défini sur un convexe fermé C. Pour tout $x \in C$, la fonction $t \mapsto S(t)x$ est dérivable p.p. sur $]0, +\infty[$ est dérivable à droite en tout $t \in ]0,+\infty[$

Il suffit d'appliquer le théorème 4.1 et le corollaire 3.1. Il est en fait inutile de supposer que C est convexe et fermé car tout semi-groupe défini sur C peut être prolongé en un semi-groupe défini sur $\overline{\text{conv}}$ C. (cf Komura [2] et aussi Brézis-Pazy [1]).

## 2 - PROPRIETES DE CONVERGENCE : THEOREME DE NEVEU-TROTTER-KATO POUR DES SEMI GROUPES NON LINEAIRES

Il est bien connu dans le cas linéaire, qu'étant donnée une suite d'opérateurs $A^n$ et de semi-groupes $S_n(t)$ engendrés par $-A^n$, alors la convergence des $S_n(t)$ équivaut à la convergence des résolvantes $(I+\lambda A^n)^{-1}$ On se propose d'établir un résultat semblable pour des opérateurs non linéaires.

THEOREME 4.2.

*Soient* $(A^n)_{n\geqslant 1}$ *et* A *des opérateurs maximaux monotones tels que* $\overline{D(A)} \subset \bigcap_{n\geqslant 1} \overline{D(A^n)}$.
*Soient* $S_n(t)$ *et* $S(t)$ *les semi-groupes engendrés respectivement par* $-A^n$ *et* $-A$.
*Alors les propriétés suivantes sont équivalentes :*

*i) pour tout* $x \in \overline{D(A)}$, $S_n(t)x \to S(t)x$ *lorsque* $n \to +\infty$ *uniformément sur rour compact de* $[0, +\infty[$

*ii) Pour tout* $x \in \overline{D(A)}$ *et tout* $\lambda > 0$, $(I+\lambda A^n)^{-1}x \to (I+\lambda A)^{-1}x$ *lorsque* $n \to +\infty$

L'implication ii) $\Rightarrow$ i) résulte directement du théorème 3.16.

Démontrons que i) $\Rightarrow$ ii) ; posons pour $x \in \overline{D(A)}$

$$y_t^n = (I + \frac{\lambda}{t}(I - S_n(t)))^{-1}x \quad , \quad y_t = (I + \frac{\lambda}{t}(I - S(t)))^{-1}x \; ,$$

$$z^n = (I + \lambda A^n)^{-1}x \qquad \text{et} \qquad z = (I + \lambda A)^{-1}x.$$

La convergence de $S_n(t)x$ étant uniforme sur tout compact de $[0, +\infty[$ , il existe un module de continuité $\delta(\varepsilon)$ en $t = 0$ commun à tous les $S_n$ i.e.

$$|S_n(t) - x| < \varepsilon \quad \text{pour tout } t \in [0, \delta(\varepsilon)[ \text{ et tout } n \geq 1$$

$$|S(t)x - x| < \varepsilon \quad \text{pour tout } t \in [0, \delta(\varepsilon)[$$

On a d'après le lemme 4.3.

$$|y_t^n - x| \leq 2(1 + \frac{2\lambda}{\delta(1)}) \text{ et } |y_t - x| \leq 2(1 + \frac{2\lambda}{\delta(1)}) \text{ pour } t \in [0, \delta(1)[$$

Il résulte du lemme 4.2. que

$$|y_t^n - y_s^n| \leq 4\varepsilon(1 + \frac{2\lambda}{\delta(1)}) \quad \text{et} \quad |y_t - y_s| \leq 4\varepsilon(1 + \frac{2\lambda}{\delta(1)})$$

pour $t \in ]0, \delta[$ avec $\delta = \mathrm{Min}\{\delta(\varepsilon), \delta(1)\}$ et $s = \frac{t}{m}$, m entier $\geq 1$ .

Passant à la limite quand $m \to +\infty$, on obtient grâce à la proposition 4.1

$$|y_t^n - z^n| \leq 4\varepsilon(1 + \frac{2\lambda}{\delta(1)}) \quad \text{et} \quad |y_t - z| \leq 4\varepsilon(1 + \frac{2\lambda}{\delta(1)}) \text{ pour } t \in ]0, \delta[$$

Ainsi

$$|z^n - z| \leq 8\varepsilon(1 + \frac{2\lambda}{\delta(1)}) + |y_t^n - y_t| \qquad \text{pour } t \in ]0, \delta[$$

Or

$$y_t^n - y_t = \frac{\lambda}{\lambda + t}(S_n(t)y_t^n - S(t)y_t)$$

et donc $\quad |y_t^n - y_t| \leq \frac{\lambda}{t} |S_n(t)y_t - S(t)y_t|$

Par conséquent $\limsup_{n\to+\infty} |z^n - z| \leqslant 8\varepsilon\,(1+\frac{2\lambda}{\delta(1)})$ et $\lim_{n\to+\infty} z^n = z$

REMARQUE 4.1.

Dans le cas d'opérateurs linéaires l'implication i) $\Rightarrow$ ii) résulte directement de la formule

$$(I + \lambda A)^{-1}x = \frac{1}{\lambda}\int_0^{+\infty} e^{-t/\lambda}\, S(t)x\, dt \ .$$

On construit aisément des exemples montrant que cette représentation n'est pas valable pour des opérateurs non linéaires.

PROPOSITION 4.2.

Soit $(A^n)_{n\geqslant 1}$ une suite d'opérateurs maximaux monotones et soit $S_n(t)$ le semi groupe engendré par $-A^n$. Soit C un convexe fermé tel que pour tout $x \in C$ et tout $\lambda > 0$, $(I+\lambda A^n)^{-1}x$ converge quand $n \to +\infty$. On pose $J_\lambda x = \lim_{n\to+\infty} (I+\lambda A^n)^{-1}x$ et on suppose que $J_\lambda C \subset C$ pour tout $\lambda > 0$.

Alors $C_0 = \overline{\bigcup_{\lambda>0} J_\lambda C}$ est convexe et il existe un semi groupe $S(t)$ sur $C_0$, unique, vérifiant :
pour toute suite $x^n \in \overline{D(A^n)}$ telle que $x^n \to x$ avec $x \in C_0$ on a $S_n(t)x^n \to S(t)x$ uniformément sur tout compact de $[0,+\infty[$.

De plus si $-A$ désigne le générateur de $S(t)$ alors $J_\lambda x = (I + \lambda A)^{-1}x$ pour tout $x \in C$ et tout $\lambda > 0$.

Posons $J_\lambda^n = (I + \lambda A^n)^{-1}$ et considérons

$$A(\lambda) = \{[J_\lambda x\ ,\ \frac{x - J_\lambda x}{\lambda}];\ x \in C\}\ .$$

Soient $x, y \in C$ ; on a

$$(\frac{x-J_\lambda^n x}{\lambda} - \frac{y-J_\lambda^n y}{\lambda}\ ,\ J_\lambda^n x - J_\lambda^n y) \geqslant 0 \qquad \text{pour tout } n \geqslant 1 \text{ et } \lambda > 0.$$

Passant à la limite quand $n \to +\infty$, il vient

$$(\frac{x-J_\lambda x}{\lambda} - \frac{y-J_\lambda y}{\lambda}\ \ J_\lambda x - J_\lambda y) \geqslant 0 \qquad \forall x,y \in C\ ,\ \forall\lambda > 0 \text{ et donc}$$

$A(\lambda)$ est monotone.

D'autre part pour $x \in C$ et $\lambda \geqslant \mu > 0$, on a

$$J_\lambda^n\, x = J_\mu^n(\frac{\mu}{\lambda}\, x + \frac{\lambda-\mu}{\lambda}\ J_\lambda^n\, x\ ) \quad \text{pour tout } n \geqslant 1\ .$$

Posant $z = \frac{\mu}{\lambda}\, x + \frac{\lambda-\mu}{\lambda}\ J_\lambda x \ \in C$, on obtient

$$|J_\lambda x - J_\mu z| \leqslant |J_\lambda x - J_\lambda^n x| + |J_\mu^n(\frac{\mu}{\lambda} x + \frac{\lambda-\mu}{\lambda} J_\lambda^n x) - J_\mu^n z| + |J_\mu^n z - J_\mu z|$$

$$\leqslant (1 + \frac{\lambda-\mu}{\lambda}) |J_\lambda x - J_\lambda^n x| + |J_\mu^n z - J_\mu z| .$$

Par conséquent $J_\lambda x = J_\mu z$ ; ceci montre que $A(\lambda) \subset A(\mu)$ pour $\lambda \geqslant \mu > 0$.

L'opérateur $A_o = \overline{\bigcup_{\lambda>0} A(\lambda)}$ est monotone fermé et vérifie $J_\lambda x = (I+\lambda A_o)^{-1}x$ pour tout $x \in C$ et tout $\lambda > 0$.
Par application de la proposition 2.19, $\overline{D(A_o)}$ est convexe et $A = A_o + \partial I_{\overline{D(A_o)}}$ est maximal monotone.
Or $\bigcup_{\lambda>0} J_\lambda C \subset D(A_o) \subset \overline{\bigcup_{\lambda>0} J_\lambda C}$ et par suite $C_o = \overline{D(A_o)}$.
Grâce à la proposition 3.16 on voit que le semi-groupe $S(t)$ engendré par $-A$ répond au problème.
Pour démontrer l'unicité, il suffit de remarquer que pour tout $x \in C$, il existe $x_n \in D(A^n)$ tel que $x_n \to x$.

COROLLAIRE 4.2.

Soit $(A^n)_{n\geqslant 1}$ une suite d'opérateurs maximaux monotones et soit $S_n(t)$ le semi groupe engendré par $-A^n$. On suppose qu'il existe $\lambda_o > 0$ tel que pour tout $x \in H$ $(I + \lambda_o A^n)^{-1}x$ converge quand $n \to +\infty$ et on pose

$$J_{\lambda_o} = \lim_{n\to+\infty} (I + \lambda_o A^n)^{-1}x$$

Alors $C_o = \overline{R(J_{\lambda_o})}$ est convexe et il existe un semi-groupe $S(t)$ sur $C_o$, unique, vérifiant : pour toute suite $x_n \in \overline{D(A^n)}$ telle que $x_n \to x$ avec $x \in C_o$, on a $S_n(t)x_n \to S(t)x$ uniformément sur tout compact de $[0,+\infty[$. De plus si $-A$ désigne le générateur de $S(t)$, alors $(I+\lambda A^n)^{-1}x \to (I+\lambda A)^{-1}x$ quand $n \to +\infty$, pour tout $x \in H$ et tout $\lambda > 0$.

D'après la proposition 4.3 il suffit de prouver que $(I+\lambda A^n)^{-1}x$ converge quand $n \to +\infty$ pour tout $\lambda > 0$ et tout $x \in H$, et $\lim_{n\to+\infty} (I+\lambda A^n)^{-1}x = J_\lambda x \in R(J_{\lambda_o})$.

On commence par le montrer pour $\lambda > \frac{\lambda_o}{2}$ et le cas général s'en déduit par réitération.
Soient donc $\lambda > \frac{\lambda_o}{2}$ et $x \in H$. Il existe $\xi \in H$ unique tel que $x = \frac{\lambda}{\lambda_o}\xi + \frac{\lambda_o-\lambda}{\lambda_o} J_{\lambda_o}\xi$ et l'application $\xi \mapsto \frac{\lambda_o}{\lambda} x + (1-\frac{\lambda_o}{\lambda}) J_{\lambda_o}\xi$ est une contraction de $H$ dans $H$ (puisque $|1 - \frac{\lambda_o}{\lambda}| < 1$).

Posant $J_\lambda^n = (I + \lambda A^n)^{-1}$, on a

$$|J_\lambda^n x - J_{\lambda_0}\xi| \leqslant |J_{\lambda_0}^n(\frac{\lambda_0}{\lambda} x + \frac{\lambda-\lambda_0}{\lambda} J_\lambda^n x) - J_{\lambda_0}^n \xi| + |J_{\lambda_0}^n \xi - J_{\lambda_0}\xi|$$

$$\leqslant \frac{|\lambda_0-\lambda|}{\lambda} |J_\lambda^n x - J_{\lambda_0}\xi| + |J_{\lambda_0}^n\xi - J_{\lambda_0}\xi| .$$

Donc $$|J_\lambda^n x - J_{\lambda_0} \xi| \leqslant \frac{\lambda}{\lambda-|\lambda-\lambda_0|} |J_{\lambda_0}^n \xi - J_{\lambda_0} \xi|$$

et par conséquent $J_\lambda^n \to J_{\lambda_0}\xi$ quand $n \to +\infty$ .

## 3 - APPROXIMATION DES SEMI GROUPES NON LINEAIRES : FORMULE EXPONENTIELLE, FORMULES DE CHERNOFF ET TROTTER

THEOREME 4.3

*Soit* $A$ *un opérateur maximal monotone et soit* $S(t)$ *le semi groupe engendré par* $-A$.
*Soit* $C$ *un convexe fermé de* $H$ *et soit* $\{F(\rho)\}_{\rho>0}$ *une famille de contractions de* $C$ *dans* $C$.
*On suppose que*

$$(6) \quad \lim_{\rho\to 0}(I + \frac{\lambda}{\rho}(I - F(\rho)))^{-1}x = (I + \lambda A)^{-1}x \qquad \forall x \in D(A)\cap C \; , \; \forall\lambda > 0 .$$

*Alors, pour tout* $x \in \overline{D(A)} \cap C$ , $F(\frac{t}{n})^n \to S(t)x$ *quand* $n \to +\infty$ , *uniformément sur tout compact de* $[0, +\infty[$

Pour tout $\rho>0$, l'opérateur $A_\rho = \frac{1}{\rho}(I-F(\rho)) + \partial I_C$ est maximal monotone ; soit $S_\rho(t)$ le semi-groupe engendré par $-A$ sur $C$.
Pour $x \in C$, la fonction $u(t) = S_\rho(t)x$ vérifie
$\frac{du}{dt} + \frac{1}{\rho}(u-F(\rho)u) = 0$ , $u(0) = x$ ; on déduit alors du théorème 1.7 que

$$(7) \quad |S_\rho(t)x - F(\rho)^n x| \leqslant \left[(n - \frac{t}{\rho})^2 + \frac{t}{\rho}\right]^{1/2} |x - F(\rho)x| .$$

Posons $J_\lambda^\rho x = (I + \lambda A^\rho)^{-1}x$ et $J_\lambda x = (I + \lambda A)^{-1}x$.

L'hypothèse (6) exprime que $J_\lambda^\rho x \to J_\lambda x$ pour tout $x \in D(A)\cap C$ ; donc en particulier $J_\lambda(D(A)\cap C) \subset C$ et $\overline{D(A)\cap C} = \overline{D(A)}\cap C$.

L'opérateur $B = A_{|\overline{C}}$ est monotone, fermé et vérifie $R(I + \lambda B) \supset \overline{D(A)} \cap C = \overline{\text{conv}}\, D(B)$. D'après la proposition 2.19 $\widetilde{A} = A_{|C} + \partial I_C = A + \partial I_C$ est maximal monotone et $(\widetilde{A})^\circ x = A^\circ x$ pour tout $x$ $x \in D(A) \cap C$ ; enfin $(I + \lambda \widetilde{A})^{-1} x = (I + \lambda A)^{-1} x$ pour tout $x \in \overline{D(A)} \cap C$ et tout $\lambda > 0$.

Il résulte du théorème 3.16 (ou bien 4.2) que pour tout $x \in \overline{D(\widetilde{A})} = \overline{D(A)} \cap C$, $S_\rho(t)x \to \widetilde{S}(t)x$ quand $\rho \to 0$, uniformément sur tout compact de $[0, +\infty[$ où $S(t)$ est le semi groupe engendré par $-\widetilde{A}$. Or il est aisé de vérifier que $\widetilde{S}(t)x = S(t)x$ pour tout $x \in \overline{D(A)} \cap C$.
Soit $x \in \overline{D(A)} \cap C$ ; on a

$$|F(\tfrac{t}{n})^n x - S(t)x| \leqslant |F(\tfrac{t}{n})^n x - F(\tfrac{t}{n})^n J_\lambda^{t/n} x| + |F(\tfrac{t}{n})^n J_\lambda^{t/n} x - S_{t/n}(t)\, J_\lambda^{t/n} x|$$

$$+ |S_{t/n}(t)\, J_\lambda^{t/n} x - S(t)\, J_\lambda^{t/n} x| + |S(t)\, J_\lambda^{t/n} x - S(t)x|$$

$$\leqslant 2|x - J_\lambda^{t/n} x| + |S_{t/n}(t)\, J_\lambda^{t/n} x - S(t)\, J_\lambda^{t/n} x| + \sqrt{n}\,|J_\lambda^{t/n} x - F(\tfrac{t}{n})\, J_\lambda^{t/n} x|$$

(on a appliqué (7) avec $\rho = t/n$)

Fixons $T > 0$ et $\lambda > 0$ ; lorsque $n \to +\infty$, $J_\lambda^{t/n} \to J_\lambda x$ uniformément pour $t \in ]0,T]$ et donc $|S_{t/n}(t)\, J_\lambda^{t/n} x - S(t)\, J_\lambda^{t/n} x| \to 0$ uniformément pour $t \in ]0,T]$

Enfin
$|J_\lambda^{t/n} x - F(\tfrac{t}{n}) J_\lambda^{t/n} x| = \tfrac{t}{n} |(A^{t/n}\, J_\lambda^{t/n}\, x)^\circ| \leqslant \tfrac{T}{n}\, |A_\lambda^{t/n} x|$ et

$\sqrt{n}\,|J_\lambda^{t/n}\, x - F(\tfrac{t}{n}) J_\lambda^{t/n}\, x| \to 0$ uniformément sur $]0,T]$ puisque $A_\lambda^{t/n}\, x \to A_\lambda x$ quand $n \to +\infty$, uniformément sur $]0,T]$

Par conséquent $\limsup_{n \to +\infty} ||F(\tfrac{t}{n})^n x - S(t)x||_{L^\infty(0,T;H)} \leqslant 2|x - J_\lambda x|$,

pour tout $\lambda > 0$, ce qui démontre le théorème.

REMARQUE 4.2.

Le théorème 4.3 admet une réciproque, plus précisément les propriétés suivantes sont équivalentes :

(i) $\lim_{\rho \to 0} (I + \frac{\lambda}{\rho}(I - F(\rho)))^{-1} x = (I + \lambda A)^{-1} x \qquad \forall x \in D(A) \cap C, \ \forall \lambda > 0$

(ii) pour tout $x \in \overline{D(A)} \cap C$ , $F(\frac{t}{n})^n x \to S(t)x$ uniformément sur tout compact de $[0,+\infty[$ , $\mathrm{Proj}_{\overline{D(A)}} C \subset C$

et $\{x \in D(A) \cap C \ ; \ |x - F(\rho)x| = o(\sqrt{\rho})\}$ est dense dans $D(A) \cap C$.

COROLLAIRE 4.3.

Soit A un opérateur maximal monotone et soit S(t) le semi-groupe engendré par -A.
Soit $\{F(\rho)\}_{\rho>0}$ une famille de contractions de $\overline{D(A)}$ dans $\overline{D(A)}$ telle que

$$\lim_{\rho\to 0} \frac{x - F(\rho)x}{\rho} = A'x \quad \text{pour tout } x \in D(A)$$

où A' est une section principale de A.
Alors, pour tout $x \in \overline{D(A)}$, $F(\frac{t}{n})^n x \to S(t)x$ quand $n \to +\infty$ , uniformément sur tout compact de $[0,+\infty[$

Soit $A_\rho = \frac{1}{\rho}(I-F(\rho)) + \partial I_{\overline{D(A)}}$ ; pour tout $x \in D(A)$ $\frac{1}{\rho}(x-F(\rho)x) \in A_\rho x$ et $\frac{1}{\rho}(x-F(\rho)x) \to A'x$ quand $\rho \to 0$. Grâce à la proposition 2.8, $(I+\lambda A_\rho)^{-1}x \to (I+\lambda A)^{-1}x$ pour tout $x \in \overline{D(A)}$ et tout $\lambda > 0$ ; autrement dit $(I+ \frac{\lambda}{\rho}(I-F(\rho)))^{-1}x \to (I+\lambda A)^{-1}x \quad \forall x \in \overline{D(A)}$ , $\forall\lambda > 0$.
On est ainsi ramené au théorème 4.3.

COROLLAIRE 4.4.

Soit A un opérateur monotone et soit S(t) le semi-groupe engendré par -A. Alors, pour tout $x \in \overline{D(A)}$ , $(I+\frac{t}{n}A)^{-n}x \to S(t)x$ quand $n \to +\infty$ uniformément sur tout compact de $[0,+\infty[$
Plus précisément on a $|(I + \frac{t}{n} A)^{-n}x - S(t)x| \leqslant \frac{2t}{\sqrt{n}} |A^\circ x|$ pour tout $x \in D(A)$ , $t \geqslant 0$ , $n \geqslant 1$.
Enfin pour tout $x \in H$ , $(I + \frac{t}{n} A)^{-n}x \to S(t)\mathrm{Proj}_{\overline{D(A)}}x$ quand $n \to +\infty$ uniformément sur tout compact de $]0,+\infty[$

Appliquant le corollaire 4.3 avec $F(\rho) = (I+\rho A)^{-1}$ on voit que pour tout $x \in \overline{D(A)}$, $(I + \frac{t}{n} A)^{-n}x \to S(t)x$. Considérons l'équation

$$\frac{du_\lambda}{dt} + A_\lambda u_\lambda = 0 \quad , \quad u_\lambda(0) = x$$

avec $x \in D(A)$ ; le théorème 1.7 montre que

$$|u_\lambda(t) - (I + \lambda A)^{-n}x \ | \leqslant \left[(n - \frac{t}{\lambda})^2 + \frac{t}{\lambda}\right]^{1/2} |x - (I+\lambda A)^{-1}x|$$

D'autre part on sait (cf estimation (11) du chapitre III) que

$$|u_\lambda(t) - S(t)x| \leqslant \frac{1}{\sqrt{2}} \sqrt{\lambda t}\ |A^\circ x|$$

Par conséquent

$$|(I+\lambda A)^{-n}x - S(t)x| \leqslant \{ \left[(n\lambda - t)^2 + t\lambda\right]^{1/2} + \frac{1}{\sqrt{2}}\sqrt{\lambda t}\}\ |A^\circ x| \quad ;$$

en particulier si $\lambda = \frac{t}{n}$, on obtient le résultat désiré.

On verrait de même que pour tout $y \in \overline{D(A)}$

$(I + \frac{t}{n} A)^{-(n-1)} y \to S(t)y$ quand $n \to +\infty$, uniformément sur tout compact de $[0,+\infty[$

Or $(I + \frac{t}{n} A)^{-n}x = (I + \frac{t}{n} A)^{-(n-1)}(I + \frac{t}{n} A)^{-1}x$, et pour $x \in H$,

$(I + \frac{t}{n} A)^{-1}x \to \mathrm{Proj}_{\overline{D(A)}}x$ quand $n \to +\infty$, uniformément sur tout compact de $]0,+\infty[$ (cf théorème 2.2.)

PROPOSITION 4.3.

Soient A et B deux opérateurs maximaux monotones tels que $\overline{A + B}$ soit maximal monotone.

Soit S(t) le semi-groupe engendré par $-\overline{(A+B)}$.

Alors pour tout

$$x \in \overline{D(A) \cap D(B)}\ ,\ \left[(I + \frac{t}{n} A)^{-1}(I + \frac{t}{n} B)^{-1}\right]^n x \to S(t)x$$

quand $n \to +\infty$, uniformément sur tout compact de $[0,+\infty[$

Appliquons le théorème 4.3 avec $C = H$ et $F(\rho) = (I + \rho A)^{-1}(I + \rho B)^{-1}$. Il suffit de montrer que pour tout $x \in D(A) \cap D(B)$, $y_\rho = (I + \frac{\lambda}{\rho}(I - F(\rho)))^{-1}x$ converge vers $(I + \lambda\, \overline{A+B})^{-1}x$ quand $\rho \to 0$.

Posons $z_\rho = (I + \rho B)^{-1}y$ et $\beta_\rho = \dfrac{y_\rho - z_\rho}{\rho} \in Bz_\rho$, de sorte que

$$(1 + \frac{\rho}{\lambda})y_\rho - \frac{\rho}{\lambda}x = (I + \rho A)^{-1}z_\rho \quad \text{et} \quad -(\beta_\rho + \frac{1}{\lambda}y_\rho - \frac{1}{\lambda}x) \in A\,(1 + \frac{\rho}{\lambda})y - \frac{\rho}{\lambda}x)$$

Soient $v \in D(A) \cap D(B)$, $\xi \in Av$ et $\eta \in Bv$ ; appliquant la monotonie de A et B, il vient

$$(\xi + \beta_\rho + \frac{1}{\lambda}y_\rho - \frac{1}{\lambda}x,\ v - (1 + \frac{\rho}{\lambda})y_\rho + \frac{\rho}{\lambda}x) \geqslant 0 \quad \text{et} \quad (\eta - \beta_\rho\ ,\ v - z_\rho) \geqslant 0.$$

D'où

$$\frac{1}{\lambda}(1+\frac{\rho}{\lambda})|y_\rho|^2 \leq (\xi + \beta_\rho - \frac{1}{\lambda}x,\ v - (1+\frac{\rho}{\lambda})y_\rho + \frac{\rho}{\lambda}x) + \frac{1}{\lambda}(y_\rho\ ,\ v + \frac{\rho}{\lambda}x)$$

et $\rho|\beta_\rho|^2 \leq (\eta - \beta_\rho\ ,\ v - y_\rho) + \rho(\eta,\beta_\rho)$.

Par addition on obtient

$$(8)\quad \frac{1}{\lambda}(1+\frac{\rho}{\lambda})|y_\rho|^2 + \rho|\beta_\rho|^2 \leq (\xi + \eta - \frac{1}{\lambda}x,\ v - y_\rho) + \frac{\rho}{\lambda}(\xi + \beta_\rho - \frac{1}{\lambda}x,\ x - y_\rho)$$

$$+ \frac{1}{\lambda}(y_\rho\ ,\ v + \frac{\rho}{\lambda}x) + \rho(\eta,\ \beta_\rho)$$

Il en résulte que $|y_\rho|$ et $\rho|\beta_\rho|^2$ sont bornés quand $\rho \to 0$. Soit $\rho_n \to 0$ tel que $y_{\rho_n} \rightharpoonup y$ ; on a

$\frac{1}{\lambda}|y|^2 \leq (\xi + \eta - \frac{1}{\lambda}x,\ v-y) + \frac{1}{\lambda}(y,v)$ c'est à dire

$(\xi + \eta - \frac{1}{\lambda}x + \frac{1}{\lambda}y,\ v-y) \geq 0$.

On en déduit que $\frac{1}{\lambda}(x-y) \in \overline{A+B}\,(y)$ puisque $\overline{A+B}$ est maximal monotone.
Donc $y = (I + \lambda\,\overline{A+B})^{-1}x$ et $y_\rho \rightharpoonup y$ quand $\rho \to 0$.

Enfin reprenant l'estimation (8) on a

$\limsup_{\rho\to 0} \frac{1}{\lambda}|y_\rho|^2 \leq (\xi + \eta - \frac{1}{\lambda}x,\ v-y) + \frac{1}{\lambda}(y,v)$ pour tout $v \in D(A) \cap D(B)$ ,

$\xi \in Av$ et $\eta \in Bv$.

Par suite $\limsup_{\rho\to 0} \frac{1}{\lambda}|y_\rho|^2 \leq (\zeta - \frac{1}{\lambda}x,\ v-y) + \frac{1}{\lambda}(y,v)$ pour tout

$[v,\zeta] \in \overline{A+B}$ , et donc $\limsup_{\rho\to 0} \frac{1}{\lambda}|y_\rho|^2 \leq \frac{1}{\lambda}|y|^2$

PROPOSITION 4.4.

Soient A et B deux opérateurs maximaux monotones univoques tels que A + B soit maximal monotone. On désigne par $S_A(t)$, $S_B(t)$, $S_{A+B}(t)$ les semi groupes engendrés respectivement par -A, -B, -(A+B).
Soit C un convexe fermé contenu dans $\overline{D(A)} \cap \overline{D(B)}$ tel que $(I+\lambda A)^{-1}C \subset C$ et $(I + \lambda B)^{-1} C \subset C$. Alors, pour tout $x \in C \cap \overline{D(A) \cap D(B)}$, $\left[S_A(\frac{t}{n})\ S_B(\frac{t}{n})\right]^n x$ converge vers $S_{A+B}(t)x$ quand $n \to +\infty$, uniformément sur tout compact de $[0,+\infty[$

On va appliquer le théorème 4.3 avec $F(\rho) = S_A(\rho)\, S_B(\rho)$.
Notons que d'après le théorème 3.18, $F(\rho)$ est une contraction de C dans C.
Montrons d'abord que $\lim_{\rho\to 0} \frac{x-F(\rho)x}{\rho} = Ax + Bx$ pour tout $x \in C \cap D(A) \cap D(B)$.
En effet on a

$$\frac{x - F(\rho)x}{\rho} = \frac{x-S_A(\rho)x}{\rho} + \frac{S_A(\rho)x - S_A(\rho)\, S_B(\rho)x}{\rho} \quad ;$$

le premier terme tend vers Ax et il suffit donc d'établir que

$$y_\rho = \frac{S_A(\rho)x - S_A(\rho)\, S_B(\rho)x}{\rho} \quad \text{tend vers } Bx.$$

Or $|y_\rho| \leqslant \frac{|x - S_B(\rho)x|}{\rho} \leqslant |Bx|$ ; appliquant la monotonie de $I - S_A(\rho)$

en $\xi \in D(A)$ et $S_B(\rho)x$ on a

$$\left(\frac{\xi-S_A(\rho)\xi}{\rho} + \frac{x-S_B(\rho)x}{\rho} - \frac{x-S_A(\rho)x}{\rho} - y_\rho \,,\ \xi - S_B(\rho)x\right) \geqslant 0$$

Soit $\rho_n \to 0$ tel que $y_{\rho_n} \rightharpoonup y$ ; on obtient à la limite

$(A\xi + Bx - Ax - y,\ \xi - x) \geqslant 0$ pour tout $\xi \in D(A)$.

Donc $y + Ax - Bx = Ax$ , c'est à dire $y = Bx$.

On en déduit que $y_\rho \rightharpoonup Bx$ quand $\rho \to 0$ et comme $|y_\rho| \leqslant |Bx|$ on a
$y_\rho \to Bx$ quand $\rho \to 0$. Enfin montrons que $z_\rho = (I + \frac{\lambda}{\rho}(I-F(\rho))^{-1}x$ tend vers
$(I + \lambda(A+B))^{-1}x$ pour tout $x \in C$

Appliquant la monotonie de $I - F(\rho)$ en $z_\rho$ et $\xi \in C \cap D(A) \cap D(B)$ on a

$$\left(\frac{x-z_\rho}{\lambda} - \frac{\xi-F(\rho)\xi}{\rho} \,,\ z_\rho - \xi\right) \geqslant 0.$$

Par conséquent $z_\rho$ demeure borné quand $\rho \to 0$ ; soit $\rho_n \to 0$ tel que
$z_{\rho_n} \rightharpoonup z$.

On a $z \in C$ et à la limite

$$\left(\frac{x-z}{\lambda} - A\xi - B\xi \,,\ z-\xi\right) \geqslant 0 \qquad \forall \xi \in C \cap D(A) \cap D(B).$$

Mais d'après la proposition 2.18 $z' = (I + \lambda(A+B))^{-1}x$ appartient à
$C \cap D(A) \cap D(B)$. Prenant en particulier $\xi = z'$, on voit que $z = z'$,
et donc $z_\rho \rightharpoonup (I + \lambda(A+B))^{-1}x$ quand $\rho \to 0$.

De plus

$$\limsup_{\rho\to 0} \frac{1}{\lambda}|z_\rho|^2 \leqslant (A\xi + B\xi - \frac{1}{\lambda}x,\ \xi - z) + \frac{1}{\lambda}(z,\xi) \quad \text{pour tout } \xi \in C \cap D(A) \cap D(B)$$

Remplaçant $\xi$ par $z$ on a $\limsup_{\rho\to 0} |z_\rho|^2 \leqslant |z|^2$ et par conséquent
$z_\rho \to z$ quand $\rho \to 0$.

## 4 - SOUS ENSEMBLES INVARIANTS, FONCTIONS DE LIAPOUNOV CONVEXES ET OPERATEURS $\partial\varphi$-MONOTONES

Soit A un opérateur maximal monotone et soit S(t) le semi-groupe engendré par -A sur $\overline{D(A)}$. On dit qu'un sous ensemble C convexe et fermé est <u>invariant</u> par S(t) si $S(t)(\overline{D(A)} \cap C) \subset C$ pour tout t > 0

On dit qu'une fonction $\varphi$ convexe s.c.i. propre est une <u>fonction de Liapounov</u> pour S(t) si l'on a $\varphi(S(t)x) \leqslant \varphi(x)$ pour tout $x \in \overline{D(A)}$ et tout $t \geqslant 0$.
On notera en particulier que C est invariant par S(t) si et seulement si $\varphi = I_C$ est une fonction de Liapounov pour S(t).
On se propose d'établir diverses propriétés des fonctions de Liapounov et des ensembles convexes invariants.

THEOREME 4.4.

*Soit* $\varphi$ *une fonction convexe s.c.i. propre telle que* $\varphi(\mathrm{Proj}_{\overline{D(A)}}x) \leqslant \varphi(x)$ *pour tout* $x \in H$.

*Soit* S(t) *le semi groupe engendré par* -A.
*Alors les propriétés suivantes sont équivalentes.*

(i) $\varphi((I+\lambda A)^{-1}x) \leqslant \varphi(x)$ *pour tout* $x \in H$ *et tout* $\lambda > 0$

(ii) $(A_\lambda x, y) \geqslant 0$ *pour tout* $[x,y] \in \partial\varphi$ *et tout* $\lambda > 0$

(iii) $(A_\lambda x, \partial\varphi_\mu(x)) \geqslant 0$ *pour tout* $x \in H$ *et tout* $\lambda > 0$, $\mu > 0$

(iv) $(A^\circ x, \partial\varphi_\mu(x)) \geqslant 0$ *pour tout* $x \in D(A)$ *et tout* $\mu > 0$

(v) $\varphi_\mu(S(t)x) \leqslant \varphi_\mu(x)$ *pour tout* $x \in \overline{D(A)}$ *et tout* $\mu > 0$

(vi) $\varphi(S(t)x) \leqslant \varphi(x)$ *pour tout* $x \in \overline{D(A)}$ *et tout* $t \geqslant 0$

L'implication (i) $\Rightarrow$ (ii) résulte de l'inégalité
$0 \geqslant \varphi((I+\lambda A)^{-1}x) - \varphi(x) \geqslant (y,(I+\lambda A)^{-1}x - x) = -\lambda(y,A_\lambda x)$.
L'implication (ii) $\Rightarrow$ (iii) est basée sur le lemme suivant :

LEMME 4.4

Soit A un opérateur monotone et soit B un opérateur maximal monotone tels que $(I + \mu B)^{-1} D(A) \subset D(A)$ pour tout $\mu > 0$.

On suppose que $(y,z) \geq 0$ $\forall x \in D(A) \cap D(B)$, $\forall y \in Ax$, $\forall z \in Bx$. Alors $(y, B_\mu x) \geq 0$ $\forall [x,y] \in A$ et $\forall \mu > 0$.

DEMONSTRATION DU LEMME 4.4.

Soient $[x,y] \in A$ et $\mu > 0$ ; appliquant la monotonie de A en x et $(I + \mu B)^{-1}x$, on a $(y-u, x-(I+\mu B)^{-1}x) \geq 0$ $\forall u \in A(I+\mu B)^{-1}x$. Donc $(y-u, B_\mu x) \geq 0$ et par conséquent $(y, B_\mu x) \geq (u, B_\mu x) \geq 0$.

DEMONSTRATION DU THEOREME 4.4.

Le lemme 4.4 appliqué à $A_\lambda$ et $\partial\varphi$ prouve que (ii) $\Rightarrow$ (iii). L'implication (iii) $\Rightarrow$ (iv) est immédiate.
Montrons que (iv) $\Rightarrow$ (v) ; il suffit d'établir (v) pour $x \in D(A)$. Or si x $x \in D(A)$ la fonction $t \mapsto \varphi_\mu(S(t)x)$ est lipschitzienne sur les intervalles bornés et l'on a p.p. sur $]0, +\infty[$

$\frac{d}{dt} \varphi_\mu(S(t)x) = (\partial\varphi_\mu(S(t)x) , \frac{d}{dt} S(t)x) = -(\partial\varphi_\mu(S(t)x), A^\circ S(t)x) \leq 0.$

Donc la fonction $t \mapsto \varphi_\mu(S(t)x)$ est décroissante.
L'implication (v) $\Rightarrow$ (vi) étant évidente, il reste à prouver que (vi) $\Rightarrow$ (i)
On a $\varphi(S(t) \operatorname{Proj}_{\overline{D(A)}} x) \leq \varphi(x)$ $\forall x \in H$ ; d'où l'on déduit que

$\varphi((I + \frac{\lambda}{t}(I - S(t) \operatorname{Proj}_{\overline{D(A)}}))^{-1}x) \leq \varphi(x)$ $\forall x \in H$

(il suffit d'appliquer la proposition 1.2 au convexe $C = \{u \in H ; \varphi(u) \leq \varphi(x)\}$ qui est laissé invariant par $T = S(t) \operatorname{Proj}_{\overline{D(A)}}$).

Passant à la limite quand $t \to 0$ grâce à la proposition 4.1 on obtient (i).

Précisons ce résultat dans le cas où $\varphi = I_C$

PROPOSITION 4.5

Soit C un ensemble convexe et fermé tel que $\operatorname{Proj}_{\overline{D(A)}} C \subset C$. Alors les propriétés suivantes sont équivalentes

(i) $(I+\lambda A)^{-1} C \subset C$ pour tout $\lambda > 0$

(ii) $(A^\circ x, x-\operatorname{Proj}_C x) \geq 0$ pour tout $x \in D(A)$

(iii) $\operatorname{dist}(S(t)x, C) \leq \operatorname{dist}(x,C)$ pour tout $x \in \overline{D(A)}$ et tout $t \geq 0$

(iv) $S(t)(\overline{D(A)} \cap C) \subset C$ pour tout $t \geq 0$

(v) $A + \partial I_C$ est maximal monotone avec $\overline{D(A) \cap C} = \overline{D(A)} \cap C$ et $(A + \partial I_C)^\circ x = A^\circ x$ pour tout $x \in D(A) \cap C$.

Les équivalences (i)$\Leftrightarrow$(ii)$\Leftrightarrow$(iii)$\Leftrightarrow$(iv) résultent du théorème 4.4 appliqué avec $\varphi = I_C$. On sait grâce à la proposition 2.17 que l'hypothèse (i) implique que $A + \partial I_C$ est maximal monotone, $\overline{D(A) \cap C} = \overline{D(A)} \cap C$ et $|A^\circ x| \leqslant |(A + \partial I_C)^\circ x|$ pour tout $x \in D(A) \cap C$. On en déduit que $A^\circ x = (A + \partial I_C)^\circ x$ puisque $A^\circ x \in (A + \partial I_C)(x)$.
Inversement (v)$\Rightarrow$(iv) ; en effet soit $\tilde{S}(t)$ le semi groupe engendré par $-(A + \partial I_C)$ sur $\overline{D(A)} \cap C$. Il est immédiat que $S(t)x = \tilde{S}(t)x$ pour $x \in D(A) \cap C$ et donc $S(t)(D(A) \cap C) \subset D(A) \cap C$ pour tout $t \geqslant 0$.

COROLLAIRE 4.5.

Soient A un opérateur monotone et C un convexe fermé tels que $C \subset \overline{D(A)}$ et $\mathrm{Proj}_C\, D(A) \subset D(A)$

On suppose que

(9) $-A^\circ x \in \overline{\bigcup_{\substack{\lambda>0 \\ z \in C}} \lambda(z-x)}$ pour tout $x \in D(A) \cap C$

alors

$(I + \lambda A)^{-1}\, C \subset C$ pour tout $\lambda > 0$

La démonstration est basée sur l'implication (ii) $\Rightarrow$ (i) de la proposition 4.5.

On vérifie aisément que l'hypothèse (9) équivaut à
$(A^\circ x, z) \geqslant 0 \qquad \forall x \in D(A) \quad \text{et} \quad \forall z \in \partial I_C(x)$
D'autre part, si l'on pose $B = \partial I_C$, il vient $(I + \mu B)^{-1}\, D(A) = \mathrm{Proj}_C D(A) \subset D(A)$ pour tout $\mu > 0$.

On déduit alors du lemme 4.4. que
$(A^\circ x, B_\mu x) \geqslant 0 \qquad \forall x \in D(A) \qquad \forall \mu > 0$ ,
c'est à dire $\quad (A^\circ x, x - \mathrm{Proj}_C x) \geqslant 0 \qquad \forall x \in D(A)$.

Dans le cas particulier où $\overline{D(A)} \subset \mathrm{Int}\, D(\varphi)$, on obtient des propriétés supplémentaires.

PROPOSITION 4.6

Soient $\varphi$ une fonction convexe s.c.i. et A un opérateur maximal monotone tels que $\varphi(\mathrm{Proj}_{\overline{D(A)}}x) \leq \varphi(x) \quad \forall x \in H$ et $\overline{D(A)} \subset \mathrm{Int}\, D(\varphi)$.

Les propriétés suivantes sont équivalentes :

(i) $\varphi((I + \lambda A)^{-1}x) \leq \varphi(x)$ pour tout $x \in H$ et tout $\lambda > 0$

(ii) pour tout $x \in D(A)$ et tout $z \in \partial\varphi(x)$ on a $(A^\circ x, z) \geq 0$

(iii) pour tout $x \in D(A)$, il existe $z \in \partial\varphi(x)$ tel que $(A^\circ x, z) \geq 0$

(iv) pour tout $x \in D(A)$ et tout $y \in Ax$, il existe $z \in \partial\varphi(x)$ tel que $(y,z) \geq 0$.

Les implications (ii) $\Rightarrow$ (iii) et (iv) $\Rightarrow$ (iii) sont immédiates. L'implication (i) $\Rightarrow$ (ii) résulte du théorème 4.4.

Montrons que (i) $\Rightarrow$ (iv) ; en effet soit $y \in Ax$ et soit $u = x + \lambda y$ de sorte que $x = (I + \lambda A)^{-1}u$. Appliquant (i) à u, on obtient $\varphi(x) \leq \varphi(x + \lambda y)$ ; donc $\dfrac{\varphi(x+\lambda y) - \varphi(x)}{\lambda} \geq 0$.

Or comme $x \in D(A) \subset \mathrm{Int}\, D(\varphi)$, on a, d'après un résultat de Moreau [3] (proposition 10f),

$$\lim_{\lambda \downarrow 0} \frac{\varphi(x+\lambda y) - \varphi(x)}{\lambda} = \max_{v \in \partial\varphi(x)} (y,v) \geq 0.$$

Il reste seulement à prouver que (iii) $\Rightarrow$ (i).

On va établir que sous l'hypothèse (iii), alors $\varphi(S(t)x) \leq \varphi(x) \quad \forall x \in \overline{D(A)}$, $\forall t \geq 0$ où $S(t)$ est le semi groupe engendré par $-A$ sur $\overline{D(A)}$ ; ce qui conduira à (i) grâce au théorème 4.4.

La fonction $\varphi$ étant continue sur $\overline{D(A)}$, il suffit de montrer que $t \mapsto \varphi(S(t)x)$ est décroissant pour $x \in D(A)$.

La fonction $\omega(t) = \varphi(S(t)x)$ est lipschitzienne sur tout intervalle $[0,T]$. En effet soit $K = \bigcup_{t \in [0,T]} S(t)x$ ; comme K est un compact inclus dans $\mathrm{Int}\, D(\varphi)$, $|\partial\varphi|$ est borné sur K (proposition 2.9) par M.

Soient $t_1 \in [0,T]$, $t_2 \in [0,T]$ et $z_1 \in \partial\varphi(S(t_1)x)$, $z_2 \in \partial\varphi(S(t_2)x)$ avec $|z_1| \leq M$ et $|z_2| \leq M$.

On a $\quad \omega(t_1) - \omega(t_2) \geq (z_2, S(t_1)x - S(t_2)x)$

$\qquad \omega(t_2) - \omega(t_1) \geq (z_1, S(t_2)x - S(t_1)x)$.

Donc $|\omega(t_1) - \omega(t_2)| \leqslant M|t_1-t_2|\ |A^\circ x|$

Enfin soit $t_o \in ]0,T[$ un point où les fonctions $\omega(t)$ et $S(t)x$ sont dérivables ; on a pour tout $v \in H$ et tout $z \in \partial\varphi(S(t_o)x)$

$$\varphi(v) - \varphi(S(t_o)x) \geqslant (z,\ v-S(t_o)x)$$

Prenant $v = S(t_o \pm \varepsilon)x$, on obtient après division par $\varepsilon > 0$ et passage à la limite quand $\varepsilon \to 0$.

$$\frac{d\omega}{dt}(t_o) = (z,\ \frac{d}{dt}\ S(t_o)x) = -(z,\ A^\circ S(t_o)x)$$

Par conséquent $\frac{d\omega}{dt} \leqslant 0$ p.p. sur $]0,T[$ et $\omega$ est décroissant.

OPERATEURS $\partial\varphi$-MONOTONES

Soient A un opérateur maximal monotone et $\varphi$ une fonction convexe s.c.i. propre ; on dit que A est $\partial\varphi$-monotone si

$$\varphi((I + \lambda A)^{-1}x - (I + \lambda A)^{-1}y) \leqslant \varphi(x-y) \qquad \forall x,y \in H \ , \ \forall\lambda > 0$$

Le résultat suivant caractérise les opérateurs $\partial\varphi$-monotones.

PROPOSITION 4.7

Soit $\varphi$ une fonction convexe s.c.i. propre telle que

$$\varphi(\mathrm{Proj}_{\overline{D(A)}}x - \mathrm{Proj}_{\overline{D(A)}}y) \leqslant \varphi(x-y) \qquad \forall x,y \in H$$

Soit $S(t)$ le semi groupe engendré par $-A$ sur $\overline{D(A)}$. Les propriétés suivantes sont équivalentes

(i) $\varphi((I + \lambda A)^{-1}x - (I + \lambda A)^{-1}y) \leqslant \varphi(x-y) \qquad \forall x,y \in H\ ,\ \forall\lambda > 0$

(ii) $(A_\lambda x - A_\lambda y, z) \geqslant 0 \qquad \forall z \in \partial\varphi(x-y)\ ,\ \forall\lambda > 0$

(iii) $(A_\lambda x - A_\lambda y\ ,\ \partial\varphi_\mu(x-y)) \geqslant 0 \qquad \forall x,y \in H\ ,\ \forall\lambda,\mu > 0$

(iv) $(A^\circ x - A^\circ y\ ,\ \partial\varphi_\mu(x-y)) \geqslant 0 \qquad \forall x,y \in D(A)\ ,\ \forall\mu > 0$

(v) $\varphi_\mu(S(t)x - S(t)y) \leqslant \varphi_\mu(x-y) \qquad \forall t \geqslant 0,\ \forall x,y \in \overline{D(A)}\ ,\ \forall\mu > 0$

(vi) $\varphi(S(t)x - S(t)y) \leqslant \varphi(x-y) \qquad \forall t \geqslant 0\ ,\ \forall x,y \in \overline{D(A)}$

Lorsque $\overline{D(A)} - \overline{D(A)} \subset \mathrm{Int}\ D(\varphi)$ on a aussi

(vii) $(A^\circ x - A^\circ y, z) \geqslant 0 \qquad \forall x,\ y \in D(A)\ ,\ \forall z \in \partial\varphi(x-y)$

(viii) pour tout $x \in D(A)$ et tout $y \in D(A)$, il existe $z \in \partial\varphi(x-y)$ tel que $(A^\circ x - A^\circ y, z) \geq 0$

(ix) pour tout $[x,u] \in A$ et tout $[y,v] \in A$, il existe $z \in \partial\varphi(x-y)$ tel que $(u-v,z) \geq 0$

On considère $\mathcal{H} = H \times H$ muni de sa structure hilbertienne. Soit $\mathcal{A}$ l'opérateur maximal monotone dans $\mathcal{H}$ défini par $\mathcal{A}[x,y] = (Ax)\times(Ay)$ avec $D(\mathcal{A}) = D(A) \times D(A)$. Il est clair que $\mathcal{A}^\circ[x,y] = [A^\circ x, A^\circ y]$, $\mathcal{A}_\lambda[x,y] = [A_\lambda x, A_\lambda y]$, $\mathrm{Proj}_{\overline{D(\mathcal{A})}}[x,y] = [\mathrm{Proj}_{\overline{D(A)}}x , \mathrm{Proj}_{\overline{D(A)}}y]$

Le semi groupe $\mathcal{S}(t)$ engendré par $-\mathcal{A}$ sur $\overline{D(\mathcal{A})}$ vérifie $\mathcal{S}(t)[x,y] = [S(t)x, S(t)y]$.
Soit $\Phi$ la fonction convexe s.c.i. propre définie sur $\mathcal{H}$ par $\Phi[x,y] = \varphi(x-y)$
On a alors

$$\partial\Phi[x,y] = \{[z,-z] \; ; \; z \in \partial\varphi(x-y)\}$$

$$\partial\Phi_\lambda[x,y] = [\partial\varphi_{2\lambda}(x-y) , -\partial\varphi_{2\lambda}(x-y)]$$

$$\Phi_\lambda[x,y] = \varphi_{2\lambda}(x-y)$$

En effet posons $T[x,y] = \{[z,-z] \; ; \; z \in \partial\varphi(x-y)\}$ avec $D(T) = \{[x,y] \; ; \; x-y \in D(\partial\varphi)\}$
Il est immédiat que $T \subset \partial\Phi$ ; d'autre part $R(I+\lambda T) = \mathcal{H}$ et l'on a directement

$$(I+\lambda T)^{-1}[f,g] = \left[\frac{f+g+(I+2\lambda\partial\varphi)^{-1}(f-g)}{2} , \frac{f+g-(I+2\lambda\partial\varphi)^{-1}(f-g)}{2}\right]$$

Par conséquent $T = \partial\Phi$ et $\partial\Phi_\lambda[f,g] = [\partial\varphi_{2\lambda}(f-g), -\partial\varphi_{2\lambda}(f-g)]$

Il en résulte que

$$\Phi_\lambda[f,g] = \frac{\lambda}{2}|\partial\Phi_\lambda[f,g]|^2_{\mathcal{H}} + \Phi((I+\lambda\partial\Phi)^{-1}[f,g]) =$$

$$= \lambda|\partial\varphi_{2\lambda}(f-g)|^2 + \varphi((I+2\lambda\partial\varphi)^{-1}(f-g)) = \varphi_{2\lambda}(f-g)$$

Appliquant le théorème 4.4. et la proposition 4.6 à $\mathcal{A}$ et $\Phi$ on obtient la proposition 4.7.

COROLLAIRE 4.6

Soit $\varphi$ une fonction convexe s.c.i. positivement homogène i.e. $\varphi(kx) = k\varphi(x)$ $\forall x \in H$, $\forall k > 0$. Soit A un opérateur maximal monotone et $\partial\varphi$-monotone. Alors pour tout $u_0 \in D(A)$ on a

$$\varphi(\frac{d^+}{dt} S(t)u_0) \leq \varphi(-A^\circ u_0) \quad \text{et} \quad \varphi(-\frac{d^+}{dt} S(t)u_0) \leq \varphi(A^\circ u_0) \qquad \forall t \geq 0$$

On vérifie d'abord à l'aide de la définition de $\varphi_\mu$ que

$\varphi_\mu(kx) = k\varphi_{\mu/k}(x)$ $\forall x \in H$ , $\forall \mu > 0$ , $\forall k > 0$.

D'après la proposition 4.7 on a

$\varphi_\mu(S(t+h)u_0 - S(t)u_0) \leq \varphi_\mu(S(h)u_0 - u_0)$ $\forall \mu > 0$ , $\forall h > 0$

Donc après division par $h > 0$ on obtient

$$\varphi_{\mu/h}(\frac{S(t+h)u_0 - S(t)u_0}{h}) \leq \varphi_{\mu/h}(\frac{S(h)u_0 - u_0}{h}) ,$$

autrement dit

$$\varphi_\lambda(\frac{S(t+h)u_0 - S(t)u_0}{h}) \leq \varphi_\lambda(\frac{S(h)u_0 - u_0}{h}) , \quad \forall \lambda < 0 , \quad \forall h > 0$$

Passant à la limite quand $h \to 0$ ($\lambda$ étant fixé), il vient

$$\varphi_\lambda(\frac{d^+}{dt} S(t)u_0) \leq \varphi_\lambda(-A^\circ u_0) \qquad \forall \lambda > 0$$

On passe ensuite à la limite quand $\lambda \to 0$ et on conclut en appliquant à nouveau ce résultat à la fonction $\psi(x) = \varphi(-x)$.

# APPENDICE

## Fonctions vectorielles d'une variable réelle.

Plan. 1) Fonctions intégrables.

2) Fonctions à variation bornée et fonctions absolument continues.

3) Lien avec les dérivées au sens des distributions.

4) Compléments divers.

### 1. Fonctions intégrables.

Soit $(S,\mathcal{B},\mu)$ un espace mesuré ; soit $X$ un espace de Banach de norme $\|\cdot\|$ et de dual $X'$. On appelle fonction étagée une application $f$ de $S$ dans $X$ ne prenant qu'un nombre fini de valeurs ; cette fonction est dite mesurable si $f^{-1}(\{x\}) \in \mathcal{B}$ pour tout $x \in X$ et intégrable si de plus $\mu(f^{-1}(\{x\})) < +\infty$. On définit alors $\int f\, d\mu = \sum_{x \in X} \mu(f^{-1}(\{x\}))x$, cette somme étant finie par hypothèse.

On dit qu'une fonction $f$ de $S$ dans $X$ est mesurable s'il existe une suite $f_n$ de fonctions étagées mesurables telles que $f_n(s) \longrightarrow f(s)$ $\mu$ - p.p. $s \in S$. D'après le théorème de Pettis (cf. par exemple Yosida [1] p.131) une fonction $f$ de $S$ dans $X$ est mesurable si et seulement si elle vérifie les deux propriétés suivantes :

a) $f$ est $\mu$ - p.p. à valeurs séparables i.e. il existe une partie négligeable $N$ de $S$ telle que $f(S \setminus N)$ soit séparable ;

b) $f$ est faiblement mesurable, i.e. pour tout $w \in X'$ la fonction $s \longmapsto \langle w, f(s)\rangle$ est mesurable.

On dit qu'une fonction $f$ de $S$ dans $X$ est intégrable s'il existe une suite de fonctions étagées intégrables $f_n$ telle que pour tout $n$ la fonction $s \longmapsto \|f_n(s)-f(s)\|$ soit intégrable et que $\lim_{n\to+\infty} \int \|f_n(s)-f(s)\|\, d\mu(s) = 0$.

Alors $\int f_n \, d\mu$ converge dans $X$ et sa limite est indépendante du choix de la suite $f_n$ vérifiant ces conditions ; on note cette limite $\int f \, d\mu$ .

Rappelons divers résultats importants :

Théorème de Bochner (cf. par exemple Yosida [1] p.133) : une fonction $f$ de $S$ dans $X$ est intégrable si et seulement si $f$ est mesurable et $\|f(s)\|$ est intégrable.

Théorème de Lebesgue (convergence dominée) : soit $f_n$ une suite de fonctions intégrables telle que $f_n(s) \longrightarrow f(s)$ $\mu$-p.p. $s \in S$ ; on suppose qu'il existe une fonction intégrable $\phi$ de $S$ dans $\mathbb{R}$ telle que $\|f_n(s)\| \leq \phi(s)$ pour tout $n$ , $\mu$-p.p. $s \in S$ .

Alors $f$ est intégrable et $\int \|f_n - f\| d\mu \longrightarrow 0$ (donc en particulier $\int f_n \, d\mu \longrightarrow \int f \, d\mu$) .

Lemme de Fatou : soit $f_n$ une suite de fonctions intégrables telle que $f_n(s) \longrightarrow f(s)$ faiblement $\mu$-p.p. $s \in S$ ; on suppose qu'il existe une constante $C$ telle que $\int \|f_n\| d\mu \leq C$ pour tout $n$ .

Alors $f$ est intégrable et $\int \|f\| d\mu \leq \liminf \int \|f_n\| d\mu$ .

Etant donné $1 \leq p \leq +\infty$, on désigne par $L^p(S;X)$ l'espace des (classes de) fonctions mesurables $f$ telles que $\|f(s)\|$ appartienne à $L^p(S;\mathbb{R})$ . L'espace $L^p(S;X)$ muni de la norme $\|f\|_{L^p} = [\int \|f(s)\|^p \, d\mu(s)]^{1/p}$ , $\|f\|_{L^\infty} = \text{Sup ess} \|f(s)\|$ , est un espace de Banach.

Lorsque $X$ est réflexif, $\mu$ $\sigma$-finie et $1<p<+\infty$ , le dual de $L^p(S;X)$ peut être identifié à $L^{p'}(S;X')$ avec $\frac{1}{p} + \frac{1}{p'} = 1$ (cf. Phillips [1]).

Si $X$ est un espace de Hilbert, l'espace $L^2(S;X)$ est un espace de Hilbert pour le produit scalaire $\int (f(s),g(s)) \, d\mu(s)$ .

Dans toute la suite $S$ sera l'intervalle $]0,T[$ , $T<+\infty$ muni de la mesure de Lebesgue.

Notons d'abord le

Lemme A.0. Soit $F \subset X$ fermé et soit $f \in L^1(0,T;X)$ tel que $f(t) \in F$

p.p. $t \in ]0,T[$ . Alors pour tout $\varepsilon > 0$ , il existe $g$ en escalier à valeurs dans $F$ tel que $\|g-f\|_{L^1(0,T;X)} < \varepsilon$.

Démonstration du lemme A.0. La fonction $f$ étant p.p. à valeurs séparables, on peut toujours supposer $X$ séparable ; donc $F$ admet un système dénombrable $\{y_k\}_{k\geq 1}$ partout dense. On peut toujours supposer par translation $0 \in F$ et $f(t) \in F$ pour tout $t \in ]0,T[$ . Soit $S_k = \{t \in ]0,T[ \ ; \ \|f(t)-y_k\| \leq \varepsilon$ et $\|f(t)-y_r\| > \varepsilon$ pour $r=1,\ldots,k-1\}$ ; c'est une partition mesurable de $]0,T[$ ; considérant la fonction $h = y_k$ sur $S_k$ on a $\|f-h\|_{L^\infty(0,T;X)} \leq \varepsilon$ . Puisque $f$ est intégrable, il en est de même de $h$ et il existe donc $k_0$ tel que $\sum_{k=k_0+1}^{+\infty} \int_{S_k} \|y_k\| dt \leq \varepsilon$ . Posons $M = \sup\{\|y_k\| ; k=1,\ldots,k_0\}$ .

La mesure de Lebesgue étant régulière pour tout $k=1,\ldots,k_0$ , il existe un ouvert $\Omega_k$ et un compact $K_k$ tels que $\Omega_k \supset S_k \supset K_k$ et $\int_{\Omega_k \setminus S_k} dt \leq \frac{\varepsilon}{Mk_0}$ . Considérons alors $\Omega_1'$ réunion finie d'intervalles ouverts telle que $\Omega_1 \setminus \bigcup_{r=2}^{k_0} K_r \supset \overline{\Omega_1'} \supset \Omega_1' \supset K_1$ , puis $\Omega_2'$ réunion finie d'intervalles ouverts telle que $\Omega_2 \setminus \{\overline{\Omega_1'} \cup (\bigcup_{r=3}^{k_0} K_r)\} \supset \overline{\Omega_2'} \supset \Omega_2' \supset K_2$ jusqu'à $\Omega_{k_0}'$ réunion finie d'intervalles ouverts telle que $\Omega_{k_0} \setminus \bigcup_{r=1}^{k_0-1} \overline{\Omega_r'} \supset \overline{\Omega_{k_0}'} \supset \Omega_{k_0}' \supset K_{k_0}$ . Définissons alors $g$ par $g = y_k$ sur $\Omega_k'$ et $g=0$ sur $]0,T[ \setminus \bigcup_{r=1}^{k_0} \overline{\Omega_r'}$ . La fonction $g$ est en escalier et $g=h$ sur $\bigcup_{r=1}^{k_0} K_r$ . On a donc

$$\|g-h\|_{L^1(0,T;X)} = \sum_{r=1}^{k_0} \int_{S_r \setminus K_r} \|g(t)-y_r\| dt + \sum_{r>k_0} \int_{S_r} \|g(t)-y_r\| dt$$

$$\leq \sum_{r=1}^{k_0} \int_{S_r \setminus K_r} 2M dt + \sum_{r>k_0} \int_{S_r} \|y_r\| dt + \sum_{r=1}^{k_0} \int_{\Omega_r \setminus S_r} M dt \leq 4\varepsilon \ .$$

Etant donné $f \in L^1(0,T;X)$ , la fonction $F(t) = \int_0^t f(s)\,ds$ est dérivable p.p. sur $]0,T[$ et l'on a $\frac{dF}{dt} = f$ p.p. sur $]0,T[$ .

Plus précisément, on dit qu'un point $t \in ]0,T[$ (resp. $t \in [0,T[$) est <u>point de Lebesgue</u> (resp. point de Lebesgue à droite) de $f$ , s'il existe $x \in X$ tel que

$$\lim_{\substack{h\to 0\\ h\neq 0}} \frac{1}{h}\int_t^{t+h} \|f(s)-x\|ds = 0$$

$$\left(\text{resp. } \lim_{\substack{h\to 0\\ h> 0}} \frac{1}{h}\int_t^{t+h} \|f(s)-x\|ds = 0\right)$$

L'élément $x$ ainsi défini est alors unique, et on a

$$\lim_{\substack{h\to 0\\ h\neq 0}} \frac{1}{h}\int_t^{t+h} f(s)\,ds = x \quad \left(\text{resp. } \lim_{\substack{h\to 0\\ h> 0}} \frac{1}{h}\int_t^{t+h} f(s)\,ds = x\right).$$

L'ensemble des points de Lebesgue d'une fonction intégrable est de complémentaire négligeable (cf. par exemple Dunford-Schwartz [1] p.213) et on a

$$\lim_{\substack{h\to 0\\ h\neq 0}} \frac{1}{h}\int_t^{t+h} f(s)\,ds = f(t) \quad \text{p.p. } t \in ]0,T[ .$$

<u>Définition A.1</u>. On dit qu'une fonction $f$ de $[0,T]$ dans $X$ appartient a $W^{1,p}(0,T;X)$ s'il existe une fonction $g \in L^p(0,T;X)$ telle que $f(t) = f(0) + \int_0^t g(s)\,ds$ pour tout $t \in [0,T]$ .

Lorsque $X = \mathbb{R}$ , il est bien connu que l'on peut caractériser les fonctions de $W^{1,p}(0,T)$ de deux manières :

a) $f$ est absolument continue et $\frac{df}{dt} \in L^p(0,T)$ ;

b) $f$ est continue et sa dérivée au sens des distributions appartient à $L^p(0,T)$ .

Nous présentons maintenant la généralisation de ce résultat aux fonctions à valeurs vectorielles.

## 2. Fonctions à variation bornée et fonctions absolument continues.

Définition A.2. Etant donnée une fonction $f$ de $[0,T]$ dans $X$, on appelle variation totale de $f$ sur $[0,T]$ l'expression

$\mathrm{Var}(f;[0,T]) = \mathrm{Sup}\{\sum_{k=1}^{n} \|f(a_k)-f(a_{k-1})\|$ pour toutes les subdivisions $0 = a_o < a_1 \dots < a_n = T\}$. Si $\mathrm{Var}(f;[0,T]) < +\infty$, on dit que $f$ est à variation bornée ; on désigne par $VB(0,T;X)$ l'espace des fonctions à variation bornée de $[0,T]$ dans $X$.

Pour simplifier les notations, on pose $V_f(t) = \mathrm{Var}(f;[0,t])$.

Lemme A.1. Soit $f \in VB(0,T;X)$, alors $f \in L^\infty(0,T;X)$ et $f$ admet en tout point une limite à droite et une limite à gauche (l'ensemble des points de discontinuité étant au plus dénombrable). De plus on a

$$(1) \quad \int_o^{T-h} \|f(t+h)-f(t)\| dt \leqslant h \ \mathrm{Var}(f;[0,T]) \quad \text{pour tout } h \in ]0,T[ .$$

En effet, on a $\|f(t)-f(s)\| \leqslant V_f(t)-V_f(s)$ pour $0 \leqslant s \leqslant t \leqslant T$. La fonction $t \longmapsto V_f(t)$ est croissante ; elle admet donc en tout point une limite à droite et une limite à gauche et l'ensemble des points de discontinuité est au plus dénombrable. Il en est de même pour $f$. Il en résulte en particulier que $f$ est p.p. à valeurs séparables. D'autre part, pour tout $w \in X'$ la fonction $t \longmapsto \langle w, f(t)\rangle$ est à variation bornée (donc mesurable). On déduit alors du théorème de Pettis que $f$ est mesurable. Comme $\|f(t)\| \leqslant \|f(0)\| + V_f(T)$ pour $t \in [0,T]$, on a $f \in L^\infty(0,T;X)$.

Pour $t \in [0,T-h]$ on a $\|f(t+h-f(t)\| \leqslant V_f(t+h) - V_f(t)$ et donc
$$\int_o^{T-h} \|f(t+h)-f(t)\| dt \leqslant \int_o^{T-h} V_f(t+h)-V_f(t)\ dt \leqslant \int_{T-h}^{T} V_f(t)\ dt \leqslant h\ V_f(T) .$$

Il est bien connu que toute fonction $f \in VB(0,T;\mathbb{R})$ est dérivable p.p. sur $]0,T[$ ; on a un résultat analogue lorsque $X$ est réflexif.

Proposition A.1. On suppose que $X$ est réflexif et soit $f \in VB(0,T;X)$ Alors $f$ est faiblement dérivable p.p. sur $]0,T[$, $\frac{df}{dt} \in L^1(0,T;X)$ et

$\int_0^T \|\frac{df}{dt}(t)\| dt \leq \text{Var}(f; [0,T])$ . De plus $\|\frac{df}{dt}(t)\| \leq \frac{d}{dt} V_f(t)$ p.p. sur $]0,T[$

En effet, il est clair que $\limsup_{\substack{h \to 0 \\ h \neq 0}} \|\frac{f(t+h)-f(t)}{h}\| \leq \frac{d}{dt} V_f(t)$

p.p. sur $]0,T[$ . En particulier l'ensemble

$N_0 = \{t \in ]0,T[ \; ; \; \limsup_{\substack{h \to 0 \\ h \neq 0}} \|\frac{f(t+h)-f(t)}{h}\| = +\infty\}$ est négligeable.

D'autre part $f$ est à valeurs séparables ; soit $X_0$ l'espace fermé engendré par $f([0,T])$ et soit $\{w_n\}_{n \geq 1}$ une suite dense de $X'_0$ (qui est séparable puisque $X_0$ est réflexif et séparable).

Pour $n$ fixé, l'application $t \longmapsto \langle w_n, f(t)\rangle$ est à variation bornée et donc dérivable en tout point n'appartenant pas à un ensemble négligeable $N_n$ . Posons $N = \bigcup_{n \geq 0} N_n$ ; $N$ est négligeable. En tout $t \in ]0,T[ \setminus N$ , d'une part $\frac{f(t+h)-f(t)}{h}$ est borné lorsque $h \longrightarrow 0$ , d'autre part pour tout $n$ , $\langle w_n, \frac{f(t+h)-f(t)}{h}\rangle$ converge lorsque $h \longrightarrow 0$ . On en déduit que pour tout $t \in ]0,T[ \setminus N$ , $\frac{f(t+h)-f(t)}{h}$ converge faiblement vers une limite que l'on désigne par $\frac{df}{dt}(t)$ .

Il résulte enfin de (1) et du lemme de Fatou que $\frac{df}{dt} \in L^1(0,T-h;X)$ pour tout $h>0$ et que $\int_0^{T-h} \|\frac{df}{dt}(t)\| dt \leq \text{Var}(f;[0,T])$

<u>Remarque A.1</u>. La conclusion de la proposition A.1 n'est pas valable lorsque $X$ n'est pas réflexif. Considérons par exemple dans $X = C_0$ (espace des suites de $\mathbb{C}$ qui tendent vers 0) la fonction $f(t)$ définie par $f_n(t) = \frac{e^{int}}{n}$ ; $f(t)$ est lipschitzienne et nulle part dérivable. On pourrait aussi considérer dans $X = L^1(0,1;\mathbb{R})$ la fonction $f(t)$ définie par $f(t)(x) = \begin{cases} 0 & \text{si } 0 \leq x \leq t \\ 1 & \text{si } t \leq x \leq 1 \end{cases}$ .

Même lorsque $X = \mathbb{R}$ une fonction à variation bornée n'est pas en général une primitive de sa dérivée ; il faut et il suffit qu'elle soit absolument continue.

<u>Définition A.3</u>. On dit qu'une fonction $f$ de $[0,T]$ dans $X$ est <u>absolument continue</u> si pour tout $\varepsilon > 0$ , il existe $\eta > 0$ tel que pour toute suite d'intervalle $I_n = ]\alpha_n, \beta_n[$ deux à deux disjoints

vérifiant $\sum_n |\beta_n - \alpha_n| \leqslant \eta$ , on ait $\sum_n \|f(\beta_n) - f(\alpha_n)\| \leqslant \varepsilon$ .

On vérifie facilement, comme dans le cas scalaire, que <u>toute fonction</u> $f$ <u>absolument continue est à variation bornée ; de plus la fonction</u> $t \longmapsto V_f(t)$ <u>est absolument continue</u> et donc $V_f(t) = \int_0^t \frac{d}{dt} V_f(s)\, ds$ . Par suite on a

$$\|f(t) - f(s)\| \leqslant \int_s^t \frac{d}{dt} V_f(\tau)\, d\tau \quad \text{pour tout} \quad 0 \leqslant s \leqslant t \leqslant T .$$

Inversement s'il existe $\phi \in L^1(0,T;\mathbb{R})$ tel que $\|f(t) - f(s)\| \leqslant \int_s^t \phi(\tau)\, d\tau$ pour $0 \leqslant s \leqslant t \leqslant T$ , alors $f$ est évidemment absolument continue et $\frac{d}{dt} V_f(t) \leqslant \phi(t)$ p.p. sur $]0,T[$ .

<u>Définition A.4.</u> On désigne par $\widetilde{W}^{1,p}(0,T;X)$ l'espace des fonctions absolument continues de $[0,T]$ dans $X$ telles que $\frac{d}{dt} V_f$ appartienne à $L^p(0,T;\mathbb{R})$ .

Il est clair que $f \in \widetilde{W}^{1,p}(0,T;X)$ si et seulement s'il existe $\phi \in L^p(0,T;\mathbb{R})$ tel que

$$\|f(t) - f(s)\| \leqslant \int_s^t \phi(\tau)\, d\tau \quad \text{pour tout} \quad 0 \leqslant s \leqslant t \leqslant T .$$

Par suite on a $W^{1,p}(0,T;X) \subset \widetilde{W}^{1,p}(0,T;X)$ et l'inclusion est stricte en général (cf. remarque A.1).

Notons que $\widetilde{W}^{1,1}(0,T;X)$ coïncide avec l'espace des fonctions absolument continues de $[0,T]$ dans $X$ . Si $f \in \widetilde{W}^{1,p}(0,T;X)$ avec $1 < p < +\infty$ , alors il existe une constante $C$ telle que $\|f(t) - f(s)\| \leqslant C|t-s|^{1-1/p}$ pour tout $t, s \in [0,T]$ .

Enfin $\widetilde{W}^{1,\infty}(0,T;X)$ coïncide avec l'espace des fonctions lipschitziennes de $[0,T]$ dans $X$ .

<u>Proposition A.2.</u> <u>Soit</u> $f \in \widetilde{W}^{1,p}(0,T;X)$ <u>avec</u> $1 \leqslant p < +\infty$ . <u>Alors on a</u>

$$(2) \qquad \lim_{h \to 0} \left\| \frac{f(t+h) - f(t)}{h} \right\| = \frac{d}{dt} V_f(t) \quad \text{p.p. sur} \quad ]0,T[$$

(3) $$\lim_{\substack{h\to 0 \\ h>0}} \int_0^{T-h} \left| \frac{\|f(t+h)-f(t)\|}{h} - \frac{d}{dt} V_f(t) \right|^p dt = 0 .$$

Pour toute fonction $f \in VB(0,T;X)$ on a

$$\limsup_{h\to 0} \left\|\frac{f(t+h)-f(t)}{h}\right\| \leq \frac{d}{dt} V_f(t) \quad \text{p.p. sur } ]0,T[ .$$

Posons $\psi(t) = \liminf_{h\to 0} \left\|\frac{f(t+h)-f(t)}{h}\right\|$ ; on a $\psi \in L^1(0,T)$ .

Pour $x \in X$ fixé, la fonction $\omega(t) = \|f(t)-x\|$ est absolument continu et $|\frac{d}{dt}\omega(t)| \leq \psi(t)$ p.p. sur $]0,T[$ . Donc $\omega(t) \leq \omega(s) + \int_s^t \psi(\tau)\, d\tau$ pour $0 \leq s \leq t \leq T$ ; prenant en particulier $x = f(s)$ , on obtient $\|f(t)-f(s)\| \leq \int_s^t \psi(\tau)\, d\tau$ . Par suite $V_f(t) - V_f(s) \leq \int_s^t \psi(\tau)\, d\tau$ et $\frac{d}{dt} V_f \leq \psi$ p.p. sur $]0,T[$ , ce qui établit (2).

Pour prouver (3), raisonnons par l'absurde et supposons qu'il existe $\alpha > 0$ et une suite $h_k \longrightarrow 0$ , $h_k > 0$ tels que

$$\int_0^{T-h_k} \left| \frac{\|f(t+h_k)-f(t)\|}{h_k} - \frac{d}{dt} V_f(t) \right|^p dt \geq \alpha .$$

Comme $f \in \widetilde{W}^{1,p}(0,T;X)$ il existe $\phi \in L^p(0,+\infty;\mathbb{R})$ tel que $\|f(t)-f(s)\| \leq \int_s^t \phi(\tau)\, d\tau$ pour $0 \leq s \leq t \leq T$ .

Donc $\frac{\|f(t+h_k)-f(t)\|}{h_k} \leq \frac{1}{h_k} \int_t^{t+h_k} \phi(\tau)\, d\tau$ ; or d'après Bourbaki [ ] (chap. IV, §.3, Théorème 3, p.131) il existe une suite extraite $h_\ell$ de la suite $h_k$ et il existe $g \in L^p(0,+\infty;\mathbb{R})$ tels que $\frac{1}{h_\ell} \int_t^{t+h_\ell} \phi(\tau)\, d\tau \leq g(t)$ pour tout $\ell$ et tout $t$ (on utilise ici le fait bien connu que $\frac{1}{h} \int_t^{t+h} \phi(\tau)\, d\tau \longrightarrow \phi(t)$ dans $L^p(0,+\infty;\mathbb{R})$) .

On conclut à l'aide du théorème de Lebesgue que

$$\lim_{h_\ell \to 0} \int_0^{T-h_\ell} \left| \frac{\|f(t+h_\ell)-f(t)\|}{h_\ell} - \frac{d}{dt} V_f(t) \right|^p dt = 0 ;$$

on aboutit ainsi à une contradiction.

Proposition A.3. Soit $f$ une fonction de $[0,T]$ dans $X$ et soit $1 \leq p \leq +\infty$. Les propriétés suivantes sont équivalentes

i) $f \in W^{1,p}(0,T;X)$ ;

ii) $f \in \widetilde{W}^{1,p}(0,T;X)$ et $f$ est dérivable p.p. sur $]0,T[$ ;

iii) $f$ est faiblement absolument continue (i.e. pour tout $w \in X'$, $t \longmapsto \langle w, f(t)\rangle$ est absolument continue), $f$ est faiblement dérivable p.p. sur $]0,T[$ et $\frac{df}{dt} \in L^p(0,T;X)$.

Comme les implications i) $\Longrightarrow$ ii) et ii) $\Longrightarrow$ iii) sont immédiates, il suffit d'établir que iii) $\Longrightarrow$ i). Posons $g(t) = f(0) + \int_0^t \frac{df}{dt}(s)\, ds$. Pour tout $w \in X'$, la fonction $t \longmapsto \langle w, f(t)\rangle$ est p.p. dérivable et $\frac{d}{dt}\langle w, f(t)\rangle = \langle w, \frac{df}{dt}(t)\rangle$ p.p. sur $]0,T[$. Donc $\langle w, f(t)\rangle = \langle w, f(0)\rangle + \int_0^t \langle w, \frac{df}{dt}(s)\rangle\, ds$ et par suite $\langle w, f(t)\rangle = \langle w, g(t)\rangle$ pour tout $w \in X'$ et tout $t \in [0,T]$. Il en résulte que $f=g$ et par conséquent $f \in W^{1,p}(0,T;X)$.

Corollaire A.1. Soit $f \in W^{1,1}(0,T;X)$. Alors $\|\frac{df}{dt}(t)\| = \frac{d}{dt} V_f(t)$ p.p. sur $]0,T[$ et $\int_0^T \|\frac{df}{dt}(t)\| dt = \mathrm{Var}(f;[0,T])$.

En effet il résulte de (2) que $\|\frac{df}{dt}(t)\| = \frac{d}{dt} V_f(t)$ p.p. sur $]0,T[$. Intégrant cette égalité sur $]0,T[$ on en déduit que $\int_0^T \|\frac{df}{dt}(t)\| dt = \mathrm{Var}(f;[0,T])$ puisque la fonction $V_f(t)$ est absolument continue.

Corollaire A.2. On suppose que $X$ est réflexif. Alors $W^{1,p}(0,T;X) = \widetilde{W}^{1,p}(0,T;X)$ pour tout $1 \leq p \leq +\infty$. Autrement dit toute fonction absolument continue est dérivable p.p. et

$$f(t) = f(0) + \int_0^t \frac{df}{dt}(s)\, ds .$$

Le corollaire A.2. résulte directement de la proposition A.1 et de l'implication iii) $\Longrightarrow$ i) de la proposition A.3.

Corollaire A.3. On suppose que $X$ est réflexif et soit $f \in VB(0,T;X)$. Alors $f \in W^{1,1}(0,T;X)$ si et seulement si $\int_0^T \|\frac{df}{dt}(t)\| dt = \mathrm{Var}(f;[0,T])$

On sait déjà d'après le corollaire A.1 que si $f \in W^{1,1}(0,T;X)$, alors $\int_0^T \|\frac{df}{dt}(t)\| dt = Var(f;[0,T])$. Inversement on sait d'après la proposition A.1 que $\int_0^t \|\frac{df}{dt}(s)\| ds \leq V_f(t)$ pour tout $t \in [0,T]$. Supposons qu'il existe $t_o$ tel que $\int_0^{t_o} \|\frac{df}{dt}(s)\| ds < V_f(t_o)$. On aurait alors $\int_0^T \|\frac{df}{dt}(s)\| ds = \int_0^{t_o} \|\frac{df}{dt}(s)\| ds + \int_{t_o}^T \|\frac{df}{dt}(s)\| ds$

$$< Var(f;[0,t_o]) + Var(f;[t_o,T]) = Var(f;[0,T])$$

et on aboutirait à une contradiction. Donc on a $\int_0^t \|\frac{df}{dt}(s)\| ds = V_f(t)$ et par suite la fonction $V_f$ est absolument continue. Il en résulte que $f \in \tilde{W}^{1,1}(0,T;X) = W^{1,1}(0,T;X)$.

<u>Corollaire A.4. Soient</u> X, Y <u>et</u> Z <u>des espaces de Banach et soit</u> B <u>une application bilinéaire et continue de</u> $X \times Y$ <u>dans</u> Z. <u>Soient</u> $f \in W^{1,1}(0,T;X)$ <u>et</u> $g \in W^{1,1}(0,T;Y)$. <u>Alors</u> $B(f,g) \in W^{1,1}(0,T;Z)$

<u>Proposition A.4. Soit</u> f <u>une fonction continue de</u> $[0,T]$ <u>dans</u> X <u>vérifiant les deux conditions</u> :

i) f <u>est faiblement dérivable à droite p.p. sur</u> $]0,T[$ <u>et</u> $\frac{d^+f}{dt} \in L^p(0,T;X)$ <u>avec</u> $1 \leq p \leq +\infty$ ;

ii) $\limsup_{\substack{h \to 0 \\ h > 0}} \frac{\|f(t+h)-f(t)\|}{h} < +\infty$ <u>pour tout</u> $t \in [0,T[$ <u>sauf au plus un ensemble dénombrable</u>.

<u>Alors</u> $f \in W^{1,p}(0,T;X)$.

La démonstration de la proposition A.4 est basée sur le lemme suivant.

<u>Lemme A.2. Soit</u> f <u>une fonction de</u> $[0,T]$ <u>dans</u> $\mathbb{R}$ ; <u>on pose</u>

$$\delta(t) = \limsup_{\substack{h \to 0 \\ h > 0}} \frac{f(t+h)-f(t)}{h}.$$

Alors on a les implications suivantes :

a) il existe $\gamma \in L^1(0,T;\mathbb{R})$ tel que $f(t)-f(s) \leq \int_s^t \gamma(\tau)\, d\tau$ pour tout $0 \leq s \leq t \leq T$ ;

$\Longrightarrow$ b) $f$ est à variation bornée et $f(t)-f(s) \leq \int_s^t \frac{df}{dt}(\tau)\, d\tau$ pour tout $0 \leq s \leq t \leq T$ ;

$\Longrightarrow$ c) $\delta \in L^1(0,T;\mathbb{R})$ ;

$\Longrightarrow$ d) il existe $\tilde{\delta} \in L^1(0,T;\mathbb{R})$ tel que $\delta(t) \leq \tilde{\delta}(t)$ p.p. sur $]0,T[$ .

Si de plus $f$ est continue et si $\delta(t) < +\infty$ pour tout $t \in [0,T[$ sauf au plus un ensemble dénombrable, alors d) $\Longrightarrow$ a) .

Montrons que a) $\Longrightarrow$ b) ; la fonction $g(t) = f(t) - \int_0^t \gamma(s)\, ds$ est décroissante et donc $g$ est à variation bornée. Il en résulte que $f(t) = g(t) + \int_0^t \gamma(s)\, ds$ est aussi à variation bornée. Notons que $g$ étant décroissante, on a $\int_s^t \frac{dg}{dt}(\tau)\, d\tau \geq g(t)-g(s)$ pour $0 \leq s \leq t \leq T$ i.e. $\int_s^t \left[\frac{df}{dt}(\tau)-\gamma(\tau)\right] d\tau \geq f(t)-f(s)-\int_s^t \gamma(\tau)\, d\tau$ .

L'implication b) $\Longrightarrow$ c) est bien connue puisque $\delta = \frac{df}{dt}$ p.p. sur $]0,T[$ et l'implication c) $\Longrightarrow$ d) est immédiate.

Montrons que d) $\Longrightarrow$ a) si $f$ est continue et si $\delta(t) < +\infty$ pour tout $t \in [0,T[$ sauf au plus un ensemble dénombrable. On peut toujours supposer (après modification de $\tilde{\delta}$) que $\delta(t) \leq \tilde{\delta}(t)$ pour tout $t \in [0,T[$ et que $\tilde{\delta}(t) \geq 0$ pour tout $t \in [0,T]$ . On sait qu'il existe une fonction $\gamma$ s.c.i. de $[0,T]$ dans $\mathbb{R}$ telle que $\gamma \in L^1(0,T;\mathbb{R})$ et $\tilde{\delta}(t) \leq \gamma(t)$ pour tout $t \in [0,T]$ (cf. par exemple Bourbaki [1] chap. IV, §.4, n°4, Théorème 3, p.147). Considérons la fonction $g(t) = f(t) - \int_0^t \gamma(s)\, ds$ ; on a

$$\limsup_{\substack{h \to 0 \\ h > 0}} \frac{g(t+h)-g(t)}{h} \leq \delta(t) - \liminf_{\substack{h \to 0 \\ h > 0}} \frac{1}{h} \int_t^{t+h} \gamma(s)\, ds = \delta(t)-\gamma(t) \leq 0$$

pour tout $t \in [0,T[$ tel que $\delta(t) < +\infty$ ; c'est-à-dire pour tout $t \in [0,T[$ sauf au plus un ensemble dénombrable. On en déduit (cf. par exemple Lelong [1], Proposition 5, p.22) que $g$ est décroissante i.e. $f(t)-f(s) \leq \int_s^t \gamma(\tau)\, d\tau$ pour $0 \leq s \leq t \leq T$ .

Démonstration de la proposition A.4. Soit $w \in X'$ ; la fonction $k(t) = \langle w, f(t)\rangle$ vérifie la condition c) du lemme A.2 (plus précisément $k$ est dérivable à droite p.p. sur $]0,T[$ et $\delta(t) = \frac{d^+k}{dt} = \langle w, \frac{d^+f}{dt}\rangle$ appartient à $L^p(0,T;\mathbb{R})$ . On en déduit que

$$k(t)-k(s) = \langle w, f(t)-f(s)\rangle \leq \int_s^t \frac{dk}{dt}(\tau)\, d\tau = \int_s^t \langle w, \frac{d^+f}{dt}(\tau)\rangle\, d\tau .$$

Par conséquent $f(t)-f(s) = \int_s^t \frac{d^+f}{dt}(\tau)\, d\tau$ .

Corollaire A.5. On suppose que $X$ est réflexif. Soit $f$ une fonction continue de $[0,T]$ dans $X$ . Alors les propriétés suivantes sont équivalentes :

i) $f \in W^{1,1}(0,T;X)$

ii) $f \in VB(0,T;X)$ et il existe $\gamma \in L^1(0,T;\mathbb{R}), \gamma \geq 0$, tel que, pour tout $t \in ]0,T[$ sauf au plus un ensemble dénombrable, il existe $\delta_t > 0$ et $M_t < +\infty$ vérifiant

$$\|f(t+h)-f(t)\| \leq \int_t^{t+h} \gamma(\tau)\, d\tau + M_t h \quad (\text{resp. } \|f(t)-f(t-h)\| \leq \int_{t-h}^t \gamma(\tau)\, d\tau + M_t$$

pour $h \in [0,\delta_t[$ .

En effet, il est immédiat que i) $\Longrightarrow$ ii) avec $M_t = 0$ et $\gamma = \|\frac{df}{dt}\|$ .

Inversement, il suffit d'après la proposition A.3 de montrer que $f$ est faiblement absolument continue. Soit donc $w \in X'$ avec $\|w\| \leq 1$

La fonction $\phi(t) = \langle w, f(t)\rangle - \int_0^t \gamma(\tau)\, d\tau$ est continue et

$$\delta(t) = \limsup_{h \downarrow 0} \frac{\phi(t+h)-\phi(t)}{h} \leq M_t < +\infty$$ pour tout $t \in ]0,T[$ sauf un ens. dénomb

avec $\delta \in L^1(0,T;\mathbb{R})$ puisque $\phi$ est à variation bornée.

On déduit du lemme A.2 (d $\Longrightarrow$ a) qu'il existe $\gamma_1 \in L^1(0,T;\mathbb{R})$ tel que $\phi(t)-\phi(s) \leq \int_s^t \gamma_1(\tau)\, d\tau$ pour $0 \leq s \leq t \leq T$ i.e.

$$\langle w, f(t)\rangle - \langle w, f(s)\rangle \leq \int_s^t \{\gamma(\tau) + \gamma_1(\tau)\}\, d\tau \quad \text{pour } 0 \leq s \leq t \leq T .$$

Appliquant ce résultat avec $-w$ , on voit qu'il existe $\gamma_2 \in L^1(0,T;\mathbb{R})$ tel que $|\langle w, f(t)\rangle - \langle w, f(s)\rangle| \leq \int_s^t \gamma_2(\tau)\, d\tau$ pour $0 \leq s \leq t \leq T$

3. <u>Lien avec les dérivées au sens des distributions.</u>

On désigne par $\mathcal{D}(]0,T[;X)$ l'espace des fonctions indéfiniment dérivables de $]0,T[$ dans $X$ à support compact contenu dans $]0,T[$.

Une suite régularisante est une suite $\rho_n$ de fonctions de $\mathcal{D}(\mathbb{R};\mathbb{R})$ telles que $\rho_n \geq 0$, $\int_{\mathbb{R}} \rho_n(t)\,dt = 1$, $\operatorname{supp} \rho_n \subset ]-\frac{1}{n},+\frac{1}{n}[$, $\rho_n$ décroît sur $[0,+\infty[$ et $\rho_n(-s) = \rho_n(s)$ pour tout $s \geq 0$.

Etant donné $f \in L^p(0,T;X)$ $(1 \leq p \leq +\infty)$ on pose $f_n(t) = \int_0^T \rho_n(t-s)\, f(s)\, ds$ ; il est bien connu (cf. par exemple Dunford-Schwartz [1] p.220) que $f_n(t) \longrightarrow f(t)$ p.p. sur $]0,T[$ et si $1 \leq p < +\infty$ on a $f_n \longrightarrow f$ dans $L^p(0,T;X)$ ; de plus $\|f_n\|_{L^p(0,T;X)} \leq \|f\|_{L^p(0,T;X)}$.

<u>Proposition A.5. Soient</u> $f \in L^1(0,T;X)$ <u>et</u> $C$ <u>une constante. Les propriétés suivantes sont équivalentes</u> :

i) <u>Il existe</u> $f_1 \in VB(0,T;X)$ <u>tel que</u> $\operatorname{Var}(f_1;[0,T]) \leq C$ <u>et</u> $f(t) = f_1(t)$ <u>p.p. sur</u> $]0,T[$

ii) $\int_0^{T-h} \|f(t+h)-f(t)\|\,dt \leq Ch$ <u>pour tout</u> $h \in ]0,T[$

iii) $\left|\int_0^T < f(t), \frac{d\phi}{dt}(t) > dt\right| \leq C\|\phi\|_{L^\infty(0,T;X')}$ <u>pour tout</u> $\phi \in \mathcal{D}(]0,T[;X')$.

On utilisera dans la démonstration le lemme suivant :

<u>Lemme A.3. Soit</u> $f \in L^p(0,T;X)$, $1 \leq p \leq +\infty$, $\frac{1}{p}+\frac{1}{p'} = 1$. <u>Alors</u>

$$\|f\|_{L^p(0,T;X)} = \sup_{\substack{\phi \in \mathcal{D}(0,T;X') \\ \|\phi\|_{L^{p'}(0,T;X')} \leq 1}} \int_0^T <f(t),\phi(t)>\,dt$$

$$= \sup_{\substack{\phi \in L^{p'}(0,T;X') \\ \|\phi\|_{L^{p'}(0,T;X')} \leq 1}} \int_0^T <f(t),\phi(t)>\,dt$$

Nous aurons à distinguer trois cas :

• $p = +\infty$ .

Comme l'ensemble $\{\phi \in \mathcal{D}(]0,T[;X') \; ; \; \|\phi\|_{L^1(0,T;X')} \leq 1\}$ est dense dans $\{\phi \in L^1(0,T;X') \; ; \; \|\phi\|_{L^1(0,T;X')} \leq 1\}$ il suffit d'établir que

$$\|f\|_{L^\infty(0,T;X)} = \sup_{\substack{\phi \in L^1(0,T;X') \\ \|\phi\|_{L^1(0,T;X')} \leq 1}} \int_0^T \langle f(t),\phi(t)\rangle \, dt \; .$$

Commençons par supposer $f$ <u>continu</u> et soit $t_o \in [0,T]$ tel que $\|f(t_o)\| = \|f\|_{L^\infty(0,T;X)}$ ; pour tout $\varepsilon > 0$ il existe un voisinage ouvert $U$ de $t_o$ tel que pour $t \in U$, $\|f(t)-f(t_o)\| < \varepsilon$ . Il existe alors d'après Hahn-Banach $w \in X'$ tel que $\langle w,f(t_o)\rangle = \|f(t_o)\|$ et $\|w\|_{X'} = 1$ .

Posons $\phi(t) = \begin{cases} \dfrac{1}{\text{mes } U} w & \text{si } t \in U \\ 0 & \text{si } t \notin U \end{cases}$ . On a $\|\phi\|_{L^1(0,T;X')} = 1$ et

$$\int_0^T \langle f(t),\phi(t)\rangle \, dt = \int_0^T \langle f(t)-f(t_o),\phi(t)\rangle \, dt$$

$$+ \int_0^T \langle f(t_o),\phi(t)\rangle \, dt \geq \|f(t_o)\| - \varepsilon = \|f\|_{L^\infty(0,T;X)} - \varepsilon \; .$$

Dans le cas général, soit $f_n$ la suite régularisante de $f$ ; comme $f_n \longrightarrow f$ p.p. sur $]0,T[$ , on a $\|f_n\|_{L^\infty(0,T;X)} \longrightarrow \|f\|_{L^\infty(0,T;X)}$ .

Soit $\varepsilon > 0$ , et soit $n$ tel que $\|f_n\|_{L^\infty(0,T;X)} \geq \|f\|_{L^\infty(0,T;X)} - \varepsilon$ .

D'après ce qui précède, il existe $\phi \in L^1(0,T;X')$ tel que

$$\int_0^T \langle f_n(t),\phi(t)\rangle \, dt \geq \|f_n\|_{L^\infty(0,T;X)} - \varepsilon \; .$$

Or, grâce à Fubini, on a

$$\int_0^T \langle f(t),\phi_n(t)\rangle \, dt = \int_0^T \langle f_n(t),\phi(t)\rangle \, dt \; .$$

Par conséquent, on a trouvé $\phi_n \in L^1(0,T;X)$ tel que

$\|\phi_n\|_{L^1(0,T;X)} \leq \|\phi\|_{L^1(0,T;X)} \leq 1$ et

$$\int_0^T \langle f(t),\phi_n(t)\rangle \, dt \geq \|f\|_{L^\infty(0,T;X)} - 2\varepsilon \; .$$

$1 < p < +\infty$ .

Il suffit de prouver que

$$\|f\|_{L^p(0,T;X)} = \sup_{\substack{\phi \in L^{p'}(0,T;X') \\ \|\phi\|_{L^{p'}(0,T;X')} \leq 1}} \int_0^T \langle f(t), \phi(t) \rangle \, dt .$$

Commençons par supposer que $f$ est <u>étagée</u> et soit $(B_i)_{i \in I}$ une partition finie mesurable de $]0,T[$ telle que $f(t) = v_i$ pour $t \in B_i$

Soit $w_i \in X'$ tel que $\langle w_i, v_i \rangle = \|v_i\|^p$ et $\|w_i\|_{X'} = \|v_i\|^{p-1}$ ($w_i$ existe d'après Hahn-Banach). Posons $\phi(t) = \dfrac{1}{\|f\|^{p-1}_{L^p(0,T;X)}} \cdot w_i$ pour $t \in B_i$ ; on vérifie aisément que $\|\phi\|_{L^{p'}(0,T;X')} \leq 1$ et

$$\int_0^T \langle f(t), \phi(t) \rangle \, dt = \|f\|_{L^p(0,T;X)} .$$

Dans le cas général, soit $\varepsilon > 0$ et soit $\tilde{f}$ une fonction étagée telle que $\|f - \tilde{f}\|_{L^p(0,T;X)} < \varepsilon$ . D'après ce qui précède, il existe $\tilde{\phi} \in L^{p'}(0,T;X')$ tel que $\|\tilde{\phi}\|_{L^{p'}(0,T;X')} \leq 1$ et $\int_0^T \langle \tilde{f}(t), \tilde{\phi}(t) \rangle \, dt = \|\tilde{f}\|_{L^p(0,T;X)}$ . On a alors

$$\int_0^T \langle f(t), \tilde{\phi}(t) \rangle \, dt = \int_0^T \langle f(t) - \tilde{f}(t), \tilde{\phi}(t) \rangle \, dt + \int_0^T \langle \tilde{f}(t), \tilde{\phi}(t) \rangle \, dt$$

$$\geq \|f\|_{L^p(0,T;X)} - 2\varepsilon .$$

. $p = 1$ .

Commençons par supposer que $f$ est étagée ; comme au cas précédent on voit qu'il existe $\phi \in L^\infty(0,T;X')$ tel que $\|\phi\|_{L^\infty(0,T;X')} \leq 1$ et $\int_0^T \langle f(t), \phi(t) \rangle \, dt = \|f\|_{L^1(0,T;X)}$ .

Enfin si $\theta_n$ désigne une suite telle que $\theta_n \in \mathcal{D}(]0,T[;\mathbb{R})$ $0 \leq \theta_n \leq 1$ $\theta_n \longrightarrow 1$ p.p. sur $]0,T[$ , on a grâce au théorème de Lebesgue

$$\lim_{n \to +\infty} \int_0^T \langle f(t), \theta_n(t) \, \phi_n(t) \rangle \, dt = \int_0^T \langle f(t), \phi(t) \rangle \, dt = \|f\|_{L^1(0,T;X)} .$$

Dans le cas général, soit $\varepsilon>0$ fixé et soit $\tilde{f}$ une fonction étagée telle que $\|f-\tilde{f}\|_{L^1(0,T;X)} < \varepsilon$. D'après ce qui précède, il existe $\tilde{\phi}\in\mathcal{D}(]0,T[;X')$ tel que $\|\tilde{\phi}\|_{L^\infty(0,T;X')} \leq 1$ et $\int_0^T \langle\tilde{f}(t),\tilde{\phi}(t)\rangle\, dt \geq \|\tilde{f}\|_{L^1(0,T;X)} - \varepsilon$. On a alors

$$\int_0^T \langle f(t),\tilde{\phi}(t)\rangle\, dt \geq \|f\|_{L^1(0,T;X)} - 3\varepsilon .$$

Démonstration de la proposition A.5. L'implication i) $\Longrightarrow$ ii) résulte du lemme A.1.

Démontrons que ii) $\Longrightarrow$ iii) :
Soient $\phi\in\mathcal{D}(]0,T[;X')$ et $h\in]0,T[$ ; on a

$$\frac{1}{h}\int_0^T \langle f(t),\phi(t)-\phi(t-h)\rangle\, dt = \frac{1}{h}\int_0^{T-h}\langle f(t)-f(t+h),\phi(t)\rangle\, dt$$

$$+\frac{1}{h}\int_{T-h}^T \langle f(t),\phi(t)\rangle\, dt - \frac{1}{h}\int_0^h \langle f(t),\phi(t-h)\rangle\, dt .$$

Par suite pour $h$ assez petit, on a grâce à ii)

$$\left|\frac{1}{h}\int_0^T \langle f(t),\phi(t)-\phi(t-h)\rangle\, dt\right| \leq C\,\|\phi\|_{L^\infty(0,T;X')}$$

Passant à la limite (à l'aide du théorème de Lebesgue) on obtient iii

Prouvons que iii) $\Longrightarrow$ i) .
Soit $\phi\in\mathcal{D}(]0,T[;X')$ ; on a

$$\int_0^T \langle\frac{df_n}{dt}(t),\phi(t)\rangle\, dt = -\int_0^T \langle f_n(t),\frac{d\phi}{dt}(t)\rangle\, dt = -\int_0^T \langle f(t),\frac{d\phi_n}{dt}(t)\rangle\, dt .$$

Si de plus $\operatorname{supp}\phi\subset]\frac{1}{n},T-\frac{1}{n}[$ , on a $\operatorname{supp}\phi_n\subset]0,T[$ et donc $\phi_n\in\mathcal{D}(]0,T[;X')$ .

Il résulte alors de iii) que

$$\left|\int_0^T \langle\frac{df_n}{dt}(t),\phi(t)\rangle\, dt\right| \leq C\,\|\phi_n\|_{L^\infty(0,T;X')} \leq C\,\|\phi\|_{L^\infty(0,T;X')}$$

On déduit du lemme A.3 (appliqué sur l'intervalle $]\frac{1}{n},T-\frac{1}{n}[$ au lieu de $]0,T[$) que $\int_{\frac{1}{n}}^{T-\frac{1}{n}} \|\frac{df_n}{dt}(t)\| \, dt \leqslant C$. L'ensemble $A = \{t \in ]0,T[ \; ; f_n(t) \longrightarrow f(t)\}$ est de complémentaire négligeable. Etant donnée une subdivision $0<a_0<a_1 \ldots <a_k<T$ de $A$ on a $\sum_{i=1}^{k} \|f_n(a_i)-f_n(a_{i-1})\| \leqslant C$ pourvu que $n>\frac{1}{a_0}$ et $n>\frac{1}{T-a_k}$. Donc à la limite quand $n \longrightarrow +\infty$, on obtient $\sum_{i=1}^{k} \|f(a_i)-f(a_{i-1})\| \leqslant C$ pour toute subdivision de $A$.

Posons pour $0<t\leqslant T$ :

$V(t) = \mathrm{Sup}\{\sum_{i=1}^{k} \|f(a_i)-f(a_{i-1})\|$ pour toutes les subdivisions de $A \cap [0,t]\}$

La fonction $V$ est croissante de $]0,T]$ dans $[0,C]$ et pour $s,t \in A$ avec $s\leqslant t$ on a

$$\|f(t)-f(s)\| \leqslant V(t)-V(s)$$

Donc pour tout $t \in ]0,T]$, $\lim_{\substack{s \to t \\ s<t \\ s \in A}} f(s) = f_1(t)$ existe et $\lim_{\substack{s \to 0 \\ s \in A}} f(s) = f_1(0)$ existe.

On a ainsi défini une fonction $f_1$ de $[0,T]$ dans $X$ qui vérifie les propriétés :

$$\|f(t)-f_1(t)\| \leqslant V(t) - V(t-0) \qquad \text{pour } t \in A$$

$$\|f_1(t)-f_1(s)\| \leqslant V(t-0) - V(s-0) \qquad \text{pour } 0<s\leqslant t\leqslant T$$

$$\|f_1(t)-f_1(0)\| \leqslant V(t-0) - V(0+0) \qquad \text{pour } 0<t\leqslant T$$

Il en résulte que, pour toute subdivision de $[0,T]$ on a

$$\sum_{i=1}^{k} \|f_1(a_i)-f_1(a_{i-1})\| \leqslant V(T-0) - V(0+0) \leqslant C$$

et par conséquent $\mathrm{Var}(f_1;[0,T]) \leqslant C$.

D'autre part $f(t) = f_1(t)$ en tout $t \in A$ où $V(t)$ est continu ; par suite $f(t) = f_1(t)$ p.p. sur $]0,T[$.

<u>Proposition A.6. Soit</u> $f \in L^p(0,T;X)$ <u>avec</u> $1 \leq p \leq +\infty$ . <u>Les propriétés suivantes sont équivalentes</u> :

i) <u>il existe</u> $f_1 \in W^{1,p}(0,T;X)$ <u>tel que</u> $f(t) = f_1(t)$ <u>p.p. sur</u> $]0,T[$;

ii) <u>il existe</u> $g \in L^p(0,T;X)$ <u>tel que</u>

$$\lim_{h \to 0} \int_0^{T-h} \left\| \frac{f(t+h)-f(t)}{h} - g(t) \right\| dt = 0$$

$$\left(\text{resp. } \lim_{h \to 0} \int_0^{T-h} \left\| \frac{f(t+h)-f(t)}{h} - g(t) \right\|^p dt = 0 \quad \text{si} \quad p<+\infty \right)$$

iii) <u>il existe</u> $k \in L^p(0,T;X)$ <u>tel que</u>

$$\int_0^T f(t) \frac{d\alpha}{dt}(t)\, dt = - \int_0^T k(t)\, \alpha(t)\, dt \quad \underline{\text{pour tout}} \quad \alpha \in \mathcal{D}(]0,T[;\mathbb{R})$$

<u>Dans ce cas on a</u> $\frac{df_1}{dt} = g = k$ p.p. <u>sur</u> $]0,T[$ .

Montrons que i) $\Longrightarrow$ ii) avec $g = \frac{df_1}{dt}$ ; en effet on a $\frac{f(t+h)-f(t)}{h} = \frac{1}{h} \int_t^{t+h} g(s)\, ds$ et il est bien connu que si l'on prolonge $g$ par $\tilde{g} = \begin{cases} g & \text{sur } ]0,T[ \\ 0 & \text{ailleurs} \end{cases}$ alors la fonction $\frac{1}{h} \int_t^{t+h} \tilde{g}(s)\, ds$ tend vers $\tilde{g}$ dans $L^p(\mathbb{R},X)$ quand $h \longrightarrow 0$ si $p<+\infty$ .

Prouvons que ii) $\Longrightarrow$ iii) avec $k = g$ ; en effet on a

$$\frac{1}{h} \int_0^T f(t)[\alpha(t)-\alpha(t-h)]\, dt = \frac{1}{h} \int_0^{T-h} [f(t)-f(t+h)]\, \alpha(t)\, dt$$
$$+ \frac{1}{h} \int_{T-h}^T f(t)\, \alpha(t)\, dt - \frac{1}{h} \int_0^h f(t)\, \alpha(t-h)\, dt .$$

Donc si $\alpha \in \mathcal{D}(]0,T[;\mathbb{R})$ , on a pour $h$ assez petit

$$\frac{1}{h} \int_0^T f(t)[\alpha(t)-\alpha(t-h)]\, dt = \frac{1}{h} \int_0^{T-h} [f(t)-f(t-h)]\, \alpha(t)\, dt$$

Le passage à la limite quand $h \longrightarrow 0$ est immédiat et conduit à iii).

Enfin iii) $\Longrightarrow$ i) car pour $\alpha \in \mathcal{D}(]0,T[;\mathbb{R})$ on a

$$\int_0^T \frac{df_n}{dt}(t)\, \alpha(t)\, dt = -\int_0^T f_n(t) \frac{d\alpha}{dt}(t) = - \int_0^T f(t) \frac{d\alpha_n}{dt}(t)\, dt$$

Si de plus $\operatorname{supp} \alpha \subset ]\frac{1}{n}, T-\frac{1}{n}[$, alors $\operatorname{supp} \alpha_n \subset ]0,T[$ et donc

$$\int_0^T \frac{df_n}{dt}(t)\ \alpha(t)\ dt = \int_0^T k(t)\ \alpha_n(t)\ dt = \int_0^T k_n(t)\ \alpha(t)\ dt .$$

On en déduit que $\frac{df_n}{dt} = k_n$ p.p. sur $]\frac{1}{n}, T-\frac{1}{n}[$.

Soit $A = \{t \in ]0,T[\ ;\ f_n(t)\} \longrightarrow f(t)\}$ ; on a alors

$f(t)-f(s) = \int_s^t k(\tau)\ d\tau$ pour tout $s,t \in A$.

Il en résulte que $\lim\limits_{\substack{s\to 0\\ s\in A}} f(s) = f_1(0)$ existe et on a

$f(t) = f_1(0) + \int_0^t k(\tau)\ d\tau$ pour tout $t \in A$.

<u>Proposition A.7</u>. <u>Soit</u> $f \in L^p(0,T;X)$ <u>avec</u> $1<p\leq+\infty$ <u>et soit</u> $C$ <u>une constante</u>

<u>Les propriétés suivantes sont équivalentes</u> :

i) <u>il existe</u> $f_1 \in \widetilde{W}^{1,p}(0,T;X)$ <u>tel que</u> $f = f_1$ <u>p.p. sur</u> $]0,T[$ <u>et</u> $\|\frac{d}{dt} V_{f_1}\|_{L^p} \leq C$

ii) $\left(\int_0^{T-h} \|f(t+h)-f(t)\|^p\ dt\right)^{\frac{1}{p}} \leq Ch$ <u>pour tout</u> $h \in ]0,T[$

iii) $\left|\int_0^T \langle f(t), \frac{d\phi}{dt}(t)\rangle\ dt\right| \leq C\|\phi\|_{L^{p'}(0,T;X')}$ <u>avec</u> $\frac{1}{p} + \frac{1}{p'} = 1$ <u>pour tout</u> $\phi \in \mathcal{D}(]0,T[;X')$.

Pour simplifier la démonstration de l'implication i) $\Longrightarrow$ ii) posons $\gamma = \frac{d}{dt} V_{f_1}$ ; on a alors p.p. sur $]0,T[$

$\|f(t+h)-f(t)\| \leq \int_t^{t+h} \gamma(\tau)\ d\tau$ et par Hölder

$\|f(t+h)-f(t)\|^p \leq h^{p-1} \int_t^{t+h} \gamma^p(\tau)\ d\tau$ si $p<+\infty$ (le cas $p=+\infty$ étant immédiat).

Donc $\int_0^{T-h} \|f(t+h)-f(t)\|^p\ dt \leq h^{p-1} \int_0^{T-h} W(t+h) - W(t)\ dt$

où l'on pose $W(t) = \int_0^t \gamma^p(\tau)\ d\tau$ et par suite

$$\int_0^{T-h} \|f(t+h)-f(t)\|^p \, dt \leqslant h^{p-1} \int_{T-h}^{T} W(t) \, dt \leqslant h^p W(T) = h^p \|\frac{d}{dt} V_{f_1}\|^p_{L^p} .$$

L'implication ii) $\Longrightarrow$ iii) se démontre de manière identique à l'implication ii) $\Longrightarrow$ iii) de la proposition A.5.

Enfin pour prouver que iii) $\Longrightarrow$ i) on considère la suite $f_n$ des régularisés de $f$. Grâce au lemme A.3, on a comme dans la démonstration de la proposition A.5 $\left[\int_{\frac{1}{n}}^{T-\frac{1}{n}} \|\frac{df_n}{dt}(t)\|^p \, dt\right]^{\frac{1}{p}} \leqslant C$.

Posons $\gamma_n(t) = \begin{cases} \|\frac{df_n}{dt}(t)\| & \text{si } \frac{1}{n}<t<T-\frac{1}{n} \\ 0 & \text{ailleurs} \end{cases}$. On a alors

$\|f_n(t)-f_n(s)\| \leqslant \int_s^t \gamma_n(\tau) \, d\tau$ pour $\frac{1}{n} \leqslant s \leqslant t \leqslant T-\frac{1}{n}$. Comme $\gamma_n$ est borné dans $L^p$, il existe $n_k \longrightarrow +\infty$ tel que $\gamma_{n_k} \longrightarrow \gamma$ faiblement pour $\sigma(L^p(0,T;\mathbb{R}), L^{p'}(0,T;\mathbb{R}))$ et $\|\gamma\|_{L^p(0,T;\mathbb{R})} \leqslant C$.

Alors pour $s,t \in A$, $s<t$ on a

$$\|f(t)-f(s)\| \leqslant \int_s^t \gamma(\tau) \, d\tau .$$

On achève la démonstration en considérant $f_1(t) = \lim_{\substack{s \in A \\ s \to t}} f(s)$.

## 4. Compléments divers.

Lemme A.4. (Gronwall-Bellman). *Soit* $m \in L^1(0,T;\mathbb{R})$ *tel que* $m \geqslant 0$ p.p. *sur* $]0,T[$ *et soit* $a$ *une constante* $\geqslant 0$.

*Soit* $\phi$ *une fonction continue de* $[0,T]$ *dans* $\mathbb{R}$ *vérifiant* $\phi(t) \leqslant a + \int_0^t m(s) \, \phi(s) \, ds$ *pour tout* $t \in [0,T]$. *Alors*

$$\phi(t) \leqslant a \, e^{\int_0^t m(s) ds} \quad \textit{pour tout } t \in [0,T] .$$

En effet soit $\psi(t) = a + \int_0^t m(s) \, \phi(s) \, ds$ ; la fonction $\psi$ est absolument continue et on a $\frac{d\psi}{dt}(t) = m(t) \, \phi(t) \leqslant m(t) \, \psi(t)$ p.p. sur $]0,T[$. Donc $\frac{d}{dt}(\psi(t) \, e^{-\int_0^t m(s) ds}) \leqslant 0$ p.p. sur $]0,T[$, et comme la fonction $t \longmapsto \psi(t)\, e^{\int_0^t m(s)ds}$ est absolument continue, elle est décroissante. Par suite $\psi(t)\, e^{-\int_0^t m(s)ds} \leq \psi(0) = a$ ; il en résulte que $\phi(t) \leq \psi(t) \leq a\, e^{\int_0^t m(s)ds}$ .

<u>Lemme A.5</u>. <u>Soit</u> $m \in L^1(0,T;\mathbb{R})$ <u>tel que</u> $m \geq 0$ <u>p.p. sur</u> $]0,T[$ <u>et soit</u> $a$ <u>une constante</u> $\geq 0$ .

<u>Soit</u> $\phi$ <u>une fonction continue de</u> $[0,T]$ <u>dans</u> $\mathbb{R}$ <u>vérifiant</u> $\frac{1}{2}\phi^2(t) \leq \frac{1}{2}a^2 + \int_0^t m(s)\,\phi(s)\,ds$ <u>pour tout</u> $t \in [0,T]$ .

<u>Alors</u> $|\phi(t)| \leq a + \int_0^t m(s)\,ds$ <u>pour tout</u> $t \in [0,T]$ .

En effet soit $\psi_\varepsilon(t) = \frac{1}{2}(a+\varepsilon)^2 + \int_0^t m(s)\,\phi(s)\,ds$ , $\varepsilon > 0$ ; donc $\frac{d\psi_\varepsilon}{dt}(t) = m(t)\,\phi(t)$ p.p. sur $]0,T[$ et $\frac{1}{2}\phi^2(t) \leq \psi_0(t) \leq \psi_\varepsilon(t)$ pour $t \in [0,T]$ . Il en résulte que $\frac{d\psi_\varepsilon}{dt}(t) \leq m(t)\sqrt{2}\,\sqrt{\psi_\varepsilon(t)}$ . Or $\psi_\varepsilon(t) \geq \frac{1}{2}\varepsilon^2$ pour tout $t \in [0,T]$ ; de sorte que la fonction $t \longmapsto \psi_\varepsilon(t)$ est absolument continue et $\frac{d}{dt}\sqrt{\psi_\varepsilon(t)} = \frac{1}{2\sqrt{\psi_\varepsilon(t)}}\frac{d\psi_\varepsilon}{dt}(t)$ p.p. sur $]0,T[$ . Par suite $\frac{d}{dt}\sqrt{\psi_\varepsilon(t)} \leq \frac{1}{\sqrt{2}}m(t)$ p.p. sur $]0,T[$ et $\sqrt{\psi_\varepsilon(t)} \leq \sqrt{\psi_\varepsilon(0)} + \frac{1}{\sqrt{2}}\int_0^t m(s)\,ds$ .

On en déduit que

$$|\phi(t)| \leq \sqrt{2}\,\sqrt{\psi_\varepsilon(t)} \leq \sqrt{2\,\psi_\varepsilon(0)} + \int_0^t m(s)\,ds = a + \varepsilon + \int_0^t m(s)\,ds$$

pour tout $t \in [0,T]$ et tout $\varepsilon > 0$ .

<u>Lemme A.6</u>. <u>Soit</u> $u$ <u>une fonction de</u> $[t_0,T]$ <u>dans un espace de Banach</u> $X$ . <u>On suppose que les fonctions</u> $t \longmapsto u(t)$ <u>et</u> $t \longmapsto \|u(t)\|$ <u>sont dérivables à droite en</u> $t_0$ .

<u>Alors</u>

$$\frac{d^+}{dt}\|u(t_0)\| + \alpha\|u(t_0)\| \leq \left\|\frac{d^+u}{dt}(t_0) + \alpha u(t_0)\right\| \quad \text{pour tout} \quad \alpha \in \mathbb{R} .$$

En effet, soit $h > 0$ ; on a

$$\left\|\frac{u(t_o+h)-u(t_o)}{h} + \alpha u(t_o)\right\| \geqslant \frac{1}{h}\|u(t_o+h)\| - \left|\alpha-\frac{1}{h}\right| \|u(t_o)\|$$

$$= \frac{1}{h}\|u(t_o+h)\| - \left(\frac{1}{h}-\alpha\right)\|u(t_o)\| = \frac{1}{h}(\|u(t_o+h)\|-\|u(t_o)\|) + \alpha\|u(t_o)\|$$

dès que $h<1/|\alpha|$ ; le passage à la limite quand $h \longrightarrow 0$ est immédiat.

## REFERENCES BIBLIOGRAPHIQUES; COMPLEMENTS ET PROBLEMES OUVERTS

CHAP. I

§.I.1. Le théorème du min-max sous sa forme la plus élémentaire est dû à Von Neumann (1937). La démonstration du théorème 1.1 repose sur une idée de Shiffman (cf. KARLIN [1]). On trouvera dans la littérature de nombreuses généralisations du théorème du min-max ; citons entre autres celles de BROWDER [14], GHOUILA-HOURI [1], KY FAN [1] [2] [3], MOREAU [1] (qui établit la relation avec la théorie des fonctions convexes conjuguées) et SION [1].

ROCKAFELLAR [5] met en évidence le lien qui existe entre la recherche des points selle et celle des zéros d'un opérateur monotone ; notons simplement que si $K(x,y)$ est une fonction convexe-concave différentiable sur $E \times F$ et si $K_x(x,y)$ (resp. $K_y(x,y)$) désignent les différentielles de $K$ par rapport à $x$ (resp. $y$), alors $[x_o,y_o]$ est un point selle de $K$ si et seulement si $K_x(x_o,y_o) = K_y(x_o,y_o) = 0$ i.e. $M(x_o,y_o) = 0$ où $M(x,y) = (K_x(x,y), - K_y(x,y))$ est un opérateur monotone de $E \times F$ dans $E' \times F'$

§.I.2. Le théorème 1.2 a été prouvé indépendamment par BROWDER [6], KIRK [1] et GÖHDE [1]. La démonstration que nous présentons n'est pas la plus simple, mais on en retiendra surtout la propriété remarquable de fermeture indiquée à la proposition 1.3. Cette proposition est due à F. BROWDER [17] . De nombreux travaux ont été consacrés à l'étude des points fixes d'une contraction (resp.communs à une famille de contractions ainsi qu'à la convergence de diverses méthodes itératives (cf. BELLUCE - KIRK [1], BROWDER - PETRYSHYN [1], KANIEL [2] ainsi que les monographies de de FIGUEIREDO [1] et OPIAL [1]). Le problème suivant semble être encore ouvert :

Pb.1. Soit $E$ un espace de Banach réflexif et soit $C$ un convexe fermé borné de $E$. Soit $T$ une contraction de $C$ dans $C$ ; est-ce que $T$ admet un point fixe ?

§.I.3. Le théorème 1.4 a été remarqué indépendamment par CRANDALL

[1] et Brezis - Pazy. Les estimations des théorèmes 1.5 et 1.6 sont standard. L'application d'un théorème de point fixe pour contractions à la résolution de problèmes périodiques suit les idées de BROWDER [5], [9]. Le théorème 1.7 est dû à CHERNOFF [1] dans le cas où J est un opérateur linéaire et à MIYADERA - OHARU [1] dans le cas général. La démonstration que nous indiquons est celle de BREZIS - PAZY [2].

Pb.2. Comment étendre le théorème 1.7 au cas où J dépend de t ?

CHAP. II

Sans vouloir prendre partie dans la controverse concernant la paternité des opérateurs monotones signalons que ce concept a été dégagé entre autres par GOLOMB [1], KAČUROVSKI [1] (à partir des considerations de VAINBERG) et ZARANTONELLO [1]. Certains de ces travaux avaient pour point de départ la résolution d'équations intégrales non linéaires. Les développements récents de la théorie des opérateurs monotones ont d'ailleurs conduit à de nouveaux résultats concernant les équations de Hammerstein ; cf. en particulier BROWDER [18], DOLPH - MINTY [1] (ces deux articles contiennent de vastes bibliographies) et KOLODNER [1].

§.II.1, 2 et 3. La notion d'opérateur maximal monotone multivoque a été introduite par MINTY [2] qui établit la proposition 2.2. Il généralise un résultat que PHILLIPS [2], [3] avait démontré dans le cas linéaire (cf. proposition 2.3). Le fait que $\partial\phi$ soit maximal monotone a été mis en évidence par MINTY [4] et MOREAU. Le théorème 2.1 est dû à DEBRUNNER - FLOR [1] (cf. aussi MINTY [7]).

Nous avons volontairement écarté de ce cours :

1) Les résultats concernant les opérateurs monotones définis sur un espace réflexif V et à valeurs dans V' ainsi que les perturbations compactes de ces opérateurs. Les techniques utilisées sont des variantes de la méthode de Galerkin et de la méthode d'énergie. Les travaux de base, motivés en général par la résolution d'équations elliptiques non linéaires (cf. BROWDER [1], [2], [7],

LERAY - LIONS [1], MINTY [3], VISIK [2], cf. aussi le livre de LIONS [2] et les monographies de BROWDER [3], STRAUSS [1] et KAČUROVSKI [3]) ont donné naissance à une foule de développements ; cf. entre autres BREZIS [1], [2], [3], [4], BROWDER [11], [17], BROWDER - HESS [1], de FIGUEIREDO [1], KANIEL [1] PETRYSHYN [1], [2]. La littérature contient une faune déconcertante d'opérateurs aux noms peu évocateurs : quasi-compact, A-propre, pseudo-A-propre, P-compact, pseudomonotone, de type M, de type S, de type $S_+$, pseudomonotone généralisé, pseudomonotone généralisé régulier etc ... qui englobent les opérateurs monotones.

2) Les opérateurs accrétifs d'un espace de Banach X dans lui-même définis par la propriété

$$(Ax-Ay,\ J(x-y)) \geqslant 0$$

où J est l'application de dualité de X dans X' (on dit aussi que -A est dissipatif).

Cette notion mise en évidence par LUMER - PHILLIPS [1] dans le cas linéaire est intimement liée à la théorie des semi-groupes de contractions dans les espaces de Banach.

Dans le cas non linéaire, les opérateurs accrétifs ont été introduits par BROWDER [19] cf aussi BROWDER - DE FIGUEIREDO [1], sous le nom d'opérateurs J-monotones, et étudiés par BROWDER [12], [13], [16], [17], CALVERT - GUSTAFSON [1], CRANDALL - LIGGETT [1], [2], CRANDALL - PAZY [2], DA PRATO [1] [2], KATO [3] [4], MARTIN [1], [2], cf. aussi l'exposé de BENILAN [1].

Dans un espace de Banach (contrairement à ce qui se passe dans un espace de Hilbert), les opérateurs maximaux accrétifs ne vérifient pas nécessairement $R(I+\lambda A) = X$ pour $\lambda>0$ (cf. CRANDALL - LIGGETT [2]) ; lorsqu'un opérateur accrétif satisfait à cette condition, on dit qu'il est m-accrétif (définition de Kato) ou bien hyper-maximal accrétif (définition de Browder).

<u>§.II.4.5 et 6</u>. Les propriétés de convexité de $\overline{D(A)}$ et de Int D(A) sont dûes en dimension finie à MINTY [1] et dans le cas général à

ROCKAFELLAR [2], [3] ; on notera que D(A) n'est pas nécessairement convexe. La proposition 2.7 a été établie par CRANDALL - PAZY [2] et sa démonstration a été simplifiée par BREZIS - PAZY [1]. BROWDER [16] et ROCKAFELLAR [3] ont prouvé indépendamment le théorème 2.3 ; il précise un résultat antérieur de KATO [1]. Pour la proposition 2.9 nous indiquons une démonstration de Bénilan.

Le lemme 2.4 est dû à LESCARRET [1] et le théorème 2.4 à BREZIS - CRANDALL - PAZY [1]. Le corollaire 2.6 a été démontré par CRANDALL - PAZY [1] (extension d'un résultat linéaire de Kato) et le corollaire 2.7 par ROCKAFELLAR [4] (précédemment BROWDER [11] avait considéré le cas où $D(A) = H$) .

<u>Pb.3</u>. Peut-on caractériser de manière simple les sections principales d'un opérateur maximal monotone ? On notera que si $D(A) = H$ la démonstration de la proposition 2.7 montre en fait que <u>toute</u> section de $A$ est principale car $A$ est localement borné en tout point de $H$ .

<u>Pb.4</u>. Soit $A$ un opérateur maximal monotone tel que $D(A)$ soit <u>fermé</u> et soit $K$ un compact de $D(A)$ . Est-ce que $A^o$ est borné sur $K$ ? (Un exemple simple dû à Crandall montre que cette assertion tombe en défaut lorsque $D(A)$ n'est pas fermé).

<u>§.II.7.8. et 9</u>. La notion d'opérateur cycliquement monotone a été introduite par ROCKAFELLAR [1] qui a démontré le théorème 2.5. La convexité et la différentiabilité de $\phi_\lambda$ dans la proposition 2.11 ont été établies par MOREAU [2] qui a étudié les propriétés de l'inf-convolution de deux fonctions convexes (cf. MOREAU [3]). En ce qui concerne la théorie des fonctions convexes conjuguées, nous renvoyons à MOREAU [3] et ROCKAFELLAR [6]. Les propositions 2.14, 2.17 et 2.18 sont extraites de BREZIS [10] (dans le cas particulier où $\phi = I_C$ , cf. aussi BREZIS - PAZY [1] et BREZIS - STAMPACCHIA [1]). La proposition 2.19 est dûe à BREZIS - PAZY [1].

<u>Pb.5</u>. Etant donné un opérateur $A$ maximal monotone, peut-on <u>caractériser</u> les fonctions convexes $\phi$ (resp. les convexes $C$ ) tels que $A+\partial\phi$ (resp. $A+\partial I_C$) soit maximal monotone ?

CHAP. III

Les premiers travaux sur la résolution d'équations d'évolution non linéaires $\frac{du}{dt} + Au = f$ , $u(0) = u_o$ se divisent en trois catégories :

(a) $A = L + B$ où $L$ est un opérateur linéaire (non borné) générateur d'un semi-groupe de contractions sur $H$ et $B$ est un opérateur lipschitzien (cf. SEGAL [1]) ou plus généralement $B$ est monotone continu (partout défini) sur $H$ ; cf. BROWDER [3], KATO [2].

(b) $A$ est un opérateur partout défini sur un espace de Banach $V$, à valeurs dans $V'$, monotone hémicontinu et tel que $\lim_{\|u\|\to+\infty} \frac{(Au,u)}{\|u\|} = +\infty$ , $\|Au\| \leq C\|u\|^p$ ; cf. LIONS [1], [2], VISIK [1].

(c) Cas (a) + (b) ; cf. BROWDER [4], [7], BARDOS - BREZIS [1], STRAUSS [1].

En travaillant avec des opérateurs maximaux monotones (non partout définis), on englobe ces trois classes. D'autre part, les solutions obtenues dans le cas (b) vérifient $u \in L^p(0,T;V)$ et $\frac{du}{dt} \in L^{p'}(0,T;V')$ . Par contre les techniques développées au chapitre III permettent (moyennant des hypothèses plus fortes sur les données) d'obtenir des <u>propriétés supplémentaires de régularité</u> (en $x$ et $t$) puisque $\frac{du}{dt} \in L^\infty(0,T;H)$ et que $u(t) \in D(A_H)$ pour tout $t \geq 0$ .

§.III.1. Les équations d'évolution de la forme $\frac{du}{dt} + Au \ni 0$ , $u(0) = u_o$ où $A$ est maximal monotone <u>multivoque</u> ont été abordées initialement par KOMURA [1] . Son travail a été repris et précisé par CRANDALL - PAZY [1], DORROH [2] et KATO [3], [4] pour en arriver au théorème 3.1. Les deux derniers auteurs énoncent d'ailleurs leurs résultats pour des opérateurs $A$ <u>accrétifs</u> dans un espace $X$ uniformément convexe ainsi que son dual $X'$ (cf. aussi BROWDER [12], [17]). La généralisation aux espaces <u>non réflexifs</u> pose de sérieuses difficultés ; le problème a été abordé sous les hypothèses générales par CRANDALL - LIGGETT [1], CRANDALL [2] (cf. aussi BENILAN [4]) et dans des cas particuliers par BROWDER [17], DA PRATO [1], [2], MARTIN [2], MIYADERA [4], WEBB [2], [5].

Les théorèmes 3.2 et 3.3 sont dûs à BREZIS [8], [10] ; la démonstration du théorème 3.2 que nous indiquons ici utilise une suggestion de P. Lax. WATANABE [2] considère aussi des équations de la forme $\frac{du}{dt} + \partial\phi(u) \ni 0$ , $u(0) = u_o$ mais sous une hypothèse très restrictive ($\text{Int } D(\phi) \neq \emptyset$) . BARBU [2] aborde avec des méthodes semblables le problème $\frac{d^2u}{dt^2} \in Au$ , $u(0) = x$ , $u(T) = y$ .

Il ne faut pas confondre ce problème, de nature "elliptique" avec le problème suivant de nature "hyperbolique" qui est considérablement plus délicat.

Pb.6. Soit $\phi$ une fonction convexe s.c.i. propre. L'équation $\frac{d^2u}{dt^2} + \partial\phi(u) \ni 0$ , $u(0) = u_o$ , $\frac{du}{dt}(0) = v_o$ admet-elle une solution unique ? On notera qu'en général il n'y a pas de solutions "fortes" (deux fois différentiables) et il importe de définir convenablement ce qu'on entend par solution "faible". Dans le cas particulier où $\phi = I_C$ , la solution représente, en gros, la trajectoire d'un rayon lumineux "pris" dans le convexe $C$ et se réflechissant au bord de $C$ .

Pb.7. A quels opérateurs accrétifs dans les espaces de Banach peut-on étendre le théorème 3.2 (resp. 3.3) ? Il serait particulièrement intéressant (du point de vue des applications) de trouver une classe d'opérateurs accrétifs dans les Banach, qui englobe les $\partial\phi$ , et tels que leurs semi-groupes aient un effet régularisant comparable à celui des semi-groupes engendrés par $-\partial\phi$ .

§.III.2. Nous suivons la présentation de BENILAN - BREZIS [1]; la proposition 3.6 est dûe à Benilan et sa généralisation aux espaces de Banach est étudiée dans BENILAN [3] [4]. L'inéquation (27) et ses conséquences ont été mises en évidence par BREZIS [7] dans le cas où $f=0$ . La proposition 3.3 est dûe à KATO [4].

Les équations de la forme $\frac{du}{dt}(t) + A(t)u(t) \ni 0$ , $u(0) = u_o$ ont été abordées par de nombreux auteurs, cf. entre autres ARONSZAJN - SZEPTYCKI [1], BARBU [1], BROWDER [12] [17], DA PRATO [1] [2], FUJITA [1], KATO [3] [4], LOVELADY - MARTIN [1], MARTIN [1] [6],

WEBB [3], cf. aussi le travail récent et très général de CRANDALL - PAZY [3].

Dans tous ces articles l'hypothèse $D(A(t)) \equiv D(A(0))$ (éventuellement $D(A(t))$ croît avec $t$) joue un rôle essentiel. Le cas où $D(A(t))$ dépend (même "régulièrement") de $t$ présente de sérieuses difficultés et n'a pas été abordé. Afin de s'en convaincre on pourra résoudre directement le problème $\frac{du}{dt}(t) + A(t)u(t) \ni 0$, $u(0) = u_o$ où $A(t)x = A(x-f(t))$ ($A$ maximal monotone <u>fixé</u>) à l'aide du changement d'inconnu $v(t) = u(t)-f(t)$. On notera que cette équation admet une solution forte lorsque $\frac{d^2f}{dt^2} \in L^1(0,T;H)$ et une solution faible lorsque $\frac{df}{dt} \in L^1(0,T;H)$ ; d'autre part $\frac{d^+u}{dt} + A(t)^o\, u(t) \neq 0$, mais on a $\frac{d^+u}{dt} + \mathrm{Proj}_{A(t)u(t)}(-\frac{df}{dt}) = 0$.

<u>Pb. 8.</u> On suppose que pour tout $t \in [0,T]$, $A(t)$ est un opérateur maximal monotone vérifiant

$$|(I+\lambda A(t))^{-1}x - (I+\lambda A(s))^{-1}x| \leqslant |f(t)-f(s)|\,\omega(|x|) ,$$
$$\forall \lambda>0 , \ \forall s,\ t \in [0,T] , \ \forall x \in H ,$$

avec $f \in VB(0,T;H)$ et $\omega$ continue.

On considère l'approximation Yosida $\frac{du_\lambda}{dt}(t) + A_\lambda(t)u_\lambda(t) = 0$, $u_\lambda(0) = u_o$. Est-ce que $u_\lambda$ converge dans $L^2(0,T;H)$ ? propriétés de la limite $u$ ? On notera qu'en général $u$ peut être discontinu, mais on essayera de montrer que $u(t+0) = \mathrm{Proj}_{\overline{D(A(t+0))}}u(t-0)$.

Est-ce que $u(t) = \lim_{n\to+\infty} \prod_{k=1}^{n} (I+\frac{t}{n}A(\frac{kt}{n}))^{-1}u_o$ ? MOREAU [4] a envisagé le cas particulier où $A(t) = \partial I_{C(t)}$, $C(t)$ étant un convexe fermé variant avec $t$.

<u>Pb. 9.</u> Soit $A$ maximal monotone ; soit $f \in L^1(0,T;H)$ et soit $u \in C([0,T];H)$ vérifiant

$$(u(t)-u(s),\ u(s)-x) \leqslant \int_s^t (f(\tau)-y,\ u(\tau)-x)\, d\tau ,$$
$$\forall\ 0\leqslant s\leqslant t\leqslant T , \ \forall\ [x,y] \in A .$$

Est-ce que $u$ est solution faible de l'équation $\frac{du}{dt} + Au \ni f$ ?

§.III.3 et 4. Les théorèmes 3.6 et 3.7 sont extraits de BREZIS [3] [10]. Le théorème 3.3 et la proposition 3.8 sont dûs à BENILAN - BREZIS [1]. La proposition 3.9 a été démontrée par Browder dans le cas où $f=0$ (à l'aide d'une méthode assez différente et non publiée). La proposition 3.8 est utilisée par ATTOUCH - DAMLAMIAN [1] pour résoudre des équations de la forme $\frac{du}{dt} + Au + Bu \ni f$ , $u(0) = u_o$ où $A$ est maximal monotone et $B$ est continu (plus généralement $B$ est multivoque s.c.s.). La démonstration du lemme 3.4 a été simplifiée par A. Pazy.

Pb.10.. Soit $A$ un opérateur maximal monotone tel que $\text{Int } D(A) \neq \emptyset$ et soit $f \in L^1(0,T;H)$ . Toute solution faible de l'équation $\frac{du}{dt} + Au \ni f$ est-elle une solution forte ?

Pb.11. La conclusion de la proposition 3.9 est-elle valable si l'on suppose seulement que $k<1$ ?

Pb.12. Soit $A$ un opérateur maximal monotone et soit $\phi$ une fonction convexe s.c.i. tels que $\text{Int } D(A) \cap D(\phi) \neq \emptyset$ . Etant donné $f \in \mathcal{C}([0,T];H)$ , est-ce que toute solution faible de l'équation $\frac{du}{dt} + Au + \partial\phi(u) \ni f$ est solution forte ?

§.III.5 et 6. Les théorèmes 3.10 à 3.13 sont dûs à BREZIS [10]. On notera le résultat suivant de Crandall (non publié) :

Soient $f_\infty \in H$ et $f(t)$ tels que $f(t)-f_\infty \in L^1(0,+\infty;H)$ ; soit $u$ une solution faible de l'équation $\frac{du}{dt} + Au \ni f$ , alors $\lim_{t\to+\infty} \frac{u(t)}{t} = \overline{(R(A)-f_\infty)}^o$ .

Indiquons encore l'article de MARTIN [3] qui étudie le comportement asymptotique de $u$ sous d'autres hypothèses.

Les résultats concernant les solutions périodiques sont extraits de BREZIS [6] et BENILAN - BREZIS [1] (cf. aussi BENILAN [5]

Les deux problèmes suivants nous paraissent importants :

Pb.13. Soit $\phi$ une fonction convexe s.c.i. telle que $\operatorname{Min}\phi = 0$ et soit $K = \{v \in H ; \phi(v) = 0\}$. Soit $u$ une solution faible de l'équation $\frac{du}{dt} + \partial\phi(u) \ni 0$, $u(0) = u_o$ ; est-ce que $\lim_{t\to+\infty} u(t)$ existe ?

Est-ce que $\int_1^{+\infty} |\frac{du}{dt}| dt < +\infty$ ?

Pb. 14. Dans le cas où $\lim_{t\to+\infty} u(t) = u_\infty$ existe, comment peut-on "reconnaître" $u_\infty$ parmi tous les éléments de l'ensemble $K = A^{-1}\{0\}$. Par exemple, a-t-on $u_\infty = \lim_{n\to+\infty} (I+\lambda A)^{-n} u_o$ ? On notera que, en général $u_\infty \neq \operatorname{Proj}_K u_o$.

Pb.15. Soit $A$ un opérateur maximal monotone coercif (au sens du théorème 3.15) et soit $f \in VB(0,T;H)$. Existe-t-il une solution forte de l'équation $\frac{du}{dt} + Au \ni f$, $u(0) = u(T)$ ?

§.III.7 et 8. La proposition 3.11 est dûe à BREZIS [6] et le théorème 3.16 à BREZIS - PAZY [1] dans le cas où $f=0$. Le théorème 3.16 a été étendu aux espaces de Banach par BREZIS - PAZY [3] ; des résultats de même nature ont été établis indépendamment par MIYADERA [2], [3] et MIYADERA - OHARU [1].

Le théorème 3.18 a été démontré par BREZIS - PAZY [1] dans le cas particulier où $f=0$. DA PRATO [1] [2] aborde des problèmes similaires par des méthodes différentes.

Pb.16. Soit $A^n$ une suite d'opérateurs maximaux monotones et soit $A$ un opérateur maximal monotone tels que

$$(I+\lambda A^n)^{-1}x \longrightarrow (I+\lambda A)^{-1}x \quad \forall x \in H, \quad \forall \lambda > 0 .$$

Soit $f_n \in L^1(0,T;H)$ et soit $u_{o,n} \in \overline{D(A^n)}$ tels que $f_n \longrightarrow f$ dans $L^1(0,T;H)$, $u_{o,n} \longrightarrow u_o$ dans $H$. Soit $u_n$ la solution (faible) de l'équation $\frac{du_n}{dt} + A^n u_n \ni f_n$, $u_n(0) = u_{o,n}$ et soit $u$ la solution (faible) de l'équation $\frac{du}{dt} + Au \ni f$, $u(0) = \operatorname{Proj}_{\overline{D(A)}} u_o$.

Est-ce que $u_n$ converge vers $u$ uniformément sur tout compact de $]0,+\infty[$ ?

CHAP. IV.

En ce qui concerne les semi-groupes linéaires, nous renvoyons à l'abondante littérature existante, cf. HILLE - PHILLIPS [1], YOSIDA [1], BUTZER - BERENS [1] et la monographie de GOLDSTEIN [1].

Le concept de semi-groupe non linéaire tel qu'il est défini au chapitre IV a été introduit par NEUBERGER [1]; il démontre, ainsi que OHARU [1], des formules de représentation exponentielle sous des hypothèses très restrictives.

§.IV.1. Le théorème 4.1 tel que nous l'avons formulé est dû à CRANDALL - PAZY [1] [2]. Le fait que $D(A_o)$ soit dense dans $C$ (c'est le point le plus difficile à établir) a été prouvé par KOMURA [2]; nous suivons la démonstration simplifiée de KATO [5].

Le théorème 4.1 (ainsi que la plupart des résultats du chap. IV) s'étendent à des semi-groupes de type $\omega$ i.e. vérifiant :

$$|S(t)x-S(t)y| \leq e^{\omega t}|x-y| \quad \forall x, y \in C , \quad \forall t>0$$

au lieu de (3) (cf. PAZY [1]).

Indiquons brièvement d'autres résultats que nous n'avons pas mentionnés dans le cours :

1) Etant donné un semi-groupe $S(t)$ sur un ensemble arbitraire $C$, il existe un semi-groupe $\tilde{S}(t)$ sur $\overline{\text{conv}}\, C$ qui prolonge $S(t)$ Ce théorème profond est dû à KOMURA [2], [3]; on trouvera dans BREZIS - PAZY [1] une démonstration plus simple, basée sur un théorème de sélection pour des semi-groupes multivoques (i.e. pour tout $t$, $S(t)$ représente un ensemble de contractions).

2) Soit $C$ une partie de $H$ et soit $S(t)$ une famille d'applications de $C$ dans $C$ vérifiant (1) et (3). Soit $x_o \in C$ ; si $t \longmapsto S(t)x_o$ est mesurable sur $]0,+\infty[$, alors $t \longmapsto S(t)x_o$ est continu sur $]0,+\infty[$ (résultat de Phillips rapporté dans CRANDALL - PAZY [1]). Si pour tout $x \in C$, $S(t)x$ converge faiblement vers $x$ quand $t \longrightarrow 0$, alors pour tout $x \in C$, $S(t)x$ converge fortement vers $x$ quand $t \longrightarrow 0$ ; cf. CRANDALL - PAZY [1] pour le cas où $C$ est convexe, et Brezis (non publié) dans le cas général.

3) Les <u>groupes</u> de contractions sur $H$ se mettent sous la forme $S(t)x = T(t)x + y(t)$ où $T(t)$ est un groupe d'isométries <u>linéaires</u> et $y(t)$ est une fonction continue (cf. CRANDALL - PAZY [1]).

Dans le cas des <u>espaces de Banach</u>, alors que l'on sait associer de manière unique, à tout opérateur m-accrétif un semi-groupe de contractions, le problème inverse est beaucoup plus complexe. Etant donné $S(t)$ il peut exister, en général, plusieurs opérateurs accrétifs distincts engendrant $S(t)$ (cf. CRANDALL - LIGGETT [2]), mais si $X'$ est uniformément convexe, il existe au plus un générateur (cf. BREZIS [7]). On ne sait pas (même lorsque $X$ et $X'$ sont uniformément convexes) si tout semi-groupe admet au moins un générateur.

<u>Pb.17.</u> Soit $A$ un opérateur maximal monotone tel que $\overline{D(A)} = H$ et soit $S(t)$ le semi-groupe engendré par $-A$ sur $H$. Peut-on caractériser $A$ de sorte que pour tout $x \in D(A)$, l'application $t \longmapsto S(t)x$ soit de classe $C^1$ ? Est-ce que $A$ est nécessairement univoque ?

<u>Pb.18.</u> Soit $A$ un opérateur maximal monotone et soit $S(t)$ le semi-groupe engendré par $-A$ sur $\overline{D(A)}$. Peut-on caractériser $A$ de sorte que, pour tout $x \in \overline{D(A)}$, $S(t)x \in D(A)$ $\forall\, t>0$ et $t \frac{d^+}{dt} S(t)x$ demeure borné quand $t \to 0$.

On notera que cette classe englobe les générateurs de semi-groupes linéaires analytiques, les opérateurs cycliquement monotones, les opérateurs dont le domaine a un intérieur non vide, tous les opérateurs maximaux monotones en dimension finie.

<u>Pb.19.</u> Etudier les semi-groupes non linéaires qui se prolongent de manière analytique à un secteur du plan complexe (KOMURA [2] a obtenu certains résultats dans cette direction).

<u>Pb.20.</u> Soit $-A$ le générateur d'un semi-groupe <u>linéaire</u> de <u>classe</u> $C_o$ sur $H$ (i.e. $S(t)$ est linéaire et vérifie seulement les relations (1) et (2) du chapitre IV). Soit $B$ un opérateur monotone continu de $H$ dans $H$. Est-ce que l'équation $\frac{du}{dt} + Au + Bu = 0$, $u(0) = u_o$ admet une solution ?

Pb. 21. Soit $S(t)$ un semi-groupe continu de contractions sur le convexe $C$. Que peut-on dire de l'ensemble $\overline{S(t)C}$ pour $t\geqslant 0$ ? Est-il convexe ?

Pb.22. Soit $A$ un opérateur maximal monotone. Etudier, à l'aide du semi-groupe $S(t)$ engendré $-A$, les classes d'interpolation comprises entre $D(A)$ et $\overline{D(A)}$.

On pourra notamment considérer les ensembles :

$$\{x\in\overline{D(A)}\ ;\ \int_0^1 |x-S(t)x|^q \frac{dt}{t^{\alpha q+1}} < +\infty\}\ ,\ \{x\in\overline{D(A)}\ ;\ \operatorname*{Sup}_{0<t\leqslant 1} \frac{|x-S(t)x|}{t^\alpha} < +\infty\}$$

et

$$\{x\in\overline{D(A)}\ ;\ \lim_{t\downarrow 0} \frac{|x-S(t)x|}{t^\alpha} = 0\} \quad \text{où} \quad 1\leqslant q<+\infty \quad \text{et} \quad 0\leqslant\alpha\leqslant 1 .$$

Lorsque $A = \partial\phi$ (ou bien $\operatorname{Int} D(A) \neq \emptyset$) on peut aussi envisager

$$\{x\in\overline{D(A)}\ ;\ \int_0^1 |A^o S(t)x| \frac{dt}{t^{q+\alpha q+1}} < +\infty\}\ ,\ \{x\in\overline{D(A)}\ ;\ \operatorname*{Sup}_{0<t\leqslant 1} t^{1-\alpha}|A^o S(t)x| < +\infty\}$$

$$\text{et}\quad \{x\in\overline{D(A)}\ ;\ \lim_{t\downarrow 0} t^{1-\alpha}|A^o S(t)x| = 0\} .$$

On notera (cf. proposition 3.1) que $D(\phi)$ apparaît comme l'interpolé à "mi-chemin" entre $D(\partial\phi)$ et $\overline{D(\partial\phi)}$ ; cf. BUTZER - BERENS [1] pour le cas linéaire.

§.IV.2 et 3. Le théorème 4.2 est dû à BENILAN [3]; les autres résultats sont extraits de BREZIS - PAZY [1]. Pour la généralisation aux espaces de Banach, cf. BREZIS - PAZY [3], MERMIN [1], MIYADERA - OHARU [1]. Certains auteurs considèrent aussi l'approximation de $S(t)$ par des "produits d'intégration" ; par exemple, on a pour $x\in\overline{D(A)}$, $S(t)x = \lim_{\mathcal{F}} \prod_{i=1}^{n} (I+(t_i-t_{i-1})A)^{-1}x$ où $0 = t_o<t_1 \ldots<t_n = t$ désigne une subdivision de $[0,t]$ et $\mathcal{F}$ est le filtre des subdivisions de $[0,t]$ ; Cf NEUBERGER [2], WEBB [2][3]

Pb.23. Soient $A^n$ et $A$ des opérateurs maximaux monotones ; soient $S_n(t)$ et $S(t)$ les semi-groupes correspondants. Les propriétés suivantes sont-elles équivalentes ?

i) $(I+\lambda A^n)^{-1}x \longrightarrow (I+\lambda A)^{-1}x$ , $\forall x \in H$ , $\forall \lambda > 0$

ii) pour toute suite $x_n \in \overline{D(A^n)}$ telle que $x_n \longrightarrow x$ , $S_n(t)x_n \longrightarrow S(t)\ \mathrm{Proj}_{\overline{D(A)}}x$ uniformément sur tout compact de $]0,+\infty[$.

Pb.24. Soit $A$ un opérateur maximal monotone et soit $S(t)$ le semi-groupe engendré par $-A$ . Soit $F(\rho)$ une famille de contractions de $H$ dans $H$ telle que

$$\lim_{\rho\to 0} (I+\frac{\lambda}{\rho}(I-F(\rho)))^{-1}x = (I+\lambda A)^{-1}x \ , \ \forall x \in H \ , \ \forall \lambda > 0 \ .$$

Est-ce que $\lim\limits_{n\to+\infty} F(\frac{t}{n})^n x = S(t)\ \mathrm{Proj}_{\overline{D(A)}}x$ , $\forall x \in H$ , $\forall t \in ]0,+\infty[$ ?

Pb.25. Peut-on étendre le résultat de la proposition 4.4 à des opérateurs multivoques ?

On notera que la conjecture suivante a été résolue négativement par P. CHERNOFF (Non associative addition of unbounded operators and a problem of Brezis and Pazy, à paraître) :

Soient $A$ et $B$ des opérateurs maximaux monotones tels que $A+B$ soit maximal monotone. Soit $C$ un convexe fermé et soient $\{F(\rho)\}$ , $\{G(\rho)\}$ des contractions de $C$ dans $C$ telles que

$$\lim_{\rho\to 0} (I+\frac{\lambda}{\rho}(I-F(\rho)))^{-1}x = (I+\lambda A)^{-1}x \ , \ \forall \lambda > 0 \ , \ \forall x \in C$$

$$\lim_{\rho\to 0} (I+\frac{\lambda}{\rho}(I-G(\rho)))^{-1}x = (I+\lambda B)^{-1}x \quad \forall \lambda > 0 \ , \ \forall x \in C$$

Est-ce que $\lim\limits_{\rho\to 0} (I+\frac{\lambda}{\rho}(I-F(\rho)G(\rho)))^{-1}x = (I+\lambda(A+B))^{-1}x$ , $\forall \lambda > 0$ , $\forall x \in C$ ?

§.IV.4. La proposition 4.5 est démontrée en partie dans BREZIS - PAZY [1]; le corollaire 4.5 est dû à WATANABE [1]. Les autres résultats, tels qu'ils sont présentés ici, semblent nouveaux, mais certaines démonstrations utilisent des techniques bien connues (cf. par exemple BROWDER [9]). En ce qui concerne les sous-ensembles invariants non convexes, indiquons les articles de BREZIS [5] et MARTIN [4] qu'il serait intéressant d'étendre à des opérateurs maximaux monotones généraux. On trouvera des résultats sur les fonctions de Liapounov non convexes dans HARTMAN [1], MARTIN [5] et MURAKAMI [1].

La notion d'opérateur $\partial\phi$-monotone est liée à celle d'opérateur T-monotone introduite dans BREZIS-STAMPACCHIA [1] et développée par CALVERT [1], [2] (cf. aussi PICARD [1]).

Pb.26. Soit $A$ un opérateur maximal monotone et soit $\phi$ une fonction convexe s.c.i. tels que $\phi(\mathrm{Proj}_{\overline{D(A)}}x) \leq \phi(x)$, $\forall x \in H$ et $\overline{D(A) \cap D(\partial\phi)} = \overline{D(A)} \cap \overline{D(\phi)}$. On suppose que, pour tout $k>0$, $A + k\partial\phi$ est maximal monotone et que

$$|A^{\circ}x| \leq |(A+k\partial\phi)^{\circ}x| \quad \forall x \in D(A)\cap D(\partial\phi) .$$

Est-ce que $\phi((I+\lambda A)^{-1}x) \leq \phi(x)$, $\forall x \in H$, $\forall \lambda>0$ ?

APPENDICE.

La plupart des résultats présentés existent, dispersés dans la littérature ou bien sont des adaptations directes de résultats bien connus. L'effort nécessaire de clarification et de mise au point a été fait par Bénilan.

## BIBLIOGRAPHIE


H. ATTOUCH - A. DAMLAMIAN.

[1] Equations d'évolution multivoques dans les espaces de dimension finie (à paraître).

N. ARONSZAJN - P. SZEPTYCKI.

[1] Configurations of Banach spaces and evolution problems (à paraître).

V. BARBU.

[1] Dissipative sets and abstract functional equations in Banach spaces, Archive Rat. Mech. Anal (à paraître).

[2] A class of boundary problems for second order abstract differential equations (à paraître).

C. BARDOS - H. BREZIS.

[1] Sur une classe de problèmes d'évolution non linéaires, J. of Differential Equations 6 (1969) p. 345-395.

L. BELLUCE - W. KIRK.

[1] Non expansive mappings and fixed points in Banach spaces, Illinois J. Math. 11 (1967) p. 474-479.

Ph. BENILAN.

[1] Exposés sur les opérateurs accrétifs, Séminaire Deny sur les semi-groupes non linéaires. Orsay 1970-71.

[2] Solutions faibles d'équations d'évolution dans un espace réflexif, Séminaire Deny sur les semi-groupes non linéaires. Orsay 1970-71.

[3] Une remarque sur la convergence des semi-groupes non linéaires, C.R. Acad. Sci. 272 (1971) p. 1182-1184.

[4] Solutions intégrales d'équations d'évolution, C.R. Acad. Sci. (1971) et travail détaillé (à paraître).

[5] Solutions périodiques, Séminaire Deny sur les semi-groupes non linéaires. Orsay 1970-71.

Ph. BENILAN - H. BREZIS.

[1] Solutions faibles d'équations d'évolution dans les espaces de Hilbert, Ann. Inst. Fourier (à paraître).

BOURBAKI.
[1] Intégration, deuxième édition, Hermann (1965).

H. BREZIS.
[1] Equations et inéquations non linéaires dans les espaces vectoriels en dualité, Ann. Inst. Fourier 18 (1968) p. 115-175. Résumé dans 2 notes aux C.R. 264 (1967) p. 683-686 et 732-735.

[2] On some degenerate nonlinear parabolic equations, Nonlinear Functional Analysis. Proc. Symp. Pure Math. Vol.18 (Part 1) F. Browder ed. Amer. Math. Soc. (1970) p. 28-38.

[3] Inéquations variationnelles associées à des opérateurs d'évolutio Theory and applications of monotone operators. Proc. NATO Institute Venise (1968), Oderisi Gubbio.

[4] Perturbations non linéaires d'opérateurs maximaux monotones, C.R. Acad. Sci. 269 (1969) p. 566-569.

[5] On a characterization of flow-invariant sets, Comm. Pure Appl. Math.23 (1970) p. 261-263.

[6] Semi groupes non linéaires et applications, Symp. sur les problèmes d'évolution, Istituto Nazionale di alta Matematica Rome (1970).

[7] On a problem of T. Kato, Comm Pure Appl. Math. 24 (1971) p. 1-6.

[8] Propriétés régularisantes de certains semi groupes non linéaires Israel J. Math. 9 (1971) p. 513-534.

[9] Problèmes unilatéraux (Thèse) , J. Math. Pures Appl. (1972).

[10] Monotonicity methods in Hilbert spaces and some applications to nonlinear partial diff. equations, Contributions to Nonlinear Functional Analysis, E. Zarantonello ed. Acad. Press (1971).

H. BREZIS - M. CRANDALL - A. PAZY.
[1] Perturbations of nonlinear maximal monotone sets, Comm. Pure Appl. Math. 23 (1970) p. 123-144.

H. BREZIS - A. PAZY.
[1] Semi groups of nonlinear contractions on convex sets, J. Funct. Anal.6 (1970) p.237-281.

[2] Accretive sets and differential equations in Banach spaces, Israel J. Math. 8 (1970) p. 367-383.

[3] Convergence and approximation of nonlinear semi groups in Banach spaces, J. Funct. Anal. (1971)p 63-74 .

H. BREZIS - G. STAMPACCHIA.
[1] Sur la régularité de la solution d'inéquations elliptiques, Bull. Soc. Math. Fr. 96 (1968) p. 153-180.

F. BROWDER.
[1] The solvability of nonlinear functional equations, Duke Math. J. 30 (1963) p. 557-566.

[2] Nonlinear elliptic boundary value problems, Bull. Amer. Math. Soc. 69 (1963) p. 862-874.

[3] Nonlinear equations of evolution, Ann. of Math. 80 (1964) p. 485-523.

[4] Nonlinear initial value problems, Ann. of Math. 82 (1965) p. 51-87.

[5] Existence of periodic solutions for nonlinear equations of evolution, Proc. Nat. Acad. Sci. U.S.A. 53 (1965) p. 1100-1103.

[6] Non-expansive nonlinear operators in a Banach space, Proc. Nat. Acad. Sci. U.S.A. 54 (1965) p. 1041-1044.

[7] Existence and uniqueness theorems for solutions of nonlinear boundary value problems, Proc. Symp. App. Math. Vol.17, Amer. Math. Soc. (1965) p. 24-49.

[8] Problèmes non linéaires, Presses de l'Université de Montreal (1966).

[9] Periodic solutions of nonlinear equations of evolution in infinite dimensional spaces, Lectures on Differential Equations, Aziz ed. Van Nostrand (1968) p. 71-96.

[10] Nonlinear accretive operators in Banach spaces, Bull. Amer. Math. Soc. 73 (1967) p. 470-476.

[11] Nonlinear maximal monotone operators in Banach space, Math. Annalen 175 (1968) p. 89-113.

[12] Nonlinear equations of evolution and nonlinear accretive operators in Banach spaces, Bull. Amer. Math. Soc. 73 (1967) p. 67-74.

[13] Nonlinear mappings of non-expansive and accretive type in Banach spaces, Bull. Amer. Math. Soc. 73 (1967) p. 875-882.

[14] The fixed point theory of multivalued mappings in topological vector spaces, Math. Annalen 177 (1968) p. 283-301.

[15] Existence theorems for nonlinear partial differential equations Global Analysis, Proc. Symp. Pure Math. Vol.16, Amer. Math. Soc. (1970) p. 1-60.

[16] Nonlinear monotone and accretive operators in Banach spaces, Proc. Nat. Acad. Sci. U.S.A. 61 (1968) p. 388-393.

[17] Nonlinear operators and nonlinear equations of evolution in Banach spaces, Nonlinear Functional Analysis, Proc. Symp. Pure Math. Vol.18 Part II, Amer. Math. Soc. (à paraître).

[18] Nonlinear functional analysis and nonlinear integral equations of Hammerstein and Urysohn type, Contributions to Nonlinear Functional Analysis, E. Zarantonello ed. , Acad. Press (1971).

[19] Fixed point theorems for nonlinear semi-contractive mappings in Banach spaces. Arch. Rat. Mech. Anal. 11 (1966) p. 259-269.

F. BROWDER - D. DE FIGUEIREDO.

[1] J-monotone nonlinear operators in Banach spaces, Proc. Kon. Neder. Akad. Amsterdam, 28 (1966) p. 412-420.

F. BROWDER - P. HESS.

[1] Nonlinear mappings of monotone type, J. Funct. Anal. (à paraître)

F. BROWDER - W. PETRYSHYN.

[1] The solution by iteration of nonlinear functional equations in Banach spaces, Bull. Amer. Math. Soc. 72 (1966) p. 571-575.

P. BUTZER - H. BERENS.

[1] Semi-groups of operators and approximation. Springer 1967.

B. CALVERT.

[1] Nonlinear evolution equations in Banach lattices, Bull. Amer. Math. Soc. 76 (1970) p. 845-850.

[2] Some T-accretive operators (à paraître).

B. CALVERT - K. GUSTAFSON.

[1] Multiplicative perturbation of nonlinear m-accretive operators, J. Funct. Anal. (à paraître).

P. CHERNOFF.

[1] Note on product formulas for operators semi-groups, J. Funct. Anal. 2 (1968) p. 238-242.

M. CRANDALL.

[1] Differential equations on convex sets, J. Math. Soc. Japan 22 (1970) p. 443-455.

[2] Semi-groups of nonlinear transformations in Banach spaces, Contributions to Nonlinear Functional Analysis. E. Zarantonello ed., Acad. Press (1971).

M. CRANDALL - T. LIGGETT.

[1] Generation of semi-groups of nonlinear transformations on general Banach spaces, Amer. J. Math. 93 (1971) p. 265-298.

[2] A theorem and a counterexample in the theory of semi-groups of nonlinear transformations, Trans. Amer. Math. Soc. (à paraître).

M. CRANDALL - A. PAZY.

[1] Semi-groups of nonlinear contractions and dissipative sets, J. Funct. Anal. 3 (1969) p. 376-418.

[2] On accretive sets in Banach spaces, J. Funct. Anal. 5 (1970) p. 204-217.

[3] Nonlinear evolution equations in Banach spaces (à paraître).

G. DA PRATO.

[1] Somme d'applications non linéaires dans des cônes et équations d'évolution dans des espaces d'opérateurs, J. Math. Pures et Appl. 49 (1970) p. 289-348.

[2] Somme d'applications non linéaires, Symposium sur les problèmes d'évolution, Istituto Nazionale di Alta Matematica Rome (1970).

H. DEBRUNNER - P. FLOR.

[1] Ein Erweiterungssatz für Monotone Mengen Archive Math. 15 (1964) p. 445-447.

C. DOLPH - G. MINTY.

[1] On nonlinear integral equations of the Hammerstein type, Non linear Integral Equations, Anselone ed, Univ. Wisconsin Press, Madison (1964) p. 99-152.

J. DORROH.

[1] Some classes of semi-groups of nonlinear transformations and their generators, J. Math. Soc. Japan 20 (1968) p. 437-455.

[2] A nonlinear Hille-Yosida-Phillips theorem, J. Funct. Anal. 3 (1969) p. 345-353.

[3] Semi-groups of nonlinear transformations with decreasing domain J. Math. Anal. and Appl. 34 (1971) p. 396-411.

N. DUNFORD - J. SCHWARTZ.

[1] Linear operators, Interscience, New York, 1958.

D. de FIGUEIREDO.

[1] Topics in nonlinear functional analysis, Lecture Series n°48, University of Maryland, 1967.

[2] An existence theorem for pseudo-monotone operator equations in Banach spaces (à paraître).

H. FUJITA.

[1] The penalty method and some nonlinear initial value problems, Contributions to Nonlinear Functional Analysis, E. Zarantonello ed. Acad. Press, 1971.

A. GHOUILA - HOURI.

[1] Théorèmes de Minimax, rédigé par E. Lanerv et I. Ekeland, IRIA (1967).

D. GÖHDE.

[1] Zum Prinzip der kontraktiven Abbildung, Math. Nachr. 30 (1965) p. 251-258.

M. GOLOMB.

[1] Zur Theorie der nichtlinearen Integralgleichungen, Integralgleichungsysteme und allgemeinen Funktionalgleichungen, Math. Z. 39 (1935) p. 45-75.

J. GOLDSTEIN.

[1] Semigroups of operators and abstract Cauchy problem, Lecture Notes Tulane Univ. 1970.

P. HARTMAN.

[1] Generalized Liapunov functions and functional equations, Annali di Mat. Pura Appl. 69 (1965) p. 305-320.

E. HILLE - R. PHILLIPS.
[1] Functional Analysis and Semi-groups, Amer. Math. Soc. Coll. Publ. Vol.31 (1957).

M. IANELLI.
[1] A note on some nonlinear non-contractions semi-groups (à paraître

R. KAČUROVSKI.
[1] On monotone operators and convex functionals Uspekhi Mat. Nauk 15 (1960) p. 213-215.
[2] Monotone nonlinear operators in Banach spaces, Soviet Math. Doklady 6 (1965) p. 953-955.
[3] Nonlinear monotone operators in Banach spaces, Uspekhi Mat. Nauk 23 (1968) p. 121-168 (traduction dans Russian Math. Surveys).

S. KANIEL.
[1] Quasi-compact nonlinear operators in Banach spaces and applications, Archive Rat. Mech. Anal. 20 (1965) p. 259-278.
[2] Construction of a fixed point for contractions in Banach spaces, Israel J. Math. 9 (1971) p. 535-540.

S. KARLIN.
[1] Mathematical methods and theory in games, programming, and economics, Addison-Wesley 1959.

T. KATO.
[1] Demicontinuity, hemicontinuity and monotonicity, Bull. Amer. Math. Soc. 70 (1964) p. 548-550 et 73 (1967) p. 886-889.
[2] Nonlinear evolution equations in Banach spaces, Proc. Symp. App. Math. Vol.17, Amer. Math. Soc. (1965) p. 50-67.
[3] Nonlinear semigroups and evolution equations, J. Math. Soc. Japan 19 (1967) p. 508-520.
[4] Accretive operators and nonlinear evolution equations in Banach spaces, Nonlinear Functional Analysis, Proc. Symp. Pure Math. Vol.18 Part I, F. Browder ed. Amer. Math. (1970) p. 138-161.
[5] Differentiability of nonlinear semigroups, Global Analysis, Proc Symp. Pure Math. Amer. Math. Soc. (1970)

W. KIRK.
[1] A fixed point theorem for mappings which do not increase distances, Amer. Math. Monthly 72 (1965) p. 1000-1006.

I. KOLODNER.
[1] Equations of Hammerstein type in Hilbert space, J. Math. Mech. 1 (1964) p. 701-750.

Y. KOMURA.

[1] Nonlinear semi-groups in Hilbert space, J. Math. Soc. Japan 19 (1967) p. 493-507.

[2] Differentiability of nonlinear semi-groups, J. Math. Soc. Japan, 21 (1969) p. 375-402.

[3] Nonlinear semi-groups in Hilbert spaces, Proc. Int. Conf. on Funct. Anal. Tokyo (1969).

KY-FAN.

[1] Sur un théorème minimax, C.R. Acad. Sci. Paris 259 (1964) p. 3925-3928.

[2] Applications of a theorem concerning sets with convex sections, Math. Annalem 163 (1966) p. 189-203.

[3] A minimax inequality and fixed point theorems (à paraître).

J. LELONG.

[1] Dérivées et différentielles, 4ème édition, C.D.U. 1964.

J. LERAY - J.L. LIONS.

[1] Quelques résultats de Visik sur les problèmes elliptiques non linéaires par les méthodes de Minty-Browder, Bull. Soc. Math. Fr. 93 (1965) p. 97-107.

C. LESCARRET.

[1] Cas d'addition des applications maximales dans un espace de Hilbert, C.R. Acad. Sci. Paris, 261 (1965) p. 1160-1163.

J.L. LIONS.

[1] Sur certaines équations paraboliques non-linéaires, Bull. Soc. Math. Fr. 93 (1965) p. 155-175.

[2] Quelques méthodes de résolution des problèmes aux limites non linéaires, Dunod et Gauthier-Villars (1969).

D. LOVELADY - R. MARTIN.

[1] A global existence theorem for a nonautonomous differential equation in a Banach space (à paraître).

G. LUMER - R. PHILLIPS.

[1] Dissipative operators in Banach spaces, Pacific J. Math. 11 (1961) p. 679-698.

R. MARTIN.

[1] The logarithmic derivative and equations of evolution in a Banach space, J. Math. Soc. Japan 22 (1970) p. 411-429.

[2] A global existence theorem for autonomous differential equations in a Banach space, Proc. Amer. Math. Soc. 26 (1970) p. 307-314.

[3] On the asymptotic behaviour of autonomous differential equations (à paraître).

[4] Differential equations on closed subsets of a Banach space (à paraître).

[5] Lyapunov functions and autonomous differential equations in a Banach space (à paraître).

[6] Generating an evolution system in a class of uniformly convex Banach spaces (à paraître).

J. MERMIN.

[1] An exponential limit formula for nonlinear semi-groups, Trans. Amer. Math. Soc. 150 (1970) p. 469-476.

G. MINTY.

[1] On the maximal domain of a monotone function Michigan Math. J. 3 (1961) p. 135-137.

[2] Monotone (nonlinear) operators in a Hilbert space Duke Math. J. 29 (1962) p. 341-346.

[3] On a monotonicity method for the solution of nonlinear equations in Banach spaces, Proc. Nat. Acad. Sci. U.S.A. 50 (1963) p. 1038-1041.

[4] On the monotonicity of the gradient of a convex function, Pacific J. Math. 14 (1964) p. 243-247.

[5] A theorem on maximal monotone sets in Hilbert space, J. Math. Anal. Appl. 11 (1965) p. 434-439.

[6] Monotone operators and certain systems of nonlinear ordinary differential equations, Proc. Symp. on System Theory, Polytechnic Institute of Brooklyn (1965) p. 39-55.

[7] On a generalization of the direct method of the calculus of variations, Bull. Amer. Math. Soc. 73 (1967) p. 315-321.

I. MIYADERA.

[1] Note on nonlinear contraction semi-groups, Proc. Amer. Math. Soc. 21 (1969) p. 219-225.

[2] On the convergence of nonlinear semi-groups I, Tohoku Math. J. 21 (1969) p. 221-236.

[3] On the convergence of nonlinear semi-groups II, J. Math. Soc. Japan 21 (1969) p. 403-412.

[4] Some remarks on semi-groups of nonlinear operators, Tohoku Math. J. 23 (1971) p. 245-258.

I MIYADERA - S. OHARU.

[1] Approximation of semi-groups of nonlinear operators, Tohoku Math. J. 22 (1970) p. 24-47.

J.J. MOREAU.

[1] Théorèmes "Inf-Sup", C.R. Acad. Sci. Paris 258 (1964) p. 2720-2722.

[2] Proximité et dualité dans un espace hilbertien, Bull. Soc. Math. Fr. 93 (1965) p. 273-299.

[3] Fonctionnelles convexes, Séminaire sur les équations aux dérivées partielles, Collège de France 1966-67.

[4] Travail à paraître sur l'équation $-\frac{du}{dt} \in \partial I_{C(t)}(u)$ .

H. MURAKAMI.

[1] On nonlinear ordinary and evolution equations, Funk. Ekv. 9 (1966) p. 151-162.

J. NEUBERGER.

[1] An exponential formula for one parameter semi-groups of nonlinear transformations, J. Math. Soc. Japan, 18 (1966) p. 154-157.

[2] Product integral formulas for nonlinear nonexpansive semi-groups and nonexpansive evolution systems, J. Math. Mech. 19 (1969) p. 403-410.

S. OHARU.

[1] Note on the representation of semi-groups of nonlinear operators, Proc. Jap. Acad. 42 (1966) p. 1149-1154.

[2] On the generation of semi-groups of nonlinear contractions, J. Math. Soc. Japan 22 (1970) p. 526-550.

Z. OPIAL.

[1] Nonexpansive and monotone mappings in Banach spaces, Lecture Notes Brown Univ. (1967).

A. PAZY.

[1] Semi-groups of nonlinear contractions in Hilbert space, Problems in nonlinear analysis Prodi ed., CIME Varenna, Cremonese (1971).

W. PETRYSHYN.

[1] Nonlinear equations involving noncompact operators, Nonlinear Functional Analysis, F. Browder ed. Proc. Symp. Pure Math. Vol.18, Part I, Amer. Math. Soc. p. 206-233.

[2] On existence theorems for nonlinear equations involving non-compact mappings, Proc. Nat. Acad. Sci. 67 (1970) p. 326-330.

R. PHILLIPS.

[1] On weakly compact subsets of a Banach space Amer. J. Math. 65 (1943) p. 108-136.

[2] Dissipative operators and hyperbolic systems of partial differential equations, Trans. Amer. Math. Soc. 90 (1959) p. 193-254.

[3] Semi-groups of contraction operators, Equazioni differenziali astratte, CIME, Cremonese (1963).

Mme PICARD.
[1] Opérateurs T-accrétifs, Séminaire Deny sur les semi-groupes non linéaires, Orsay 1970-71.

R.T. ROCKAFELLAR.
[1] Characterization of the subdifferentials of convex functions, Pacific J. of Math. 17 (1966) p. 497-510.
[2] On the virtual convexity of the domain and range of a nonlinear maximal monotone operator Math. Annalen 185 (1970) p. 81-90.
[3] Local boundedness of nonlinear monotone operators Michigan Math. J. 16 (1970) p. 397-407.
[4] On the maximality of sums of nonlinear monotone operators, Trans. Amer. Math. Soc. (à paraître).
[5] Monotone operators associated with saddle-functions and minimax problems, Nonlinear Functional Analysis, F. Browder ed. Proc. Symp. Pure Math. Vol.18 part I, Amer. Math. Soc. (1970).
[6] Convex analysis, Princeton Univ. Press (1970).

I. SEGAL.
[1] Nonlinear semi-groups, Annals of Math. 78 (1963) p. 339-364.

M. SION.
[1] On general minimax theorems Pacific J. Math. 8 (1958) p. 171-176.

W. STRAUSS.
[1] The energy method in nonlinear partial differential equations, Notas de Matematica n°47, Rio de Janeiro (1969).

M.I. VISIK.
[1] Solvability of boundary problems for quasilinear parabolic equations of arbitrary order, Mat. Sbornik 59 (1962) p. 289-335 (Traduction : Amer. Math. Soc. Transl. Serie 2 Vol.65).
[2] Quasi-linear strongly elliptic systems of differential equations in divergence form, Trondi Mosk. Mat. Obchestva 12 (1963) p. 125-184 (Traduction : Transactions of the Moscow Math. Soc., Amer. Math. Soc.).

J. WATANABE.
[1] Semi-groups of nonlinear operators on closed convex sets, Proc. Jap. Acad. Sci. 45 (1969) p. 219-223.
[2] On nonlinear semi-groups generated by cyclically dissipative sets, J. Fac. Sci. Tokyo 18 (1971) p. 127-137.

G. WEBB.
[1] Representation of semi-groups of nonlinear nonexpansive transformations in Banach spaces, J. Math. and Mech. 19 (1969) p. 159-170.
[2] Nonlinear evolution equations and product integration in Banach spaces, Trans. Amer. Math. Soc. 148 (1970 p. 273-282.

[3] Nonlinear evolution equations and product stable operators on Banach spaces (à paraître).

[4] Dissipative and anti-dissipative operators in Banach spaces (à paraître).

[5] Continuous nonlinear perturbations of linear accretive operators in Banach spaces (à paraître).

K. YOSIDA.

[1] Functional analysis, Springer.

E. ZARANTONELLO.

[1] Solving functional equations by contractive averaging, Math. Research Center Report n°160, Madion Wisc. (1960).